高等职业教育食品类专业系列教材

U0646037

食品原料学

SHIPIN YUANLIAOXUE

主 编 吴广辉

副主编 高雪丽 丁艳芳

参 编 毕韬韬 孟 楠

李少华 龙娇妍

黄永洁

北京师范大学出版集团
BEIJING NORMAL UNIVERSITY PUBLISHING GROUP
北京师范大学出版社

图书在版编目(CIP)数据

食品原料学 / 吴广辉主编. —北京：北京师范大学出版社，
2025.10

ISBN 978-7-303-23404-2

Ⅰ.①食… Ⅱ.①吴… Ⅲ.①食品－原料－高等职业教
育－教材 Ⅳ.①TS202.1

中国版本图书馆 CIP 数据核字(2018)第 022959 号

出版发行：北京师范大学出版社 https://www.bnupg.com
　　　　　北京市西城区新街口外大街 12-3 号
　　　　　邮政编码：100088
印　　刷：鸿博昊天科技有限公司
经　　销：全国新华书店
开　　本：787 mm×1092 mm　1/16
印　　张：18
字　　数：365 千字
版 印 次：2025 年 10 月第 2 版第 15 次印刷
定　　价：45.00 元

策划编辑：周光明　　　　　　　　责任编辑：周光明
美术编辑：焦　丽　　　　　　　　装帧设计：焦　丽
责任校对：陈　民　　　　　　　　责任印制：赵　龙

本书编委会

主　　编：吴广辉（漯河食品职业学院）

副 主 编：高雪丽（许昌学院）

　　　　　丁艳芳（漯河食品职业学院）

参编人员：毕韬韬（漯河食品职业学院）

　　　　　孟　楠（漯河食品职业学院）

　　　　　李少华（河南职业技术学院）

　　　　　龙娇妍（河南牧业经济学院）

　　　　　黄永洁（辽宁生态工程职业学院）

前　言

　　本书的编写是以习近平新时代中国特色社会主义思想为指导，全面融入党的二十大精神，旨在培养高素质高技能型人才。"民以食为天"，食品消费是人类生存发展的第一需要。食品原料是食品工业发展的重要保证，种类十分丰富，广泛而多样。食品原料的主要成分包括水分、蛋白质、脂肪、碳水化合物、矿物质、维生素等，它们赋予食品制成品许多感官特性和物理、化学特性。对食品原料的深刻理解有助于食品的配方设计、工艺设计、质量控制和新产品开发。食品工业和膳食中食品原料的正确选用，对合理利用食物营养、改善和保持健康水平具有重要的指导意义。

　　本教材为高等职业教育以及普通高等教育专科教材，根据食品原料的广泛性和多样性，本教材以食品原料的地域分布、种类、理化特性、营养成分、储藏保鲜和加工特性、可加工的食品等为主线；依据理论性、科学性和实践性相结合的原则，本教材以能够指导实践为基准，坚持理论够用，突出实践应用，使教材更适合于食品加工技术专业、食品营养与检测专业、烹饪及餐饮服务专业教学及相关岗位培训使用。

　　本教材由吴广辉担任主编并对全书进行统稿。编写分工如下：高雪丽、毕韬韬共同编写第一章，吴广辉编写第二、第三章，黄永洁编写第四章，丁艳芳、孟楠共同编写第五章，龙娇妍、李少华共同编写第六章。

　　限于编者的水平，书中难免有不足之处，恳请广大读者批评指正。

编　者

前　言

目 录

第一章
食品原料学概述

【学习目标】
1. 了解食品原料的诞生与发展状况。
2. 理解食品原料学的概念、研究内容及方法。
3. 掌握食品原料的分类与品质鉴定。
4. 掌握食品原料的保鲜与储藏。

第一节　食品原料的诞生与发展状况

生物资源是人类赖以生存的物质基础，也是经济建设不可缺少的原材料。各种各样的动物、植物原料为人类提供了各种粮、油、蔬果和鱼、肉、蛋、奶。食品加工及烹饪技术的发展在极大程度上依赖于原料和原料的质量，清代袁枚说得好："大抵一席佳肴，司厨之功居六，买办之功居四。"食物的营养成分和食物的色香味形与食物的性质、质量关系至关重要。

早期人类对食物进行加工的概念应该说就是我们今天所说的"烹饪"。人类烹饪历史的萌芽与发展与人类生产工具的改造、科学技术的发展是同步进行的，而人类取火是古代技术发展的重要标志，有了火，进而才有了烧制陶器、冶金，正是因为有了火，才使得人类发现了越来越多的化学知识。

烹饪术与其他任何技术一样，都是人类改造自然的武器。人类各个阶段的烹饪技术与当时、当地的社会诸多因素有着不可分割的关系。"烹饪"可以简单地定义为对食物原料进行热加工处理，以使食物更可口、更易消化和更安全卫生。人类加工的食物原料都来自动物、植物和微生物，生物是食物的源泉，是烹饪原料的来源，而食品加工技术和烹饪活动使被加工的原料食品更有利于人体的消化吸收。人类摄取食物是为了生存的本能需要，通过摄食，人类获得营养物质，以保障生长发育和其他代谢功能所需要的物质和能量。随着生产力的发展，人类生活水平的提高，一方面重视食物营养的合理搭配；另一方面是食物的色香味形，良性的刺激，增进食欲，更有利于消化吸收营养物质，这既是生理需要，也是对美的追求。

物质世界是由生物界和非生物界两大部分组成的，生物界包括遍布在地球上的各种藻、菌、草、木、鱼、虫、鸟、兽以及人类本身。生物的种类繁杂，现存的生物有 200 万种左右，其中动物有 100 多万种，植物几十万种，至今还有不少生物人们不了解。例如，鱼类是人们熟悉的动物类群，但根据现有资料看来，至少有 1/8 的种群，科学上尚未报道。在亚马孙河已知的鱼类有 700 多种，估计还有 1000 种左右人们不了解。

总之，一切生物都是从自然界中摄取养料来维持生长发育和繁衍后代，人类通过对火的掌握和运用，改变了摄取食物的方法，扩大了食物的来源和品种，而且熟食提高了食物的消化吸收率，增强了体质，促进了大脑的发育。食品原料是人类所需营养素的载体，是人类赖以生存的物质基础。

一、食品原料的形成与完善

食品原料是随着烹饪加工技术的起源和社会生产力的发展而发展的。但是在"茹毛饮血，生吞活剥"的时代，还不能将当时人类所吃的食物称为烹饪原料，只有在人类学会了用火，开始熟食以后，食品原料伴随着加工技术的起源才来到人类的生产和生活之中。但那时食品原料的来源主要靠采集和渔猎，还处于一种自然的状态。随着社会生产力的发展，距今六七千年以前的仰韶文化和河姆渡文化表明，当时已有了原始的畜牧业和原始的农业，人类已经开始有意识地、主动地生产食品原料，食品原料也就逐渐发展起来了。

出土的甲骨文记述了许多食品原料的名称，如动物原料中的猎犬，植物原料中的禾、黍。以后的《食经》《春秋左代传》等著作记述的食品原料内容更加丰富多彩。在动物性原料方面，有牛、马、羊、豚、犬，野兽中的野牛、鹿也常成为狩猎对象，鱼类、鸟类都有记载，鳖是当时的珍膳。谷类、果实、蔬菜都已开始种植。此时，调味料已由简单的盐发展到酱、醯、蜜等多种，已形成了被当时人们所承认的食品原料。《诗经》《楚辞》《吕氏春秋·本味篇》中都有记载，例如《吕氏春秋·本味篇》中就列举了 40 多种被视为是美味的食品原料，并把这些原料做了分类。从整个食品原料的发展史来看，这个时期是食品原料发展最快的时期。秦汉时期由于农、牧、渔和食品加工业有了很大发展，用于食品加工的原料日见丰富，水果、蔬菜大面积栽培，牛、羊、猪都已成群放牧和饲养，鱼塘大面积养殖水产品，酒、醋、酱大量生产。此外，随着国内外贸易交流，西域等地的胡瓜、胡豆、胡葱、胡椒等多种果蔬、调料的引进，也给食品加工提供了新的原料。

魏晋南北朝时期，经历了秦汉两个朝代以后，社会生产力得到了极大的发展，物质财富更加丰富，为食品原料的发展提供了条件。北魏贾思勰所著的《齐民要术》就记载了家禽、家畜、鱼的饲养，五谷、果树、蔬菜的栽培，尤其对食品加工的调料制作方法的记载，反映了这个时期的食品原料特点。

隋唐时期，经济文化发达，促进了烹饪技术的发展，食疗专著的问世，标志着当时人们对食品原料的营养以及食疗作用有了进一步的研究。

宋元时期最明显的特征是专业酒楼、著名酒楼如雨后春笋般出现，可供加工食品的原料更加繁多，而食品加工的专业化更为突出，分工也更为细致，制作食品不再局限在熟制，而是就原料的不同性质进行分类，制作出可供冷食的和热食的菜肴。

明清时期应该说是我国古代烹饪技术发展的一个高峰。此时期间世的著作，表明了当时对食品原料的种类、性质及应用价值的研究又深了一步，包括食品原料、烹饪技术、饮食保健等许多方面的内容。

历史上关于食品原料的资料，散见于历史时期的文献中，需要我们认真收集、归纳和整理，用现代科学手段加以分析和论证。

二、食品原料资源简介

我国是世界上食品原料资源最丰富的国家之一。我国不仅地域辽阔，而且自然条件也十分优越。由于我国是一个历史悠久的文明古国，民族众多，文化灿烂，开拓和创造出了极其丰富的食品原料，这是发展我国食品加工业的优越条件。

(一)果蔬类食品原料资源

我国蔬菜资源丰富，蔬菜品种繁多，主要蔬菜品种有：白菜、芹菜、韭菜、菠菜、番茄、土豆、辣椒、萝卜、黄瓜、南瓜、油菜、葱、姜、蒜等。

中国地处亚热带、温带、寒带几种气候温度带，水果的品种很多，许多水果的原产地在中国，如新疆的哈密瓜和葡萄、南粤的荔枝、山东的莱阳梨，都是中外闻名的佳果。

(二)粮食食品原料资源

我国谷类资源十分丰富，主要有水稻、小麦、杂粮等。水稻是中国主要的粮食作物之一，播种面积占全国粮食播种面积的 1/3，产量占全国粮食总产量的 1/2。小麦是仅次于水稻的粮食作物，约占全国粮食总产量的 20%。小麦的产地很广，北起黑龙江，南到海南岛，西起新疆，东抵沿海，从平原到海拔 4000 m 的高原都能栽培，以秦岭—淮河以北各省为多。中国杂粮为世界之最，主要产于黄河下游各省和东北。

(三)畜禽类食品原料资源

我国畜禽类数量丰富，种类多，纯牧区主要有绵羊、山羊、马、黄牛、牦牛和骆驼等，农牧区除马、牛、羊外，还有驴、骡、猪等家畜及鸡、鸭、鹅等家禽。

(四)野生动植物原料资源

我国幅员辽阔，地形复杂，蕴藏着极其丰富的野生动物资源，并分布于东北区、华北区、蒙新区、青藏区、西南区、华中区、华南区。这些野生动物是国家重要的自然资源，我们必须给予保护，合理开发，科学利用。

(五)水产食品原料资源

海洋水产食品原料资源：我国濒临辽阔的海洋，而且南北跨越温带、亚热带和热带。不同水温的海域，适应各种海洋生物的生存、繁殖，为食品加工业和餐饮业提供了丰富的原料，营养丰富的鱼、虾、贝、藻等水产品有 85% 来自海洋。

湖泊水产食品原料资源：我国湖泊水产资源丰富，既有鱼、虾、蟹、贝等水生动物，又有菱、莲、芡、芦等水生植物。

第二节　食品原料学的概念、研究内容及方法

一、食品原料学的概念、研究范围及内容

(一)食品原料学的概念

食品原料是供食品加工制作可食性食品所应用的一切物质材料，包括天然物质材料和材料的加工制品。

严格地讲，食品原料是指符合饮食要求、能满足人体的营养需要并通过加工手段制作各种食品的可食性原材料。按照合理营养的原则，可食性原料必须具备以下条件。

第一，必须无毒无害。即自身无害，也不曾受到微生物、寄生虫以及化学毒物的污染。可能含有的有害成分一经加热即可分解的原料也可使用。

第二，必须具有一定的营养价值。即食品原料必须含有一定种类、一定数量和质量的营养物质，以满足人类对营养的需求。

第三，除个别辅助原料外，食品原料必须具有良好的感官性状。即原料的颜色、形状、气味、质地等均符合人的心理、生理要求，以帮助人体对其所含物质的充分吸收和利用。

食品原料学是研究食品原料的种类、性质、结构及其应用价值的知识体系，是食品类专业的一门基础学科。

(二)食品原料学的研究范围及内容

食品原料学的研究范围甚广，它包括食品生产活动所应用到的一切原料。就属性来讲，有植物性、动物性、矿物性以及人工合成的各种原料；就用途来讲，有加工主食制品、菜肴制品、腌制制品所需要的原料；就时间而言，有古代的、现代的和未来可能出现的原料；就烹饪原料的产地来说，有国产的、进口的以及杂交培植的原料；就应用状况来说，有饭店餐饮、饮食行业、食品加工业以及不同民族饮食所应用的烹饪原料。

食品原料学的研究内容大致上可分为两个方面的内容，即内涵部分和外延部分。

所谓内涵部分是指有关食品原料的本质、性质、属性等问题。食品原料的属性包括原料的种类、结构、外形、产地、品质特点、化学成分、营养价值以及理化性质等，这种原料的自然属性决定着原料的使用价值。

所谓外延部分是指有关食品原料的品质检验、储藏、外界因素对食品原料的影响以及产生影响的原因和食用方法等。

食品原料学的研究内容具体又可归纳为以下几点。

第一，食品原料的历史来源、发展过程、变化趋势以及新原料的开发等问题。

第二，食品原料的品种、分类、分布、供销状况等。

第三，食品原料的组织结构、性质，在烹饪应用中的性能、特点以及它们的用途和用法等。

第四，食品原料经过加工制成各类食物对人体的作用、效果。其中，食品原料的性质、应用的性能以及对人体的作用功效是研究的重点。

二、食品原料学的任务和研究方法

食品原料是烹饪活动以及现代食品加工技术的基础，食品原料种类多至成千上万，有着各种不同的化学成分和物理性能，运用不同的加工方法，经过复杂的变化过程使之成为可食性的食物。只有了解不同原料的主要成分及理化性能，准确把握变化原理，才能更好地运用食品原料，进行科学的食品加工活动，从而加快食品加工技术的发展，为人类的健康服务。

(一)食品原料学的任务

食品原料学是一门以食品原料为研究对象，研究其化学组成、形态结构、分类体系、营养卫生、品质检验、储存保鲜及加工应用规律的学科。该学科的主要任务可以归纳为以下几个方面。

第一，认识食品原料的性质及分类。

第二，明确食品原料的产地、发展及其变化过程。

第三，明确食品原料的选择标准。

第四，研究食品原料的发展前景问题。

（二）食品原料学的研究方法

食品原料学是指导食品加工合理使用食品原料的极具应用特点的学科，目的在于启发工作者充分认识食品原料，并有效合理地利用原料。因此，对本学科的研究，首先，要理论联系实际，理论与实践相结合，包括细胞结构、组织成分、质量标准，通过科学的分析，提出可靠的理论依据，并在实践中给予检验和证实。其次，借助相关科学知识理论，如生物学、食品化学、营养学等对人类食用的部分原料已经取得的研究成果，指导食品加工实践。再次，不断总结和再提高，人类生产活动的进步在于不断总结实践经验，食品加工活动亦应如此，即要将从生产实践中得来的经验升华为理论，再将理论放回生产实践去验证，如此往复，使人类的食品加工技术、饮食文化内容不断发展，不断充实。

第三节　食品原料的分类和品质鉴定

一、食品原料的分类

我国疆域辽阔，物产丰富，天上飞的、地上跑的、水里游的、土里长的等许多动植物，甚至有些矿物质也可作为食品原料。另外，食品加工业的发展，为人类饮食提供了日益丰富的食品原料。食品原料的来源广泛，种类繁多，品质各异，成分复杂，所以有必要对食品原料进行分类，以便我们更加系统地了解食品原料的性质和特点。

（一）食品原料分类的准则和意义

食品原料的种类很多，多达上千种。由于划分的标准不同，分类方法也有不同，现代学者的分类方法主要有：一是按生物学的体系将动植物原料分成若干类；二是按商品学体系分成若干类。食品原料学是食品类专业的基础学科，因此应结合食品类专业的传统习惯进行分类。

（二）分类方法

1. 按自然属性分类（性质分类法）

可分为动物性原料，如肉类、鱼类、禽类等；植物性原料，如粮食、蔬菜、果品等；矿物质原料，如盐、碱等；人工合成原料，如香料、色素等。这种分类方法可以较好地反映各种食品原料的基本属性，简单明了，但动物性原料和植物性原料的种类很多，这样简单地按性质划分，就指导食品加工实践而言还不够系统。

2. 按原料加工与否分类

可分为鲜活原料，如鲜肉、鲜菜、活鱼等；干货原料，如海鲜、虾籽、干果等；复制品原料，如香肠、腊肉等。这种分类方法可体现出原料的加工情况，但还是粗线条的，一般在商业系统使用较多。

3. 按原料在菜肴生产过程中的地位分类

可分为主料、配料、调料三类。这种分类方法能反映出原料在一种菜肴中的地位，但同一种原料既可在一种菜肴中做主料，又可在另一种菜肴中做配料，所以这种方法不能成为介绍原料知识的分类方法。

4. 按原料的商品种类分类

可分为肉类及其制品、禽类及其制品、水产品、蔬菜、粮食等。这种分类方法是根据食品原料产品进入流通环节的不同部门而分的，基本上反映了不同种类食品原料的共同性质和特点，是一种较系统的分类方法。本教材就按照此种分类方法对各种食品原料进行介绍。

5. 按照原料的不同种类分类

如水产品原料所属下可分为鱼类、两栖爬行类、虾蟹类、软体动物等。这种分类方法纲目清楚，比较科学，目前主要用于生物学教学。

此外，还有三种大的分类法，即按生产分类法、食品类群分类法（三类群法、六类群法）、用途分类法。

二、食品原料品质鉴定的作用意义

食品原料品质鉴定是食品原料学重要的内容之一。

食品原料的品质鉴定就是从食品原料的用途和使用条件出发，对原料的食用价值进行判定。原料质量越好，食用价值越高。食品原料的品质好，加之高水平的加工技术，其成品的质量才好；相反，食品原料的品质得不到保障，就是再高超的加工技术，也难以做出上等的食肴佳馔，所以做好食品原料的品质鉴定，在食品加工活动中有着特别重要的意义。

对从事食品行业的人员来说，了解和掌握食品原料品质鉴定的方法和理论是做好这项工作的基本保证，因为工艺水平的高低，在很大程度上取决于原料品质的鉴定水平，其作用表现在两个方面。

第一，只有掌握每种食品原料的品质优劣和变化规律，扬长避短，因材施艺，才能做出高质量的成品。

第二，进行食品原料的品质鉴定，可以防止腐败原料进入食品加工过程，保证成品的卫生质量，防止有害因素危害食用者的健康。

由此可见，食品原料的品质鉴定工作，是加工色、香、味、形俱佳，营养丰富，合乎卫生要求的成品的基础，它在食品加工中有着重要的地位。

三、食品原料品质鉴定的方法

影响食品原料品质的因素有很多。食品原料绝大多数来自自然界的动植物，它们的品质往往受很多因素的影响，如原料的收获季节、原料的产地、原料的自然部位、原料的卫生状况以及原料的加工储存等因素，在对其进行质量鉴定时应细致考虑。

(一)食品原料品质鉴定的依据和标准

1. 食品原料的固有品质

食品原料的固有品质是指原料本身的食用价值，它包括原料的营养价值、口味、质地等指标。原料的食用价值越大，品质就越好。原料的固有品质与原料的品种、产地有着密切的关系。

2. 食品原料的纯度和成熟度

食品原料的纯度是指原料中主要成分所占的比例，特别是对复制品和加工制品，此标准更为重要。

食品原料的成熟度是指原料完成生长期的程度。原料成熟度与原料生长时间、上市季节有关。

由此可见，食品原料的纯度越高，其成熟度恰到好处，品质就越好。

3. 食品原料的新鲜度

食品原料的新鲜度是鉴别食品原料品质最基本的标准，它包括原料的形态、色泽、水分、重量、质地、气味等。

各种食品原料都会因存放时间、保管方法、运输条件等因素的影响，而发生不同程度的质量变化，而主要的变化发生在以下几个方面。

第一，形态的变化。通过了解食品原料形态的变化程度，来判断食品原料的新鲜度。例如，新鲜的食品原料其自然形态周正，由于自然或人为因素造成其形态变化，说明其新鲜程度或食用质量下降。

第二，色泽的变化。根据原料固有颜色、光泽的变化进行原料质量的判断。

第三，水分的变化。即正常含水量的变化。

第四，重量的变化。根据原料自身的特征，以重量情况进行判断。

第五，质地的变化。即坚实、松软、弹性等，通过这些因素的变化对原料质量进行鉴别。

第六，气味的变化。食品原料本身有着其特有的气味，通过气味的变化判断其质量的优劣。

4. 食品原料的清洁卫生

食品原料必须符合食用安全标准，凡腐败变质、污染或本身含致病菌的，均说明质量已不适合食用。

(二)食品原料品质鉴定的方法

食品原料的质量鉴别在食品加工生产中有着重要的意义，其方法主要有理化鉴定法、生物鉴定法和感官鉴定法。

1. 理化鉴定法

主要依据理化指标，采用各种试剂、仪器和器械来鉴定食品原料品质的方法。理化鉴定的结果较感官鉴定的结果更准确，可用具体的数值表示，它是对食品原料内部的变化进行检验，更深入地阐明食品原料的成分、性质、结构以及品质变化的因素。

理化鉴定法分为物理鉴定法和化学鉴定法两种。

物理鉴定法包括：用比重计测定食品的密度；用比色计测定液体食品的浓度；用旋光计测定食品的含糖量；用显微镜测定食品原料的细胞结构、纤维粗细、微粒直径、杂质含量等。

化学鉴定法是用化学试剂鉴定食品原料中的水分、灰分量、还原糖、酸度及淀粉、脂肪、维生素含量等。

国家有专门的理化鉴定机构，部分食品原料必须经过理化鉴定方可进入市场。

2. 生物鉴定法

依据生物指标，通过小型动物观察试验来进行检验。微生物检验则是通过对某种微生物在培养基中的培养，用显微镜进行观察检验。

3. 感官鉴定法

主要是通过感官指标，凭借实践经验和理性知识，通过视觉、听觉、嗅觉、味觉、触觉对食品原料具备的明显的外部特征及性质进行感官鉴定。在生产实践中，感官鉴定法是较为方便可行的方法，只要有一定的食品原料知识和经验都可进行感官鉴定。感官鉴定主要用于鉴定食品原料的外形结构、形态、色泽、气味、滋味、硬度、弹性、重量、声音以及包装等方面的质量情况。具体的方法有以下几种。

(1)视觉鉴定。品质好的原料都有一定的形态，原料形态上发生变化，在一定程度上反映出食品原料质量上的变化，通过了解食品原料形态结构变化程度，就能判断出原料新鲜程度。

例如，新鲜的蔬菜大都挺立、饱满、表皮光滑、形态整齐，不新鲜的蔬菜就会干缩发蔫、缺水变老或抽薹发芽。同样，其他食品原料的质量也都能在其外观上体现出来。

视觉鉴定的范围很广，变化也很复杂，鉴定难度较大，需要具有丰富的经验才能准确地鉴定出食品原料的品质优劣。

(2)嗅觉鉴定。用嗅觉感觉器官鉴定原料的气味，以确定食品原料品质的优劣。

原料都有其特有的气味，如各种肉类、水产品、乳制品等。我们的嗅觉器官可以鉴别其气味是否正常，凡是不能保持其特有的气味或正常气味淡薄，甚至出现一些异味、酸味等，都说明其品质已发生变化。原料中的气味是由一些挥发性物质产生的，挥发性物质的挥发量和挥发速度受到温度的影响，因此，在使用嗅觉鉴定时，可对原料进行适当的加热，以加大挥发量，确保鉴定的准确性。在一般情况下，鉴定食品原料品质的环境温度控制在 15℃～25℃ 比较好，这样可以确保食品原料中挥发性物质的稳定性，从而确保鉴定结果准确。用嗅觉鉴定法检验食品原料的品质，其鉴定顺序应从淡到浓，避免出现由于疲劳而造成的鉴定结果不准确。

(3)味觉鉴定。用味觉器官辨别原料的滋味和口感，以确定原料品质的好坏。

味觉鉴定只限于那些直接入口的熟料和半熟品，故有一定的局限性。味对食品原料来说是一个非常重要的因素，其滋味上的改变对食品原料的品质至关重要，哪怕是细微的变化。

鉴定食品原料品质优劣，其温度应控制在 20℃～45℃ 为佳，这样对品尝滋味来说有上好的把握性。用此方法鉴定食品原料的品质，其鉴定顺序与嗅觉鉴定法一致，针对食品原料的味道，就刺激性而言，应采取由弱到强的顺序进行，以确保其鉴定结果的准确性。

(4)听觉鉴定。就是用听觉器官来鉴定原料品质的好坏，如可以用手拍击西瓜听其声音来鉴别成熟度；也可以根据声音判断萝卜是否糠心；可以通过晃动鸡蛋来鉴定其新陈等。这种方法只限于部分原料，局限性较大。

(5)触觉鉴定。就是用手接触原料，检验原料的重量、弹性、硬度等，以鉴定原料品质的好坏。如新鲜的肉富有弹性，用手指按凹后很快复平，不黏手。另外，鉴定原料的重量也能确定其质量的好坏。单从原料的重量判断其质量要先看原料的性质，性质不同，其标准不同。

触觉鉴定法主要是针对食品原料的硬度或浓度而进行的检查，故而，食品原料处于鲜活状态比较好，即不结冻、不沸腾，其原料温度以15℃～20℃为好，这样被鉴定的原料可以保持在原有的状态，以适合进行鉴定。

感官鉴定法是较为容易使用的检验方法，在实际工作中有着重要意义，它不需检测设备，简单易行。但需要鉴定人员有一定的经验、知识，虽然如此，目前在烹饪工作中仍是较为普遍的方法。应该指出，感官鉴定法有它的局限性，它只能凭借人的感觉对食品原料的某些特点进行粗略的判定，而不能准确反映原料内部本质性的变化，而人的感官能力也存在差异，因此，对结构、成分比较复杂的原料应借助理化鉴定法得出的结果指导实践工作。

第四节　食品原料的保鲜与储藏

食品原料的保鲜、储藏在饮食业显得尤为的重要，它不仅关系到菜点的品质，同时还关系到避免原料受损、减少浪费、降低原料成本等问题。

食品原料在储存过程中容易发生各种各样的变化，因而影响食品原料的品质，有的甚至因保管不当而丧失食用价值。例如，新鲜肉类因受到微生物的侵蚀而变质，脂肪因氧化而酸败，干货原料因受潮被虫蛀等。所以要有适当的方法对原料进行保管，以确保原料品质良好，同时延长原料的使用期限，缓解由于生产季节原因造成的原料紧缺。

食品原料的品类繁多，性质各异，要做好食品原料的保管工作，首先要了解可能引起食品原料变质的原因，以便针对不同的情况，采取相应的措施进行有效保管。

一、食品原料在储存过程中的品质变化

食品原料在储存过程中往往由于本身的特性和外界因素的影响，会发生各种各样的变化，其中有酶引起的理化变化和生物学变化；有微生物污染造成的变化；有外界环境、温度、湿度的影响而出现的变化和物理变化，这些变化都会使食品原料的品质发生变化，搞清楚可能发生的变化和可能引起变化的原因，才可能提出正确的保管方法和处理手段。

（一）食品原料的自身特性

食品原料在储藏中会因本身的特性和外在因素的影响发生一些变化，这些变化是决定对原料保管采取什么措施的主要因素。

原料自身的特性主要表现在两大类群上的不同，一是植物性原料，二是动物性原料。它们的构成基本单位虽然都是细胞，但细胞物质组成有着明显不同，因此，动植物食品原料各自有着独特的特性。

1. 植物性食品原料的特性

（1）呼吸作用

呼吸作用是生物体生物活动最重要的生理机能之一，也是新鲜的蔬菜、水果在储藏中最基本的生理变化。一切生物体进行生物活动和新陈代谢过程都需要不断的能量供给，这些能量是从生物体中有机成分的降解中获得，而呼吸作用就是蔬菜、水果中的有机成分在酶的参与下逐步降解为简单的二氧化碳和水的过程。在这一过程中同时释放出能量，这种有机物的降解实际上是一种缓慢的生物氧化过程。

蔬菜水果的呼吸作用分为有氧呼吸和无氧呼吸两种类型。有氧呼吸是在供氧条件下进行的，以糖作为呼吸的基质。

①有氧呼吸是指生活细胞在氧气的参与下，把某些有机物质彻底氧化分解，放出二氧化碳和水，同时释放能量的过程。

$$C_6H_{12}O_6 + 6O_2 \longrightarrow 6CO_2 + 6H_2O + 能量$$

②无氧呼吸是指在无氧条件下，细胞把某些有机物质分解成为不彻底的氧化产物，同时释放能量的过程。这个过程若发生于高等植物，习惯上称为无氧呼吸；若发生于微生物，则习惯上称为发酵。

蔬菜和水果的无氧呼吸有两种类型：

产生酒精的无氧呼吸：$C_6H_{12}O_6 \longrightarrow 2C_2H_5OH + 2CO_2 + 能量$

产生乳酸的无氧呼吸：$C_6H_{12}O_6 \longrightarrow 2CH_3CHOHCOOH + 能量$

从蔬菜、水果的储藏要求来看，无论是哪种类型的呼吸，糖和酸等有机物质都将逐渐消耗，致使储藏中的蔬菜、水果味道变淡，呼吸热的产生和积累还会加速原料腐败变质，尤其是无氧呼吸还会产生一些有毒化合物，引起生理病害。但是，正常的呼吸作用又是新鲜的蔬菜、水果最基本的生理活动，它是一种自卫反应，有利于抵抗微生物的侵害。所以在原料储藏过程中应防止无氧呼吸，而保持较弱的有氧呼吸，以保持其活力，使原料的品质变化降低到最低限度。环境温度和空气成分对呼吸作用影响很大，一般外界温度升高，呼吸作用就加强，反之，则减弱，所以降低环境温度是储藏蔬菜等植物性食品原料的重要措施。空气含氧量增加，呼吸作用则加强，相反，适当地增加空气中二氧化碳（或氮）的比例，呼吸作用则会减弱，所以，也可以采取气调储藏法，也就是通过改变空气成分达到抑制新鲜蔬菜、水果等原料呼吸强度的目的。

（2）后熟作用

后熟作用是蔬菜、水果采收后其成熟过程的继续，是蔬菜、水果的一种生物学性质。在后熟过程中，原料仍然进行着一系列复杂的生理生化变化。其中原料中的有机成分在酶的作用下发生着分解与化合的变化，一般是淀粉被淀粉酶和磷酸化酶作用，水解为单糖，增加原料的甜味；叶绿素在叶绿素酶、酸、氧、乙烯作用下分解，使绿色消失，而呈现类似胡萝卜素和花青素的红、黄、紫等色，蛋白质的含量因氨基酸的合成而增加；同时随着后熟产生的芳香油，使原料产生香味；细胞壁间的原果胶质水解为水溶性胶质。但从生物学特性来看，原料的后熟又是生理衰老的过程。当它们完全后熟后，也就失去了储藏性能，而容易腐败变质。因此，在储藏蔬菜、水果过程中应选择控制条件，延长其后熟过程。

影响蔬菜、水果后熟的因素主要是温度、氧和一些有刺激性的气体。温度高，可使原料中的酶的活性增强，促使后熟过程加快。如西红柿在 10℃ 时要存放 40 天才完成后熟，而在 27℃ 的条件下，只需 8 天就能完成后熟。氧可促进原料的呼吸作用，并能加速原料中的香气和色素的形成。因此，为延缓后熟过程，可控制库房中的供氧条件。对于长期储藏的原料应适当通风，以防止由于乙烯的积累而加速后熟过程。

（3）萌芽和抽薹

萌芽和抽薹是两年生或多年生蔬菜在终止休眠状态，开始新的生长时发生的一种变化，主要发生在以变态的根、茎叶等作为食用部位的蔬菜，如土豆、大蒜、大白菜等。蔬菜在休眠期生理代谢减低到最微弱的程度，其品质变化也极小，或者说没有什么变化，这对保持原料的食用价值和储藏都极为有利。但终止休眠期后，适宜的环境条件可使蔬菜随时萌芽和抽薹，随之其营养成分消耗很大，组织变得粗老，食用品质大为降低。萌发和抽薹是一种生物学现象，在储藏过程中只能延缓它的出现而不能制止它的发生。低温是延缓蔬菜休眠状态、防止萌芽和抽薹的有效措施。例如，萝卜的萌芽和抽薹温度是 $2^{\circ}\mathrm{C}\sim5^{\circ}\mathrm{C}$，如果将环境温度控制在 $0^{\circ}\mathrm{C}\sim2^{\circ}\mathrm{C}$ 就可以延长有效储藏期。

2. 动物性原料的特性

家畜、家禽、鱼在宰杀或捕捞致死后，它们的肌肉组织会发生一系列生化变化，主要体现在以下几方面。

（1）僵直作用

僵直作用也称尸僵作用。当畜、禽、鱼宰杀时其肌肉组织是松弛柔软的，但经过一段时间后，肌肉开始变得僵硬，无鲜肉的自然风味，烹调时也不易成熟，这种变化就是肉的僵直作用。

僵直作用的机理是长期研究的课题，过去较为普通的论点是动物在死后仍在进行无氧呼吸，通过酶的作用使肌肉中的糖原分解为乳酸，因动物死后终止了血液循环，这些乳酸不能排出，至使肌肉的 pH 降低，当其酸度达到一些蛋白质的等电点时，使蛋白质变性，肌肉纤维紧缩，肌肉随之变硬。

自 20 世纪 80 年代，随着人们对肌肉收缩机理的研究，认为当动物死后进行无氧呼吸的同时，肌肉中的磷酸肌酸逐渐消失，而不能再生，当大部分磷酸肌酸消失后，肌肉中的 ATP 开始减少，使之形成肌动球蛋白，随之，肌动球蛋白便与肌动蛋白的纤维相交，致使肌节缩短、增厚，因此形成了僵直状态。

僵直状态的形成与温度有关，在冷却条件下，牛肉在 $10\sim24$ 小时达到充分僵直；猪肉为 $2\sim8$ 小时；鸡肉为 $3\sim4$ 小时；鱼为 $1\sim2$ 小时。在常温下，达到充分僵直的时间要短得多，如 $25^{\circ}\mathrm{C}$ 的条件下，牛肉只需要 0.5 小时就可达到僵直。

（2）成熟作用

成熟作用又称后熟作用，是指僵直畜、禽在一定条件下，由于肉中的酶类所引起的乳酸、糖原等呈味物质之间的变化，使肌肉变得柔软而有弹性，并带有鲜肉的自然气味，这种变化结果称为肉的成熟作用。

在成熟过程中，肉中的蛋白质在酶的作用下部分发生水解，其生成物有多肽、二肽及氨基酸等。此外，三磷酸腺还可产生次黄嘌呤，这些物质都可使肉具有鲜美的滋味，当次黄嘌呤的含量达到 $1.5\sim2.0\ \mu\mathrm{g/g}$ 时，肉的芳香为最适宜的状态。

肉的成熟是在僵直阶段中逐渐形成的，其中环境温度对肉的成熟有较大影响，温度越高，成熟得越快。以牛肉为例，当环境温度为 $2^{\circ}\mathrm{C}\sim3^{\circ}\mathrm{C}$ 时，完成成熟需要 $7\sim10$ 天；$18^{\circ}\mathrm{C}$ 时只需 2 天；$29^{\circ}\mathrm{C}$ 时只需数小时即可解除僵直达到成熟。但成熟的时间越短，对肉的风味形成越不利。

另外，动物宰杀前的状态也与肉成熟的速度和质量有关。如动物宰杀前处于饥饿状态或经剧烈挣扎而处于疲劳状态，则肌肉中的糖原含量就较低，糖原酵解后的酸含量也少，这样肉类僵直的时间短，成熟得快，但肉成熟后的质量不好，色发暗，组织干燥且紧密。

综上所述可知，动物宰杀前一定要保持其良好的营养状态，宰杀后要放在冷藏的温度下使其逐渐结束僵直，这样的肉成熟的效果就好。

（3）自溶

自溶又称自身分解。当成熟的肉在环境适宜时，在其自身的组织层的酶作用下，使肉中的复杂有机物，如蛋白质进一步水解为较低的物质，如氨基酸、肽等，这个过程称为自溶。

处于自溶阶段的肉，其弹性逐渐消失，变得柔软而松弛，又由于空气中的二氧化碳与肉中的肌红蛋白相互作用，致使肉色发暗，并略带有酸味和轻微异味，实际上是开始腐败的过程。这一阶段的肉尚无大量腐败菌侵入，经高温后尚可食用，但气味和滋味已大减，并不宜再保存。

（4）腐败

处于自溶阶段的肉，污染上其他微生物后，在适宜的温度下，肉中的蛋白质与脂肪进一步分解，使肉质变得毫无弹性，并有明显的异味和臭味，这个过程就是肉的腐败。

腐败的生化过程很复杂，既有合成反应又有氧化还原反应。这些反应有的单独存在，也有的相互交错进行。一般情况是先由蛋白质分解为氨基酸，再由氨基酸分解成更低级的产物，如尸胺、硫化氢这些物质不但有恶臭味还有毒性。

另外，在肉中蛋白质分解的同时，脂肪会进行水解和氧化，产生具有不良气味的酮类及有毒的尸碱，因此腐败的肉类不能食用。

（二）外界不良条件对原料储藏的影响

外界不良条件对原料储藏的影响主要体现在物理学、化学和生物学三方面。

1. 物理学方面

主要包括温度、湿度、空气、日光等因素。

（1）温度

温度过高或过低都会对原料产生不良影响，温度过高可以加快原料的呼吸作用、后熟作用、萌发与抽薹等生理生化变化，还可以促进微生物的繁殖与生长，导致原料的自溶与腐败。另外温度过高还会加快原料水分的蒸发，降低原料的质量。温度过低又会使一些含水分多的原料冻坏、变软。

（2）湿度

环境湿度过低可使含水量多的原料水分蒸发，重量减轻，干枯蔫萎，品质降低。湿度过高又会使原料增加水分，并随着水分的吸入将空气中的微生物带入原料内部，致使原料变质。另外空气湿度过高还可使脱水或粉质性原料发生受潮、融化等变化，造成原料的质量下降。

（3）空气

空气无孔不入，和原料接触的机会很多，空气中的腐败微生物会随着空气的流动污染原料，造成原料变质。另外空气中的氧还会造成一些原料氧化酸败。

（4）日光

日光的照射可加速原料的变化，如一些禾谷类、蔬菜类原料可在日光照射下萌发抽薹，一些含有脂肪的原料还会因光照加速氧化酸败。

2. 化学方面

主要指一些重金属化学物质对原料的污染。原料盛装器具如果混有铅、铜、锌等重属元素，则可作为催化剂促进酶的作用，加速原料的腐败变质，并对人的健康有一定的危害。

3. 生物学方面

主要指微生物方面，如一些霉菌、细菌。它们的活动与温度、湿度、酸碱度有很大关系。霉菌在湿度较大的潮湿环境中和中性环境的情况下，容易繁殖，活动性很强。原料受潮后，由于含水量增高，就会被霉菌侵袭而发霉，在内部或外部出现斑点，变色并产生霉味。如粮食、花生等尤其易被霉菌污染而变质。细菌的适应性很强，能在各种环境中生存繁殖，它们一般最适宜的温度是 $25℃\sim30℃$。

自然界有很多细菌会使原料腐败变质，如牛奶感染了乳酸杆菌会使其中的乳糖分解产生乳酸，使牛奶味变酸；肉类感染了变形杆菌或芽孢杆菌等就会使蛋白质分解引起腐败变质。酵母菌有引起发酵的特性。天然酵母菌可使一些食物表面产生白毛；有的酵母菌能使泡菜变红，还有的能使水果中的糖分发酵，有的会使黄酒或啤酒变浑浊发酸，最终使原料的品质下降。

二、食品原料的储藏方法

原料的储藏，不管是采用传统的方法还是现代技术，其基本原理主要是根据食品原料的储藏性能、质量变化和影响质量变化的各种因素，确定适宜的储藏方法和条件。有效地控制原料保管时的温度、湿度、pH、渗透压，造成不适于微生物发育繁殖的环境，抑制酶的活性，从而控制原料的腐败变质，达到储藏的目的，同时创造良好的保管条件和环境，防止其他各种因素对原料的影响，保证原料的基本质量。其方法主要有以下几种。

(一)低温储藏法

低温储藏法是使用最为普遍的方法，它是利用环境温度的降低，有效地延缓微生物发育活动，抑制酶的活性和减弱食品原料的化学变化，延缓食品原料腐败变质的一种方法。此方法能够较好地保存原料的原有风味、新鲜度和营养价值，尤其是对那些易腐的新鲜原料，低温储藏法应用更为广泛。

微生物中的细菌、酵母菌和霉菌的生长繁殖和原料内部固有的酶的活动是导致原料腐败变质的主要原因。原料中酶的活性与环境温度有着密切的关系，实验证明，大多数酶在环境温度为 $30℃\sim40℃$ 其活性最强，在温度不适应时，酶的活性就会受到抑制或破坏。据测定，温度每下降 $10℃$，酶的活性就会削弱 $1/3\sim1/2$，但酶仍能保持部分活性，所以，降低温度只能使酶的活性受到抑制，并不能完全停止，若环境温度重新到达酶适宜的温度，酶的活动将重新开始，致使食品原料的品质再次受到影响。同样，任何微生物都有其最适宜的温度，温度越低，它们的活动能力越弱，所以，低温储藏是利用低温来有效控制微生物的生长繁殖速度和酶的活动。低温储藏法分为冷藏、冷冻两种。

1. 冷藏

冷藏即冷却储藏。冷藏是将温度控制在冰点或冰点以上的保管方法。由于食品原料的冰点温度多数在 $-1℃\sim2℃$，多数微生物在 $10℃$ 以下难以进行繁殖活动，所以冷藏的温度一般控制在 $0℃\sim10℃$，$4℃\sim8℃$ 是使用最广泛的温度范围。由于原料的性质不同，使用的温度也有所不同，对于肉、禽、蛋、奶及肉制品等可采用接近原料冰点的低温来储藏；对于某些蔬菜如黄瓜、西红柿、茄子等和一些热带、亚热带产的水果应用较高的温度。同时，因原料种类的不同，储存期一般从几天到数周不等，如果冷藏合理，对原料的风味、质地、色泽和营养价值都不会有大的影响。

冷却储藏适宜储存质地新鲜但又怕冻的原料，如新鲜的蔬菜、水果、蛋类、奶制品及各种熟食等。一些鲜肉、鱼、禽等原料的短期储存也可以用冷却储藏的方法。

2. 冷冻

冷冻储藏就是先将原料用速冻的方法冻结，然后再放入 0℃ 以下的冷库中储存的方法。原料冷冻时由于水结成冰，其体积平均增加 9%～10%，处理不当极易破坏原料的组织结构。为防止原料的组织结构被破坏，应采用低温快速冷冻方法，防止原料缓慢冻结。因缓慢冻结时原料中的水分会结成较大的冰晶，造成细胞受挤压，变形破裂，当原料解冻后，融化的水分连同部分营养素不能再渗入细胞而流失，从而降低了原料质量。

急速冷冻是在较短的时间内使食品原料迅速达到 −20℃ 以下，迅速结冻，从而降低细胞受张力破坏的程度，保持细胞的持水能力，解冻之后不会发生水分流失的现象。目前我国采用的速冻温度是 −23℃，冷冻储藏的温度是 −18℃～−15℃，库中的相对湿度是 95%～98%。解冻方法对食品原料质量的保证也有一定影响。正确的解冻方法包括自然缓慢解冻、水浸解冻和微波解冻。微波解冻能保持细胞间的张力，降低水分流失程度。自然缓慢解冻方法，通常的做法是把原料放在 2℃～10℃ 的温度中，使冻结的原料缓慢解冻，尽量使水分渗透到细胞中，这样可保持原料的鲜嫩品质，但解冻的时间不宜过长。

冷冻储藏适宜保管肉类、禽类、鱼虾等动物原料。

(二)高温储藏法

高温储藏法是利用高温杀灭原料中大部分微生物，并破坏酶的活性，从而防止原料变质。高温储藏采用的方法主要有高温灭菌和巴氏灭菌两种。

高温灭菌：此种方法温度在 100℃～120℃，在这种温度下，经短时间加热多数细菌都可杀灭。这种方法在食品工业中使用普遍。

巴氏灭菌：此方法由法国的巴斯德发明。用 60℃～65℃ 的温度加热 30 分钟，不毁坏原料的风味特点，但由于加热温度低，只能杀灭微生物营养细胞，不能杀灭孢子或芽孢，适宜保管那些不宜高温加热或只作短期储藏的原料，如牛奶、果汁、酱油等。

(三)干燥储藏法

干燥储藏法是采用各种措施降低原料的含水量，使其呈干燥状态，使原料中的水分含量降低，微生物和酶的活动受到抑制，从而达到在一定时间内保存原料的目的。常见的干燥法有以下几种。

1. 自然干燥法

就是利用日晒、阴晾、风吹等自然条件使原料干燥的方法，此方法设备简单、经济方便、使用普遍。目前大部分干果、干菜、水产干制品等大都采用此方法。但经常受天气影响，致使干制的原料含水量不稳定，同时也使原料的色泽发暗，营养成分受到一定损失，并易受微生物的污染。如有条件，自然干燥法应与其他人工干燥法配合使用。

2. 真空冻结干燥法

这是一种比较理想的方法。先把原料经低温速冻，然后在 0℃ 和真空环境下使冰晶直接升华，从而达到原料干燥的目的。由于是在低温和真空下进行的，排除了高温和空气中氧的影响，所以原料的色泽和营养成分变化小，而且不会变形，并能形成疏松多孔的组织结构，具有良好的复水性。目前食品工业较发达的国家多采用此方法。

3. 微波干燥加热法

20 世纪 80 年代初采用的一种方法。利用微波的作用使原料中水分子产生摩擦，微波可以被水分吸收，转换为热能，从而把水排除，达到干燥目的。实验证明，微波加热至 60℃时灭菌力可达 100%，有利于原料卫生。

4. 远红外干燥法

利用远红外照射原料，由于原料吸收红外线，从而改变了电子能量，使分子热运动加剧，原料温度升高、水分蒸发，达到干燥目的。远红外线投入率高，可以使原料的表层和内部的水分同时受热而蒸发，干燥速度较快。

（四）腌渍储藏法

盐腌与糖渍是传统的原料储藏方法。其基本原理是在原料中加入食盐或糖造成高渗透压和低水分活度，使微生物的细胞原生质脱水，并与细胞壁发生分离，进而细胞原生质凝固，促使微生物死亡，从而达到原料储藏目的。

1. 盐腌法

利用食盐来调节食品原料的渗透压，使食品原料部分水分析出，从而破坏微生物生长繁殖的环境，使由蛋白质构成的微生物和酶发生变性、凝固，从而失去活性。多数细菌在 10%的盐溶液中被抑制。但有些嗜盐性细菌仍能存活，当原料中食盐含量达到 10%～15%时就能较好地防止微生物活动。与此同时适当地降低储存环境温度，效果会更好。

2. 糖渍法

糖渍是利用糖调节食品原料的渗透压，控制微生物、细菌和酶的活性。糖的比例一般控制在 20%～60%。糖渍法主要用于蜜饯、果脯、奶制品等食品，若含糖量达到 65%，其防腐作用更明显。在使用糖渍法时，通常是砂糖和转化糖混合使用，因为转化糖的溶解度高于砂糖，可以防腐，同时还能防止砂糖出现结晶现象。

3. 酸渍储藏法

这是一种传统的方法。酸渍保存法是利用食用酸（添加剂系列的柠檬酸、山梨酸、苹果酸、醋酸等）或乳酸菌及其他菌类分解碳水化合物产生的乳酸和醋酸产生的酸性，改变微生物生存环境的酸碱度，抑制微生物、细菌、酶活动以及原料的呼吸作用，达到储藏原料的目的。一般细菌在中性环境下活性最强，pH 在 5 以下时大部分细菌不能繁殖，只有乳菌、酵母菌和霉菌仍能繁殖，当 pH 在 3 以下时，则所有微生物都不能繁殖。因此，酸渍储藏法要有较强的酸度。

酸渍法主要用于一些蔬菜原料，如黄瓜、醋蒜、酸白菜、泡菜等，不但可以储藏原料，还能增加原料的良好风味。

4. 酒渍储藏法

酒渍储藏法是利用酒中的乙醇成分进行杀菌和抑制酶的活性，如醉虾、醉蟹、糟蛋等。

（五）烟熏储藏法

这也是一种传统方法，即利用燃烧不完全的木材或锯末所产生的烟气熏蒸原料从而达到储藏的目的。烟气是木材在氧气不足的条件下加热干馏的产物，由木气、木酸液、木焦油、杂酚油等成分组成，由于其中含有有机酸、醛类、醇类、酮类、酚类、酯类等成分，所以具有防腐和抗氧化作用。同时烟熏还可以降低水分，使表层干燥，在形成特殊风味的同时，也提高了原料的耐储性。

经过烟熏的原料都具有良好的风味。但如果温度过高会产生芳香烃类化合物（是致癌物质），因此，采用烟熏法时应把木材的温度控制在300℃以下，同时经常清除熏制容器周围的木焦油。

（六）密封储藏法

密封储藏法是借助特殊的符合食品卫生要求的材料、机械或器皿，将原料密封起来，使其和阳光、空气、微生物、细菌等物质隔离，以防止原料被污染和氧化。具体的方法包括泥封、金属罐封、玻璃瓶封、锡纸封、纸封、塑料薄膜封、石蜡封、肠衣封、聚酯封、油脂封等。这种方法主要在罐头食品和软包装食品中使用。

（七）气调储藏法

此法是通过改变食品原料存放环境的气体构成，达到保存食品原料的目的。气调储藏法一般采用气调库、塑料薄膜、封闭容器等，一般通过降低氧气含量或增加氮气、二氧化碳气体的含量，达到长期保存的目的。通常用于保存蔬菜、水果以及肉类等。

（八）活养储藏法

活养储藏法就是利用动物性原料的自然生活特性，在特定的环境中和有限的时间内进行养育保存，从而确保动物性原料的最佳食用价值，最大限度地发挥食品原料的品质特征。不同的水产品对水质有不同的要求，不同的陆生动物（包括禽类、爬行类、昆虫类等）对其生存环境都有不同的要求，在储存中要慎重对待。

思考与练习

1. 简述食品原料发展对食品加工工艺的具体作用。
2. 简述食品原料发展比较有代表性的几个时代。
3. 简述食品原料资源中各类群的种类及分布特征。
4. 简述食品原料学的概念。其自然属性与使用价值有何关系？
5. 食品原料学的研究内容包括哪些？
6. 简述食品原料学的主要任务。
7. 解析食品原料学的研究方法。
8. 目前常用的食品原料分类方法有哪几种？包括哪些内容？
9. 简述食品原料品质鉴定的意义。
10. 什么是食品原料的固有品质？包括哪些指标？
11. 解析食品原料品质鉴定的依据。
12. 如何鉴定食品原料的新鲜度？并举例说明。
13. 比较感官鉴定法、理化鉴定法的优缺点。举例说明感官鉴定的具体内容。
14. 影响食品原料品质的基本因素有哪些？
15. 植物性食品原料的生理变化特征有哪些？
16. 动物性食品原料的生理变化分为哪几个阶段？各阶段的主要特征是什么？
17. 简述外界因素对食品原料的影响。
18. 常见食品原料储藏方法有哪些？其主要原理是什么？
19. 低温储藏法应注意哪些问题？为什么？

第二章

动物性食品原料

【学习目标】
1. 了解动物性原料的一般结构和一般特性。
2. 理解动物性原料的营养价值。
3. 了解动物性原料的种类及特点。
4. 掌握动物性原料的品质鉴别。
5. 掌握代表性动物性原料的加工利用。

第一节　概述

动物和植物不一样，它们不能利用太阳能，而必须消耗植物原料来维持生存、成长和繁殖。食肉动物以其他动物为食，消耗着动物性原料，但是，动物性原料如肉、乳、蛋及内脏却可以为人类提供丰富的蛋白质、脂肪和维生素。

动物性原料加热后，一部分蛋白质水解为氨基酸，使食品及菜肴的口味变得十分鲜美，各种技法、调味料的使用都会使原料中蛋白质发生微妙的变化，形成各种食品菜肴独特的风味，所以，动物性原料是食品加工中一类重要的原料。

一、动物性原料的一般结构

和植物性原料一样，构成动物性原料的最基本单位是细胞，但是动物细胞与植物细胞有着明显的区别。即动物细胞外包着一层膜，除了有保护作用外，还有吸收、分泌、黏附、内外物质交换等作用，质膜内含细胞核、细胞质、线粒体等。从食品加工方面概括地说，细胞内主要的成分是水，蛋白质和其他营养物质等都溶解或悬浮在水中。

多细胞动物的细胞形状是多种多样的，有圆形、菱形、多角形、扁形等。形状结构相同的细胞，加上其中非细胞形态的物质，彼此组织在一起，担负着共同的机能，称作组织。动物组织按其机能可概括为上皮组织、结缔组织、肌肉组织和神经组织。食品加工使用的主要是动物的肌肉组织、结缔组织、脂肪组织、骨骼组织。

二、动物性原料的一般特性

(一)动物性原料的物理性质

物理性质包括颜色、气味、比热、导热系数、坚度、保水性及嫩度，这些物理性质是人们鉴别和确保原料品质优劣的重要依据。

1. 颜色

各种动物性原料组织都有其特有的颜色，是由显红色的色素——肌红蛋白和血红蛋白所致，肌肉组织和脂肪组织反应明显。颜色的差异，反映了动物的种类、性别、年龄、肥度、宰前状态以及加工情况等的不同，同时，颜色会随着动物组织的成熟、腐败程度发生变化。

2. 坚度和弹性

肌肉坚度是指肌肉组织对压力的抵抗性。坚度因品种、部位、年龄、性别等各有不同。坚度高意味着肉质相对比较老，其食品加工手段要有针对性。

肌肉弹性是指对肌肉组织施压和释压时，其肌肉形体发生的变化和恢复的能力。依据弹性可以对原料的新鲜程度进行鉴定。新鲜程度越高，弹性越大，反之，新鲜程度下降或处于病理状态的组织，弹性下降或消失。

3. 韧度和嫩度

韧度是指在被咀嚼时体现的持续性抵抗力。强韧的组织说明比较老。通常表现在较老的家畜或结缔组织中。

嫩度是指在被咀嚼时对破裂的抵抗能力。嫩度高的组织质地柔软、细腻、汁多且容易咀嚼。影响组织嫩度的因素有很多，主要有组织的纤维结构、粗细、结缔组织构成和成分等，同时在原料加工过程中的加热组织水化程度、pH 环境等对嫩度都有影响。

4. 保水性

保水性是指在施加任何力量时能牢固地保持其自身或所加水分的能力。组织的保水能力与动物个体的年龄、种类、生理变化阶段、pH 环境等有直接关系。保水性越高，组织的质感越嫩。

5. 气味

不同个体动物组织具有各自独特的气味。气味的浓度和性质随所含的挥发性脂肪酸含量而发生改变，同时，与动物的种类、性别、饲料、管理情况、健康状况以及其他条件有关。

(二)动物性原料的化学成分及营养价值

动物组织的化学成分不仅与人的营养有关，还关系到其品质、储存及加工等。各种动物组织所含化学成分包括含氮物、脂肪、糖、灰分、水分。

动物性原料之所以被人们肯定，是因为动物性原料中含有丰富的完全蛋白质、大量的脂肪、多种维生素和一定量的矿物质。用此类原料加工制作的食品营养价值高，容易被人体消化吸收，而且口味鲜美。与植物性原料相比，动物性原料蛋白质、脂肪的含量较高，矿物质成分的含量较少，维生素的含量及其种类比较丰富，特别是维生素 A、维生素 D、核黄素、硫胺素、尼克酸等含量比较多。

缺乏动物性原料的摄入会造成营养不良，但过量食用也可能造成"富贵病"。中国饮食讲究原料搭配，使"谷肉果浆，食养尽之"，这是非常科学的，这样既发挥了动物性原料的长处，又避免了动物性原料的不足之处，十分有益健康。

第二节　家畜及其制品

畜肉是食品加工中应用最广的一类食品原料，在人类饮食中有着不可替代的作用，其所含的动物性蛋白质对人的生长发育、增强体质具有重要的实际意义。作为餐饮工作者，了解并掌握其形态特征、物理性质、营养价值、品质鉴定等理论知识和技术手段有助于指导我们的工作实践。

一、家畜的种类

家畜的种类很多，作为传统的肉用家畜，主要包括猪、牛、羊等。

（一）猪的主要品种

猪属于哺乳动物，不反刍，偶蹄目，猪科，由野猪驯养变化而成。中国饲养猪的历史悠久，饲养头数约占世界饲养总头数的1/3，消费量约占90%。其饲养品种很多，根据我国地方种猪的饲养管理方法、体质外貌和生产性能以及气候等自然条件因素，可将其划分为几个类型。按地方猪种可分为华北型、华中型、华南型、西南型、江南型和高原型；按血统分类有本地种、外来种、杂交种；按自然体型分有粗壮型、细致型、结实型；按商品用途分类有瘦肉型、脂用型、肉脂兼用型。

1. 华北型

华北型主要分布于秦岭—淮河以北广大地区。传统概念中的华北型猪一般体形高大，背腰狭窄，四肢粗壮，头嘴直长，皮厚，水分较少，脂肪硬，肉味香浓，其代表品种有东北民猪、新金猪、定县猪、淮猪等。

（1）东北民猪

由河北小型黑猪和山东中型黑猪杂交而成，又分大、中、小三型，目前以中型居多。东北民猪毛色全黑，面长直，耳大下垂，背腰正直，四肢粗壮，耐寒，肉质较好，缺点是骨骼大、皮较厚，见图2-1。东北民猪在世界地方猪品种排行第四，它肉质坚实，大理石纹分布均匀，肉色鲜红，口感细腻多汁，色香味俱全。东北民猪产仔量高，抗病强、耐畜饲、杂交效果显著。作为一个种质资源，东北民猪本身具有其他很多猪种不具备的优点。东北民猪的第一个优点就是肉质好，第二个优点是抗寒性强，第三个优点是繁殖性能好。对肉风味起到关键作用的氨基酸有：苏氨酸、丙氨酸、赖氨酸、半胱氨酸以及核苷酸。经过测量，东北民猪肉的这些物质的含量明显高于外来猪种。

图2-1　东北民猪

（2）新金猪

原产于辽宁省普兰店市（旧称新金县）。由巴克夏公猪与当地土种母猪杂交，经过长期自群选育而形成。新金猪是肉脂兼用型品种，该品种猪体质结实，结构匀称。头大小适中，颜面略弯曲，耳直立前倾，背腰平直，胸宽深，后躯较丰满，四肢健壮，被毛稀疏，全身黑色，鼻端、尾尖和四肢下部多为白色，具有"六端白"或不完全"六端白"的特征。新金猪成熟较早，生长快，性情温驯，抗病力强，肉质良好，见图2-2。

图 2-2　新金猪

（3）定县猪。原产于河北定县，是波兰猪和当地猪的杂交种。毛色全黑，身腰大，早熟多产，耐粗饲，生长快，肉质较好。

（4）淮猪。淮猪主要分布江苏省淮北平原和宁镇扬丘陵山区及沿海地区。淮猪的优点是耐粗饲、产仔多，缺点是个体不大，生长较慢，见图2-3。新淮猪是用江苏省地区的淮猪与大约克夏猪杂交育成的新猪种，为肉脂兼用型品种，有适应性强、生长较快、产仔多、耐粗饲、杂交效果好等特点。

图 2-3　淮猪

2. 华南型

华南型猪主要分布在湖南、四川、云南、广东、福建等地。此种猪体型短、矮、宽、圆，背多凹陷，腹大下垂，臀腿丰圆。华南型猪骨细，易育肥，皮薄膘厚，肉质细嫩，出肉率较华北型猪高。其代表品种有宁乡猪、荣昌猪、梅花猪、金华猪、威宁猪等。

（1）宁乡猪

宁乡猪又称宁乡土花猪，产于湖南长沙宁乡县流沙河、草冲一带，所以又称草冲猪、流沙河猪，是中国四大名猪种之一，已有1000余年的历史。全国除西藏、台湾外，其余省、市、自治区均引进宁乡猪，湖南省内则几乎遍及各地，尤以益阳、桃江、安化、涟源、湘乡、黔阳、邵阳等地引入较多。宁乡猪体型中等，头中等大小，额部有形状和深浅不一的横行皱纹，耳较小、下垂，颈粗短，有垂肉，背腰宽，背线多凹陷，肋骨拱曲，腹大下垂拖地，耐寒性差，四肢粗短，大腿欠丰满，多卧系，撒蹄，群众称"猴子脚板"，被毛为黑白花。依毛色不同有乌云盖雪、大黑花、烂布花三种类型；依头型差异，有狮子头、福字头、阉鸡头三种。宁乡猪属偏脂肪型猪种类型，具有早熟易肥、边长边肥、蓄脂力强、肉质细嫩、味道鲜美、性情温顺、适应性强、耐粗饲、体躯深宽短促、肉质松疏等特点，见图2-4。

图2-4 宁乡猪

（2）荣昌猪

荣昌猪主产于重庆荣昌和隆昌两县，后扩大到永川、泸县、泸州、合江、纳溪、大足、铜梁、江津、璧山、宜宾及重庆等10余县市。荣昌猪体型较大，头大小适中，面微凹，耳中等大、下垂，额面皱纹横行、有旋毛，体躯较长，发育匀称，背腰微凹，腹大而深，臀部稍倾斜，四肢细致、坚实。被毛除眼周外均为白色，也有少数在尾根及体躯出现黑斑或全白的荣昌猪。除分布在四川省许多县、市外，已推广到云南、陕西、湖北、安徽、浙江、北京、天津、辽宁等20多个省市。荣昌猪具有耐粗饲、适应性强、肉质好、瘦肉率较高、配合力好、鬃质优良、遗传性能稳定等特点，见图2-5。

图2-5 荣昌猪

（3）梅花猪

原产于广东北部，以乐昌县产最为著名。毛色为黑白花，白色占2/3，耳下垂，腰背宽，见图2-6。梅花猪生产快、皮薄、骨头小、肉质嫩。

图 2-6   梅花猪

（4）金华猪

金华猪又称金华两头乌或义乌两头乌，是我国著名的优良猪种之一。金华猪具有成熟早、肉质好、繁殖率高等优良性能，腌制成的"金华火腿"质佳味香，外形美观，蜚声中外。

金华猪原产于东阳的画水、湖溪，义乌的义亭，金华的孝顺、澧浦、曹宅等地。其尾巴较长，比较直，头部和尾部的毛发一般是黑色，体部为白色，见图 2-7。因其头颈部和臀尾部毛为黑色，其余各处为白色，故又称"两头乌"，是全国地方良种猪之一。金华猪皮薄骨细，肉质鲜美，肉间脂肪含量高，其后腿是腌制火腿的最佳原料。

图 2-7   金华猪

（5）威宁猪

原产于贵州威宁县。威宁猪四肢强健，身体结实，耐粗饲。威宁猪瘦肉较多，著名的云南火腿就用此种猪肉制作的。

3. 引进的良种猪

近几十年来，一些饲养业较发达的国家，在减少猪的脂肪、增加瘦肉、缩短育肥时间、降低饲料消耗等方面取得了不少进展。为改善目前我国生猪状况，在我国现有条件下，进行了大群继代选育，父本新品系主要是引进猪种（长白猪、巴克夏猪、约克夏猪）；母本新品系主要是利用我国地方良种的产仔数多、肉质好等特性。现已在四川、北京、海南、甘肃等省市获得了可观的经济效益。其中代表的品种有长白猪、巴克夏猪、约克夏猪等。

（1）长白猪

原产于丹麦，原名兰德瑞斯。由于其体躯长，毛色全白，故在我国通称为长白猪，见

图 2-8。长白猪，腹线平直，后躯特别丰满，生长快，消耗饲料少，瘦肉多，板油少，肌间脂肪多，肉质好，味美。但在耐粗饲、繁殖力、猪鬃质量等方面均不如中国猪。目前欧美国家培育出的新型瘦肉型猪多是与长白猪杂交而成。

图 2-8　长白猪

（2）巴克夏猪

原产于英国的巴克县，瘦肉型猪品种。1770 年前后英国引进中国猪、暹罗猪与当地猪杂交，1860 年基本育成，为脂肪型品种。第二次世界大战后，改育为瘦肉型。猪体躯长而宽，鼻短而凹，耳直立或稍前倾，胸深臀宽，适应力强，生长快，早熟。中国在 19 世纪末引进，曾在辽宁、吉林、河北和福建等省与当地母猪杂交，对培育新金猪、福州黑猪等新品种起过作用。巴克夏猪毛色除鼻、尾和四肢为白色外，其余均为黑色，见图 2-9。八个月龄的猪体重达 90 kg，肥瘦比例适当，肉质优良。

图 2-9　巴克夏猪

（3）约克夏猪

原产于英国，与含有中国猪血统的白色莱塞斯特猪杂交育成，见图 2-10。19 世纪中期建立起现代约克夏猪品种的基础群，并分为大、中、小类型，其中大约克夏猪因繁殖力强、背膘薄、瘦肉多、肉质优良，现遍布世界各国，发展成为当代数量最多的优良腌肉型品种。猪身白色，头短鼻直，耳向前挺立。此猪种肌肉发达，四肢粗壮，遗传性好，肉质优良，是肉用型猪种。

猪肉总的特点是肌肉纤维细而柔软，结缔组织少，颜色较其他畜肉淡。质感特点因品种、年龄、部位的不同而有区别。猪肉因其肌肉组织中含有较多的肌间脂肪，故而熟制后肉质肥美，香味浓郁。

图 2-10　约克夏猪

(二)牛的主要品种

牛属哺乳动物，反刍，偶蹄目，牛科。牛也是人类饲养时间较长的家畜。营养价值高，蛋白质的转换率高。

可作为肉用的牛品种很多，在中国用量较大的是黄牛，其次是国外引进的肉用牛，此外，还有水牛和牦牛。

1. 黄牛

黄牛是我国种类最多、分布最广的牛种，常见的品种有秦川牛、南阳牛、鲁西牛、延边牛等。

(1)秦川牛

秦川牛以咸阳、兴平、乾县、武功、礼泉、扶风、渭南和宝鸡等地的最为著名，量多质优。毛色以紫红色和红色居多，约占总数的 80%，黄色较少。头部方正，鼻镜呈肉红色；角短，呈肉色，多为向外或向后稍弯曲；体型大，各部位发育均衡，骨骼粗壮，肌肉丰满，体质强健；肩长而斜，前躯发育良好，胸部深宽，肋长而开张，背腰平直宽广，长短适中，荐骨部稍隆起，一般多是斜尻；四肢粗壮结实，前肢间距较宽，后肢飞节靠近，蹄呈圆形、蹄叉紧、蹄质硬，绝大部分为红色，见图 2-11。秦川牛肉用性能良好，成年公牛体重 600～800 kg，易于育肥，肉质细致，瘦肉率高，大理石纹明显。18 月龄育肥牛平均日增重为 550 g(母)或 700 g(公)，平均屠宰率达 58.3%，净肉率 50.5%。秦川牛是生产高档牛肉的首选肉牛品种，其肉味浓郁，是一种营养全价的食品，完全可与国外优良品种相媲美。

图 2-11　秦川牛

（2）南阳牛

南阳黄牛，是全国五大良种黄牛之一，原产于河南省的南阳地区，由于长期的选种和精细的饲养管理，形成了稳定的南阳牛种。其特征主要体现在：躯体高大，力强持久，屠宰率55.6％，净肉率46.6％。肉质细嫩，颜色鲜红，大理石花纹明显，味道鲜美，皮质优良。南阳黄牛毛色分黄、红、草白三种，以黄色为多，个体高大，肌肉丰满，而且役用性能、肉用性能及适应性能俱佳，见图2-12。

图 2-12　南阳牛

（3）鲁西牛

产于山东省西南部的济宁和菏泽地区，是以国外优质肉用牛做父本，以我国优质鲁西黄牛做母本的继代产品。此物种既继承了生长快、产肉率高的父系优点，又具有鲁西黄牛母本肉质好、易饲养、适应性强的特长。鲁西牛的毛色以黄、红和草黄居多。公牛的平均体重为525 kg，母牛平均体重为358 kg，易于育肥，肌肉纤维内的脂肪分布均匀，有较高的肉用价值。目前，在鲁西饲养非常普及，产量和质量都有保障，见图2-13。

图 2-13　鲁西牛

鲁西黄牛其肉质细嫩，柔软多汁，肌纤维脂肪沉积良好，大理石纹明显。经肥育后，屠宰率为55.9％～59.6％，净肉率为45％～51.6％，脂肉比为2∶45.78，骨肉比为1∶7.16，眼肌面积为88～117 cm²，净肉占胴体重的80％以上，脂肪颜色从无色到白色，肉质食用性极佳。

（4）延边牛

延边黄牛是我国著名地方良种牛之一，产于吉林省延边朝鲜族自治区，分布在吉林、辽宁和黑龙江等省。延边牛肌肉发达，毛色多为浓淡不同的褐色，其中以黄褐色居多。延边牛育肥速度快，肉质优良，肉用性能较好，见图 2-14。

图 2-14　延边牛

黄牛肉的肉质及风味都非常好，肉质坚实，肌间有明显的脂肪分布，但由于性别和年龄等因素的不同略有差异。屠宰率 55%，净肉率 45%。改良肉用牛，其肉质品质良好，口感风味尚佳，是食品加工的重要原材料。

2. 从国外引进的肉用牛

近几十年一些饲养业发达的国家肉用牛发展的速度非常快，涌现出很多优良的肉用牛品种，具有代表性的有海福特牛（Hereford）、安古斯牛（Angus）、夏洛来牛（Charolais）、利木辛牛（Limousin）、西门塔尔牛（Simmental）等。

（1）海福特牛

原产于英国英格兰的海福特州。海福特牛具有肉用牛的典型特征，头短、额宽、颈粗、垂肉发达。毛色暗红柔软，在头部、颈部、肉垂、腹线、腿踝和尾尖均有白斑。成年公牛体重达 900～1100 kg，母牛为 500～600 kg，肉质肥美而多汁，肉层厚实，见图 2-15。

图 2-15　海福特牛

（2）安古斯牛

原产于英国苏格兰的安古斯州。毛色除腹下有少量的白毛外均为黑色，无角。成年公牛体重 900～1100 kg，母牛为 500～600 kg。

（3）夏洛来牛

原产于法国夏洛来以西地区，体躯高大，毛色为白色或乳白色，公母均有角。成年公牛体重 1100～1200 kg，母牛 700～800 kg。肌肉丰满，后臀肌肉很发达，并向后和侧面突出。体脂肪少，瘦肉多，肉质细腻，见图 2-16。

图 2-16　夏洛来牛

（4）利木辛牛

原产于法国南部，属大型肉用牛。利木辛牛毛色为红色或黄色，口、鼻、眼部周围、四肢内侧及尾帚毛色较浅，角为白色，蹄为红褐色。头较短小，额宽，胸部宽深，体躯较长，后躯肌肉丰满，四肢粗短。毛色浅黄，平均成年牛体重为公牛 1100～1150 kg，母牛 600～800 kg，肉质良好，呈大理石花纹。

（5）西门塔尔牛

原产于瑞士，现已广布法国、德国、捷克、匈牙利等国，属乳肉兼用型牛种，牛额部较宽，体躯顾长，四肢粗壮，大腿肌肉丰满，乳房发达。毛色多为红白花、黄白花。成年公牛体重为 1050～1150 kg，母牛为 650～780 kg，肌肉发达，肉层均匀，肉纤维细，见图 2-17。

图 2-17　西门塔尔牛

3. 水牛

水牛主要分布在我国南方各省，多为役用家畜。水牛肉呈暗红色，肉纤维粗而松弛，切片有光泽，脂肪白色、干燥、黏性小。壮年牛出肉率为 45%～50%，水牛肉不易煮烂，口味较淡，肉用价值不大，见图 2-18。

图 2-18　水牛

4. 牦牛

牦牛主要分布在我国西藏自治区、青海、四川、甘肃等省的山区，其中以青藏高原最多。牦牛皮毛较长，毛色较杂，有黑花、褐、灰等色，其中以黑色居多。公牛体重一般为300～490 kg，母牛为210～358 kg，见图 2-19。

图 2-19　牦牛

牦牛的肉色鲜红，肉质细腻、味鲜美，肌肉呈大理石状花纹，肉的质量优于一般黄牛。但由于受分布地区限制，故不能普遍推广。

(三)羊的主要品种

羊属哺乳科动物，反刍，偶蹄目，也是人类饲养时间较长的家畜，为肉食资源之一。家畜羊一般都是毛皮和肉的兼用种，专门供肉用的半成品种不多，目前新西兰和澳大利亚等国家已培养出部分肉用羊。目前我国羊的品种可分为绵羊、山羊和肉用羊，主要分布于新疆维吾尔自治区、内蒙古自治区及青藏高原；其次是河南、河北、四川等省的山区和丘陵地带。

1. 绵羊

绵羊在中国饲养较普遍，主要品种有蒙古肥尾绵羊和新疆细毛羊。

(1)蒙古肥尾绵羊

原产于蒙古高原，是中国绵羊体型最大、数量最多的一种。此种羊头部及四肢多呈黑色，故也称"黑头羊"。蒙古肥尾羊尾部有大量脂肪沉积，头较大，背腰宽阔，腹大而紧凑，肌肉丰满，肉色暗红，育肥良好的羊肌肉有脂肪，肉质细腻肥美。

(2)新疆细毛羊

原产于新疆，属毛肉兼用种。此种羊体质结实有力，颈短粗，胸部发达、腰背平直，四肢较短，皮薄紧凑，肉质嫩，味美，无膻味，见图2-20。

图 2-20　新疆细毛羊

(3)羔羊

羔羊是内蒙古东乌旗的特产，体质健壮，带有野性，尾肥大，含脂肪特别丰富，瘦肉多，肉质鲜嫩，易消化，无膻味，是烤、涮、爆的理想原料。

绵羊肉总的特点是肉质坚实，色泽暗红，肉纤维细而软，肌间有白色脂肪，绵羊的肌肉和脂肪均无明显的膻味。

2. 山羊

山羊体型较绵羊小，平均体重 40 kg，皮较厚，肉有膻味，肉质较老，无肌间脂肪，但腹腔有脂肪，肉质不如绵羊好。山羊一般不做肉用，但可做奶用羊。主要分布在我国东北、华北、四川等地区，成都麻羊、河南山羊、内蒙古阿白山羊、新疆哈密山羊、湖北马头山羊等较有名。

(1)成都麻羊

分布于四川成都平原及其附近丘陵地区，目前引入到河南、湖南等省，是南方亚热带湿润山地陵丘哺饲山羊，为肉乳兼用型。成都麻羊具有生长发育快、早熟、繁殖力强、适应性强、耐湿热、耐粗放饲养、遗传性能稳定等特性，尤以肉质细嫩、味道鲜美、无膻味及板皮面积大、质地优为显著特点，见图2-21。

图 2-21　成都麻羊

（2）内蒙古绒山羊

产于内蒙古西部，分布于二郎山地区、阿尔巴斯地区和阿拉善左旗地区，是我国绒毛品质最好，产绒量高的优良绒山羊品种，见图2-22。

图2-22　内蒙古绒山羊

本品种产肉能力较强，肉质细嫩，脂肪分布均匀，膻味小，屠宰率45％～50％，羔羊早期生长发育快，成活率高。母羊繁殖力低，年产一胎，一胎一羔。母羊有7～8个月泌乳期，日产奶0.5～1.0 kg。

山羊肉总的特点是肌肉组织较为坚实，肌间脂肪很少，多数积于腹部皮下，肉色较暗，肉及脂肪均有明显的膻味。

3. 进口肉用羊

肉用羊大都是由绵羊培育而成的，主要进口国是澳大利亚和新西兰。肉用羊较一般绵羊个体大，肉质软嫩，肌肉脂肪多。切面呈大理石花纹，肉味肥美，肉用价值高于其他品种。

二、家畜肉的组织结构

肉类原料的品质好坏与构成原料的各个组成部分的情况有直接关系，为了科学合理地使用原料，就要了解和掌握畜肉原料各组成部分的基本情况。

研究、介绍这部分内容的学科称作肉的形态学。在生物学领域内研究形态学，但与食品原料学所研究的角度不同，在生物学中将动物体归纳为上皮组织、结缔组织、肌肉组织、神经组织，在食品原料学中则将动物体的主要可利用部分归纳为肌肉组织、结缔组织、脂肪组织、骨骼组织。

（一）肌肉组织

肌肉组织是肉类原料的主要可食部位，肌肉组织在动物体内的比例，因动物类别及品种不同而有所不同。一般来说家畜的肌肉组织占胴体的50％～60％。畜肉的肌肉组织有横纹肌、心肌、平滑肌三种，食品加工应用的肌肉组织主要是指在生物学中称为横纹肌的这一部分，占动物肌体的30％～40％。横纹肌是附着于骨骼的肌肉，所以也称骨骼肌。构成横纹肌的基本单位是肌纤维，每50～150根肌纤维集束，由一个结缔组织膜包起来组成一个小肌束，数十个小肌集束在一起再由一个较厚的结缔组织膜包起来，就组成了大肌束即大块肌肉组织。

肌肉组织在畜体上的分布是不均匀的，臀部和腰部分布大量的肌肉组织，而肋骨和四肢下端则较少。畜体中肌肉组织含量越高，含蛋白质也就越高，即营养价值越高。

（二）结缔组织

结缔组织主要分布在肌肉与骨骼相连处和皮下及肌肉组织的内、外膜中。结缔组织的主要成分有元定形基质和纤维两部分，元定形基质的主要成分是黏多糖和黏蛋白，此外还有矿物质和水等。其纤维类型有三种，即胶原纤维、弹性纤维和网状纤维。胶原纤维直径为 $1\sim12\ \mu m$，由胶原蛋白构成；弹性纤维直径 $0.3\sim10\ \mu m$，由弹性蛋白构成；网状纤维由网状蛋白构成。

胶原蛋白、弹性蛋白和网状蛋白的氨基酸构成都不全，从这一点考虑结缔组织存在多的部分，其营养价值会降低。

结缔组织中含无定形基质较少、纤维较多的部位，结构较为紧密，称为致密结缔组织，主要构成肉皮和较厚的板筋。结缔组织中含无定形基质较多、纤维较少的部位，质地较柔软，称为疏松结缔组织，主要构成皮下、肌肉组织的内、外肌膜等。

结缔组织的食用价值在于胶原纤维可以转变成明胶，在食品加工和烹饪加工中利用含有丰富胶原纤维的结缔组织制作皮冻以及冻制菜肴和面点的馅心等特色产品。

结缔组织的分布特点是躯干后部少、前部多，上部少、下肢多，在加工中应结合实际应用要求给予适当的选择。

（三）脂肪组织

脂肪组织是结缔组织的变形，由退化的疏松结缔组织和大量的脂肪细胞构成。脂肪的存在形式有两种，即储备脂肪和肌间脂肪。肌间脂肪主要夹杂在肌肉中间，形成大理石花纹状的表象，肌间脂肪的适当分布，会改善肌肉的风味和营养价值；储备脂肪主要分布在皮下、内脏周围和腹腔内。脂肪细胞比较大，直径为 $35\sim130\ \mu m$，细胞内充满脂肪滴，脂肪滴是由脂肪和水构成的胶体体系。由于脂肪滴的大量存在，细胞核被压挤在细胞边缘。细胞外围是由原生质组成的细胞膜，外面再包一层由网状纤维构成的膜，就构成了完整的脂肪细胞。如果要提炼脂肪，就要先把脂肪的外围层破坏掉，再经加热，脂肪滴就可以从脂肪组织中流出，剩下的油渣大部分为结缔组织。

脂肪的气味、颜色、密度、熔点等物理特征因动物的种类、品种、饲养、个体发育状况等不同而有所差异，尤其是各种动物的特有气味，多数是由于脂肪中所含的脂肪酸及其他脂溶性成分所形成。

（四）骨骼组织

骨骼组织在畜体中的比例大小，是影响肉的质量和等级的因素之一。家畜的骨骼包括管状骨、扁骨、弓形卡骨、短骨等，但不论是什么样子的骨骼其基本构成部分都是骨松质、骨密质和骨膜，另外在关节处包有关节囊、关节软骨，在骨骼腔中充满骨髓。

骨松质和骨密质是由错综排列的薄骨板组成的，骨板是由骨细胞和胶原纤维按一定方式排列组成的。骨松质的骨板排列比较疏松，形成许多小孔，在孔隙问充满骨髓。骨密质的骨板排列紧密，并含有较多的钙质，质地比较坚硬。骨膜主要由胶原纤维组成，膜内含有丰富的血管和神经。

由于骨骼中含有大量的胶原纤维，其中 $10\%\sim30\%$ 可以用来加工明胶，另外长骨髓质中含有丰富的呈味物质，在食品加工中也有普遍应用。

三、家畜肉的化学成分

家畜肉的主要化学成分包括糖、脂肪、蛋白质、浸出物、矿物质、维生素和水分。

(一)糖

糖在家畜肉中含量较少，其中大部分以糖原的形式储存在肌肉组织和肝脏中，糖原又称动物淀粉，是供动物肌肉收缩活动的能量来源，另外，还有少量的葡萄糖和核糖，葡萄糖以游离的形式存在于肌肉组织中，核糖是细胞核酸的组成成分。

(二)脂肪

脂肪在家畜肉中的含量因其育肥的程度不同而有一定差异，一般占动物体的10%～20%，育肥良好的家畜肉可高达30%以上。其中肌间脂肪可提高家畜肉的良好风味。家畜肉的脂肪由甘油三酯及少量的卵磷脂、胆固醇和脂色素所组成。其中牛肉、羊肉中的脂肪含硬脂酸较多，在常温下为固态，熔点高，不易被人体消化吸收，猪肉脂肪含油酸较多，熔点低，易于消化。

(三)蛋白质

家畜肉中的蛋白质主要存在于肌肉组织中，大约占肌肉组织的20%，因其在肌肉组织中的存在部位及生化性质的不同，可分为肌浆中的蛋白质、肌原纤维中的蛋白质和间质蛋白质。

1.肌浆中的蛋白质

肌浆是指环绕于肌肉细胞中的液体和悬浮于其中的各种物质，将肌肉绞碎用力挤压出来的汁液，就是肌浆。肌浆中的蛋白质包括肌溶蛋白、肌红蛋白和肌粒蛋白，这些蛋白质又称为可溶性蛋白。

(1)肌溶蛋白是肌浆中的蛋白质的主要成分，其中含有多种酶类，并含有人体所需的必需氨基酸，属于完全蛋白质。

(2)肌红蛋白是由珠蛋白和血红素组成的一种含铁的结合蛋白质，是肌肉红色的主要来源。肌红蛋白有许多衍生物，如鲜红色的氧合肌红蛋白、褐色的高铁肌红蛋白等。

(3)肌粒蛋白包括肌核、肌粒体及微粒体等，这些物质都悬浮于肌浆中。肌粒中的蛋白质包括三羧酸循环的酶体系、脂肪酸 β 氧化酶体系等。

2.肌原纤维中的蛋白质

肌原纤维是由细丝状的蛋白凝胶组成，其含量因家畜的活动量大小而不同，活动量大的家畜肌原纤维就粗，肉质亦老，含量亦越多；活动量小的家畜，肌原纤维的含量就较少，但一般占肌肉蛋白总量的40%～60%。其中主要包括肌球蛋白、肌动蛋白、肌动球蛋白等。

(1)肌球蛋白是构成肌原纤维的重要成分，它有两个主要特性：一是具有 ATP 酶的活性，镁离子对此酶起抑制作用，钙离子可将其激活，并可放出能量以供肌肉收缩时使用；二是能与肌动蛋白结合生成肌动球蛋白。此外，肌球蛋白的状况对肉的嫩度有密切关系。肌球蛋白的等电点是 pH5.4，遇热后易发生变性。

(2)肌动蛋白。在肌原纤维中，肌动蛋白以细纤维状形态存在，故又称肌动蛋白细纤丝，这些细丝扭转成螺旋结构，细丝的状态也与肉的嫩度有关。肌动蛋白的等电点是

pH4.7,遇热易发生变性。

(3)肌动球蛋白是由肌球蛋白和肌动蛋白结合而成的。肌动球蛋白也具有 ATP 酶的活性,但与肌球蛋白的 ATP 酶有所不同,钙离子和镁离子都能使其活化。肌动球蛋白的等电点较高,为 pH7 左右,遇热也较稳定,但仍有缓慢变化。

3. 间质蛋白质

间质蛋白质亦称基质蛋白质,主要存在于结缔组织中,属于硬蛋白类,其中包括胶原蛋白和弹性蛋白。

(1)胶原蛋白。胶原蛋白广泛存在于皮、骨、腱及肌肉的内外膜中,是最丰富的简单蛋白质,其含量相当于机体总蛋白质的 20%~25%。

胶原蛋白含有大量的甘氨酸,约占总氨基酸残基的 1/3,含有少量的羟赖氨酸。但人体所需其他氨基酸的含量很少,所以胶原蛋白是不完全蛋白质。

胶原蛋白质地坚韧,不溶于一般溶剂,但在酸或碱性溶液中可膨胀。与水共热至 62℃~63℃时发生不可逆收缩,在 80℃水中长时间加热可形成明胶,明胶比胶原蛋白易于消化。明胶的等电点为 pH4.7,在等电点时明胶溶液黏度最小,亦最易硬化。

(2)弹性蛋白。弹性蛋白在很多组织中和胶原蛋白共存,但在皮、腱、肌肉膜中含量很少;在韧带与血管壁中含量多。

弹性蛋白的氨基酸组成中,含有 1/3 的甘氨酸,从营养价值上考虑,也属不完全蛋白。弹性蛋白的弹性较强,但硬度不及胶原蛋白。弹性蛋白一般不溶于水,在水中煮沸后亦不能分解成明胶,不被胰蛋白酶、胃蛋白酶分解,但可被木瓜蛋白酶、酪蛋白酶及胰弹性蛋白酶所水解。为此,在食品加工中,对韧带及血管相对集中的部位多采用上述各种酶进行嫩化,以改善其食用效果。

(四)浸出物

家畜肉在水中烹调时,凡溶入水中的物质均可称为浸出物,浸出物有含氮浸出物和无氮浸出物两类,肉中浸出物的类型和数量的多少决定着肉的气味、滋味和鲜美的味道。

含氮浸出物中有肌酸类化合物、游离氨基酸、嘌呤物质等。无氮浸出物中有糖原、易溶性单糖、双糖、琥珀酸、乳酸等。

(五)矿物质

家畜肉中的矿物质含量一般为 0.8%~1.2%,主要含有钠、钙、镁、铁、磷及微量的锰、铜、钴、锌等。肉中矿物质的含量和肉中蛋白质的含量多少有关,一般瘦肉比肥肉矿物质含量多,内脏类较瘦肉的含量多,在骨骼中还含有丰富的钙和磷。

(六)维生素

家畜肉中的维生素含量不多,但它是 B 族维生素的良好来源,这些维生素主要存在于瘦肉中。其中猪肉的维生素 B_1 含量高于其他家畜,牛肉的叶酸含量又高于猪肉和羊肉,在肝脏中还含有丰富的维生素 A 和维生素 B_2 等。

(七)水分

水分是家畜肉含量最多的组成部分。在家畜肉中,瘦肉比肥肉含水分多;幼年家畜比老年家畜水分多,其含量在 48%~72%。家畜肉中水的存在形式主要有以下两种。

自由水:自由水是指能自由流动的水,存在于细胞间隙及组织间隙中,其含量不多。自由水的理化性质与一般的水相同,在加工中容易流失。

　　结合水：结合水是指原料中蛋白质、淀粉、纤维素等成分通过氢键而结合的水分，在家畜肉中主要是靠蛋白质与水结合的。由于各种有机分子的不同，家畜中的分子与水形成氢键的牢固程度不同，结合水又可分为单分子层结合水和多分子层结合水。单分子层结合水形成的氢键比较牢固，在100℃下不被蒸发，在−20℃仍不结冰，在食品加工中不易流失。

　　多分子层结合水又称不易流动的水，在家畜肉中含量较多，在100℃下可被部分蒸发；在0℃以下时可稍结冰，在食品加工中可因加热程度不同有部分损失，加热时间越长流失得越多。

四、家畜肉在食品加工中的应用

　　家畜肉在食品加工中应根据其不同部位和不同质地区别使用，以最大限度地发挥其优势。

(一)猪肉的加工应用

　　猪肉组织细腻，味道鲜美，无异味，结缔组织比其他畜肉少，因而在食品加工和烹饪加工中的应用选择性相当广泛。制香肠、肉松、腊肉、咸肉等，在制作菜肴中既可作为主料，如："狮子头""东坡肉""炒肉丝""滑溜肉片"等，另外还可以作为蔬菜等食品原料的配料，如"肉末豆腐""肉片扁豆"等。

　　猪体上不同的部位质地不同，骨骼、筋络、皮质、脂肪等的集中分布不同，因此，在具体的应用中，要根据成品的具体要求正确选用，或根据不同部位，采用不同的加工制作方法，以获得最佳效果。

(二)牛肉的加工应用

　　牛肉在肌肉组织特点上其纤维状况要比猪肉粗糙而紧密，初步加工后其蛋白质凝固收缩，使肉变得更难咀嚼，因此需要长时间的加热，使用焖、卤、酱、烧、炖等是常用的加工技法，如五香酱牛肉、盐水卤牛肉等。但牛肉部位中也有比较细嫩的地方，如背部和部分臀部肌肉，其纤维短、筋膜少，同样适合于爆、炒等技法，如蚝油牛肉、水煮牛肉等。

　　为改变牛肉的质地状况，在加工制作食品的过程中，可以采取一定的措施来提高牛肉的嫩度，如烹调前使用木瓜酶，破坏肉质中的胶原纤维和弹性纤维，使其嫩度获得改观。

(三)羊肉的加工应用

　　在羊肉中，以幼羊的肉(亦称"羔羊肉")的品质最好，其味鲜美，肉质细嫩，风味甚佳。羊肉的质感较牛肉细嫩，但其膻味会让人产生不愉快的感觉，因此，在对其加工和烹饪中，重点是采取有效的办法将其膻味除掉，加入香辛类调料，如葱、姜类以及多种复合调味品料酒、食醋等都可以有效减弱其膻味。

　　肉在食品加工中主要充当主料，常用于爆、涮、烤等。另外，如在制作菜肴时配以部分蔬菜，不仅可以提高其营养价值，还可以将其膻味减弱，如胡萝卜、白萝卜、西红柿等蔬菜原料都可以。

五、家畜肉的质量检验与保管

(一)家畜肉的质量检验

　　家畜肉的质量检验方法分为理化检验和感官检验两种。理化检验比较科学，但要借助仪器设备，实行起来就餐饮企业来讲比较困难，而感官检验比较起来就简单易行，但对个体来说需要一定的实践经验。现分述如下。

1. 理化检验

（1）pH 反映。新鲜的肉 pH 在 5～5.6，不新鲜的肉在 6.7 以上。但宰前家畜过度疲劳也可能造成 pH 偏高，这时就要结合感官检验来判定。

（2）肉中的硫化氢。肌肉中含硫的蛋白质在微生物的作用下可以分解并产生硫化氢，肉不新鲜时硫化氢反应明显。

（3）寄生虫指标。在 24 个肉样中发现旋毛虫超过 5 个时，即不适合食用，少于 5 个时需经高温处理后方可食用。在 10 cm² 的肉面上，囊尾蚴虫超过 3 个时即不适合食用，少于 3 个时需经高温处理后方可食用。

（4）微生物指标。用显微镜检查细菌数及其类型时，新鲜肉样的视野里仅有单个球菌或杆菌，发现 20～30 个球菌或杆菌时，为可疑肉；不新鲜的肉，其杆菌不可计数。

2. 感官检验

（1）外观。新鲜肉表面有一层微干的表皮，有光泽，肉的切面呈淡红色，稍湿润，但不黏，肉汁透明。不新鲜的肉表面有一层风干的暗灰色表皮，肉切面湿润，肉汁浑浊，有黏液，肉色暗，有时候还有发霉现象。腐败的肉表面灰暗，并有绿色斑，很黏，并有发霉现象。

（2）硬度。新鲜肉的切面肉质紧密，富有弹性，手按后能立即复原。不新鲜的肉弹性小，手按后不能立即复原。腐败的肉无弹性，手按后不能复原，严重时能用手指将肉刺穿。

（3）气味。新鲜肉具有不同家畜肉的特有气味，刚宰杀的家畜有内脏气味，冷却后变为稍带腥味。不新鲜的肉有酸气或有轻微的霉臭气。腐败的肉有严重的腐臭气。

（4）脂肪状况。新鲜的肉脂分布均匀，保持原有的色泽。不新鲜的肉的脂肪呈灰色，无光泽，并有些黏手，有轻微的酸败味道。腐败的肉脂肪呈淡绿色，质地软，有强烈的酸败味。

（5）骨髓状况。新鲜肉的骨腔内充满骨髓，呈淡黄色，质地坚硬，其断面有光泽。不新鲜的肉骨髓与骨腔间有小的空隙，比较软，色发暗，断骨处无光泽。腐败肉的骨髓与骨腔间有较大的空隙，骨髓柔软，有黏液，颜色灰暗。

（6）肉汤状况。新鲜的肉肉汤透明，有香味，表面有大油滴。不新鲜的肉肉汤浑浊，无香味，有轻微肉味，油滴很小。腐败的肉肉汤浑浊，有絮状物，有明显的腐臭味道，表面无油滴。

（7）肝的状况。新鲜的肝呈褐色或紫色，用手触摸感到坚实有弹性。不新鲜的肝颜色淡，质地柔软，呈皱萎状。

（8）肾的状况。新鲜的肾呈浅红色，体表有一层薄膜，有光泽，表层有黏液，有弹性。泡过水的肾色变浅，体积胀大，质地松软。

（9）心的状况。新鲜的心肌肉组织坚实，富有弹性，色鲜红，用手挤压会有少量鲜红的血液流出。不新鲜的心色暗红，表层干萎，质地松软。

（10）肚的状况。新鲜的肚有光泽，色白的略带淡黄，气味正常，有一层薄而透明的黏液。不新的肚黏液浑浊，有腐臭味，色灰暗。

（11）肺的状况。新鲜的肺为浅红色，较均匀，光洁，富有弹性。不新鲜的肺呈褐绿色或灰白色，有苦味和异味。

（12）肠的状况。新鲜的肠呈乳白色，稍软，略有硬度，黏液湿润透明。不新鲜的肠呈暗绿色或草绿色，硬度减小，黏液模糊混浊，有腐败味。

（二）家畜肉的保管

1. 肉的冷却

屠宰后经检验合格的肉，要先挂在晾肉间内，在自然通风的条件下使热鲜肉自然晾凉，并沥去一部分水分，待肉温晾至室温后，再放入冷却间。冷却间在未放入鲜肉前，室内温度应先降至0℃～2℃。当放入鲜肉后，室温必然上升，这时应继续降温，相对湿度可保持在85%～90%，以防肉面重新吸水，冷却完毕时，肉的表面应有一层薄薄的干膜，肉的深层温度应在4℃左右。

肉在冷却过程中所需的时间，视肉的肥瘦、胴体大小及预先自然晾凉的程度而定，一般约为24小时，如果加强室内的空气流速，冷却时间可缩短为16～18小时，但会使肉失去部分水分。鲜肉在冷却间冷却时，中途不宜再放入未冷却的肉，这样不仅会使室内温度增高，同时还会使已冷却的肉面凝水，从而有利于微生物的活动。

已冷却的肉可直接使用，如要长期储藏，就要进行速冻。

2. 肉的速冻

速冻肉的目的是使肉中的液态水绝大部分冰晶，使肉温降至很低，用以抑制微生物的活动，并杀灭某些寄生虫及卵。肉中的生物化学变化处于完全抑制状态，以使肉的质量在较长的时间内不致发生变化。速冻必须使用足够的低温，目前我国采用的速冻温度为−23℃。当肉的深层达到−6℃～−8℃时，即可送至−18℃的冷藏间内储存。

3. 冻肉的保管

冻肉进货后，应迅速放入冰箱内保管，以防溶化。冰箱中堆放冻肉应留有空隙，允许周围有适量的空气流动，同时要使冻肉和冰箱壁间留有适当距离，以增强冷冻效果。另外，冰箱应经常除霜，以保持正常的冷冻温度。

六、肉制品

由于鲜肉含有较多的水分和营养物，所以在常温下很易腐败变质。为了长期保管肉类，在人类还未掌握人工制冷的方法时，就采用了腌制、干制等方法对肉进行加工。在漫长的历史过程中，这些处理方法逐渐形成了一套完整的具有特色的肉类加工方法，随着这些加工方法的不断完善，对肉类进行处理不仅是为了保存，而是为了形成具有特殊风味的肉制品。

（一）中式肉制品

我国的肉制品种类很多，其中最负盛名的为各种腌腊制品，主要品种有火腿、咸肉、腊肉。

1. 火腿

我国的火腿主要有三种：①南腿，又称金华火腿，主要产于浙江省金华县；②北腿，又称苏北火腿，主要产于江苏北部；③云腿，又称榕峰火腿，主要产于云南榕峰地区。

火腿一般选用中等体重的瘦肉型的猪的后腿，每个鲜腿要求重5～6 kg，屠宰时放血要干净，不带毛，不吹气。肉腿要新鲜，皮薄，皮肉无损伤，无斑痕。火腿的加工流程是：鲜猪肉后腿→修割腿坯→腌制（需经多次腌制）→浸腿→两次刷洗→晒腿→做形→修边发酵成品。优质的火腿每只重 2.5～4 kg，皮平整，脚爪细，腿心丰满，油头小，无裂缝，式样美观整洁。

2. 咸肉

咸肉是我国最早的肉制品之一，根据史料记载周朝时就已掌握了咸肉加工的整套技术。按产区不同咸肉可分为南肉、北肉及四川咸肉；按所有材料和部位的不同可分为连片、段头及咸腿。

咸肉的加工流程是：原料修整→开门刀→加小盐→加大盐→堆置腌制→翻堆→补盐→成品。

优质的咸肉外观整洁，刀工整齐，肌肉坚实，肥瘦适中，肉面无毛、无污物。瘦肉色泽鲜红、肥膘白色或稍带黄色，无霉臭和哈喇味，咸味适中无苦涩味。

3. 腊肉

腊肉是将肉腌制后再经烘腊过程，这是腊肉与咸肉的主要区别。腊肉的腌制多采用干腌法，为了改进腊肉的色泽风味，有的地区也采用湿腌法。

腊猪肉在南方各地生产较多，其中主要有四川腊肉、湖南腊肉和广东腊肉。腊牛肉和腊羊肉以华北、西北地区生产较多，其中陕西西安生产的较为著名。

（二）西式肉制品

西方国家的食品工业都比较发达，生产的肉制品种类非常多。由于肉制品方便储存，食用也方便，又具有独特的风味，所以在西餐食品加工和烹调活动中广为应用。根据肉制品加工方法和制造原料不同，可分为香肠、火腿、西式咸肉三大类。

1. 香肠

香肠的种类很多，仅西方各国生产的香肠就不下几十种，其中生产香肠较多的国家有德国和意大利。

制作香肠的主料有猪肉、牛肉、羊肉、鸡肉、兔肉等，其中以猪肉和牛肉最为普遍。一般生产过程是把肉绞碎再加上各种不同的调配料，如鸡蛋、奶油、啤酒、葡萄酒、葱头、大蒜、土豆粉以及各种香草、香料等，然后灌入肠衣，再经过腌渍、烟熏、风干等加工方法制成。

世界上较著名的香肠品种有德式小香肠、米兰色拉米肠、早餐香肠、维也纳牛肉香肠、法国香草色拉米肠以及我国生产的广东蜡烛香肠等。目前中国生产的西式香肠品种较少，常见的有小泥肠，还有少量色拉米肠。外国香肠目前进口还很少，但一些合资饭店使用较普遍。

香肠在西餐烹调中可用于制作沙拉、三明治、开胃小吃、煮制菜肴，也可做热菜的辅料。

2. 火腿

火腿是一种在世界范围内流传很广的肉制品，目前除了少数伊斯兰教国家外几乎各国都有生产或销售。西式火腿可分为两种类型，一种是无骨火腿，这种火腿是选用猪后腿肉，可带皮和少量肥膘，也可用全瘦肉。一般制作过程是先把肉用盐水加香料浸泡腌渍入味，然后取出放在模具中或用线绳捆扎，然后加水煮制，有的要进行烟熏处理后再煮。这种火腿有圆形和方形，食用比较广泛。

还有一种是用整只带骨的猪后腿制作的，其外形类似我国的金华火腿。这种火腿的加工方法较复杂，加工时间也长。一般的程序是：先把整只后腿肉用盐、胡椒粉、硝酸盐等干擦其表面，然后再浸入加有香料的咸水卤中腌渍数日，取出风干、烟熏，再悬挂一段时间使其自熟，就可形成良好的风味。世界上著名的火腿品种有法国烟熏火腿、苏格兰整只火腿、德国陈制火腿、意大利火腿、苹果火腿等。

火腿在烹调中使用非常广泛，既可做菜肴的主料又可做辅料，也可作为冷盘食用。

3. 西式咸肉

西式咸肉又称板肉、培根，是饮食和烹调活动中使用广泛的肉制品。西式咸肉分有五花咸肉和外脊咸肉两种，以五花咸肉较为常见。

西式咸肉的一般加工程序是把肉分割成块（一般带皮），用盐、少量亚硝酸钠或硝酸钠、黑胡椒、丁香、香叶、茴香等香料腌渍，然后再经风干、熏制而成。

第三节　家禽及其制品

家禽一般是指鸡、鸭、鹅，其次是火鸡。家禽按用途可分为蛋用型、肉用型和兼用型三大类；按其产地和特征又可分为许多具体品种，如九斤黄鸡、狼山鸡等。

一、家禽的类型特征

(一)肉用型

以产肉为主，体形较大，躯体宽而身较短，冠较矮小，颈短而粗，骨跖短粗，肌肉发达，外形呈方圆形，羽毛蓬松，动作迟缓，性情温顺，容易育肥，觅食力差，就巢性强，性成熟晚，如白洛克鸡。

(二)卵用型

以产蛋为主，体形较小，细致紧凑，跖高身长，后躯发达，冠发达，羽毛紧贴，活泼好动，代谢旺盛，性成熟早，产蛋多，无玩巢性，抗病力差，蛋壳薄，肉质差，如来航鸡、湖北荆汇鸭。

(三)兼用型

体形介于卵用型和肉用型之间，保持两者优点，肉质良好，产蛋较多，性情温顺，体质健壮，觅食力强，有玩巢性，善于育雏，如芦花鸡、江苏麻鸭。

二、家禽的代表品种

(一)鸡的品种

1. 九斤黄鸡

九斤黄鸡是我国有名的土鸡品种，多为棕黄色，背部宽，胸部肥厚，臀部发达，雄鸡体重可达九斤，雌鸡可达七八斤，公鸡阉割后，最高可达 14 斤，通称"九斤黄"，俗称"九千岁"。该品种原产于黄浦江东上海市郊三县。该品种属于肉用型，生长率较慢，肉色肥美，全净(膛)屠宰率 69.3%，当年新鸡脂肪少，经苏农两年记录，产蛋力第一舍饲平均 104.4 枚，放饲较多，有达 110.5 枚，蛋重平均 60.87 g(37～120 g)，以 55～65 g 居多，开产日期较晚，在良好舍饲时可缩短至 222～272 天，平均 248.5 天，放饲可提早全平均 239.2 天，产蛋 15～16 枚后较易抱窝，也有连产达 60 枚上下的，因此就巢性强。但据《上海市畜禽品种志图谱》介绍，成年公鸡活重平均 3.55 kg，母鸡 2.84 kg，年平均产蛋 130 枚，重 57.9 g，见图 2-23。

图 2-23　九斤黄鸡

2. 狼山鸡

狼山鸡是我国古老的优良地方品种，并在世界家禽品种中负有盛名。狼山鸡原产于江苏省如东县境内，以马塘、岔河为中心，旁及掘港、拼茶、丰利及双甸，通州区的石港镇等地也有分布。该鸡集散地为长江北岸的南通港，港口附近有一游览胜地，称为狼山，从而得名。

狼山鸡是我国著名的蛋肉兼用型地方鸡种，体格健壮，头昂尾翘，具有典型的 U 字形特征；被毛紧密、有光泽；活泼好动，行动灵活。狼山鸡按羽色可分黑、白两种。狼山黑鸡单冠直立，有 5～6 个冠齿；耳垂和肉髯均为鲜红色；喙黑褐色，尖端颜色较淡；全身被毛黑色；成年公鸡背部、尾部羽毛有墨绿色金属光泽；胫、趾部均呈灰黑色，皮肤为白色。狼山黑鸡初生雏头部黑白绒毛相间，俗称大花脸；背部为黑色绒羽，腹、翼尖部及下腭等处绒羽为淡黄色，这是狼山黑鸡有别于其他黑色鸡种的特征。狼山白鸡雏鸡羽毛为灰白色，成鸡羽毛洁白。公鸡体重 3.5～4 kg。年平均产蛋 120～125 枚，见图 2-24。

图 2-24　狼山鸡

3. 寿光鸡

寿光鸡，又叫慈伦鸡。寿光鸡的特点是体型硕大、蛋大，属肉蛋兼用的优良地方鸡种。寿光鸡肉质鲜嫩，营养丰富，在市场上，以高出普通鸡 2～3 倍的价格，成为高档宾馆、酒店、全鸡店和婚宴上的抢手货。

寿光鸡原产于山东寿光的稻田区慈家、伦家一带，也称"慈伦鸡"。全身黑羽并有光泽，红色单冠，眼大灵活，虹彩呈黑色或褐色，喙为黑色，皮肤白色。体大脚高，骨骼粗壮，体长胸深，背宽而平，脚粗。寿光鸡耐粗饲料，觅食能力强，富体脂。大型成年公鸡平均体重 3.8 kg，母鸡 3.1 kg。初产日龄为 240～270 天，年产蛋 90～100 个，蛋重 70～75 g；小型成年公鸡平均体重 3.6 kg，母鸡 2.5 kg，年产蛋 120～150 个，蛋重 60～65 g，蛋壳为红褐色，见图 2-25。

图 2-25　寿光鸡

4. 洛克鸡

原产于美国，是著名的肉用型鸡。白洛克鸡体形椭圆，个体硕大，毛色纯白，具有生长快，易育肥等特色，但肉质较差。公鸡体重 4.5～5 kg，母鸡体重 3.5～6 kg。年平均产蛋 150～160 枚，见图 2-26。

图 2-26　洛克鸡

5. 科尼什鸡

原产于英国的斗鸡品种，是世界著名的肉用型鸡。它的体型和其他鸡种明显不同，鹰嘴，腿短，体躯深宽硕大，胸角呈梯形、颈粗、翅小，是理想的肉用鸡。毛色有红、白两色，公鸡体重 5～6 kg，母鸡体重 3.4～4 kg。年产蛋 100～120 枚，见图 2-27。

图 2-27　科尼什鸡

(二)鸭的品种

1. 北京鸭

原产北京西郊玉泉山一带，是世界上著名的肉用鸭，现分布于世界各国。北京鸭成熟早，发育快，雏鸭经人工填喂 65 日即可重达 2.5～3 kg，毛色纯白，产蛋多。此鸭的特点是体形大，体躯长而仰起，头大，颈长而粗，胸部发达，宽而突出，腹部下垂，腿短粗，皮下脂肪多，肉质肥嫩鲜美，系北京烤鸭的专用鸭。公鸭体重 3～4 kg，母鸭体重 2.5～3 kg，年产蛋 150～180 枚，见图 2-28。

2. 洋鸭

洋鸭是饮食及食品加工业常用的肉种鸭之一。原产于南美洲，我国主要分布在华南沿海各省。洋鸭生长迅速，适于舍养，毛色有纯黑、纯白或混色数种。其体躯健壮，前尖后窄，呈长椭圆形，头大颈细，肌肉丰满，肉质呈红色，肉细嫩鲜美，无腥味，皮下脂肪发达，是良好的肉用鸭种。公鸭体重 4.5～5.5 kg，母鸭体重 3～4 kg。年产蛋 70～80 枚，见图 2-29。

图 2-28　北京鸭

图 2-29　洋鸭

3. 麻鸭

因其羽毛如麻雀而得名。长江中下游流域为主要产区，见图 2-30。麻鸭品种很多，著名的有：娄门鸭，产自江苏苏州一带，体形大，胸部丰满，含脂量中等，肉质优良，口味鲜美，是麻鸭中最好的肉用品种；高邮鸭，产于江苏高邮一带，体形较大，呈长方形，颈粗大，是兼用的大型麻鸭；南京鸭，产于苏、浙、皖三省，此鸭生长快，肉质好，是一种优良的肉用鸭，南京板鸭即用此鸭制成。公鸭体重 3.5～4 kg，母鸭体重 3～3.5 kg。

图 2-30　麻鸭

(三)鹅的品种

1. 狮头鹅

主要分布于广州潮汕地区。狮头鹅体躯硕大，头部皮肤松软，前额肉瘤发达而向前生长呈扁平状，质松，两额各有肉瘤两个，喙下肉垂多呈三角形，头部正面像狮头，姿态雄伟，故名狮头鹅。全鹅身背面及翼羽为深棕色，腹面灰白色或白色。其生长迅速，肉用性良好，净肉率高。公鹅体重 10～15 kg，母鹅体重 9～12 kg。年产蛋 25～30 枚，见图 2-31。

图 2-31　狮头鹅

2. 太湖鹅

主要分布于江苏苏南地区。此鹅体质强健结实，外貌酷似天鹅，头较大，喙的基部有一个大而突出呈球形的肉瘤，毛色纯白，颈长，弯曲成弓形，胸部发达，腿亦高，尾向上，属小型鹅。公鹅体重 3.5～4 kg，母鹅体重 3～3.5 kg。年产蛋 50～60 枚，见图 2-32。

图 2-32　太湖鹅

(四)火鸡的品种

火鸡又名食火鸡，原产于北美，目前我国也有饲养。火鸡肉味鲜美，是西方圣诞节百味独尊的佳肴。

火鸡的外观和其他家禽不同，头和颈上的羽毛很少，颈上有珊瑚状的皮瘤，皮瘤的颜色会变化，当鸡安静时，皮瘤为赤色，激动时则变为浅蓝色或紫色。颈直而短，体宽，胸部宽而丰满，胸骨长而直，腿短。腿的颜色随品种而异，大多数为黑色或玫瑰色。羽毛的颜色也随种而异。尾巴很发达，尾羽形状很特别，末端钝齐。

1. 黑色火鸡

羽毛全黑或有灰白色。其出肉率高，净肉占体重的 $20\%\sim25\%$，腿肉呈深灰色，胸肉呈浅白色，胶体状脂肪约占体重的 40%。公火鸡体重 $6\sim8$ kg，母火鸡体重 $3\sim4$ kg，见图 2-33。

图 2-33　火鸡(黑)

2. 古铜色火鸡

颈羽及翼肩翼前深古铜色，主副翼羽有黑白相间的斑纹，背羽青铜色，末端有黑色边。体形较大，公火鸡体重约 16 kg，母火鸡体重约 9 kg，见图 2-34。

图 2-34　火鸡(古铜色)

3. 白色荷兰火鸡

体羽纯白色，胸部有深色毛囊。公火鸡体重 12～14 kg，母火鸡体重约 9 kg，见图 2-35。

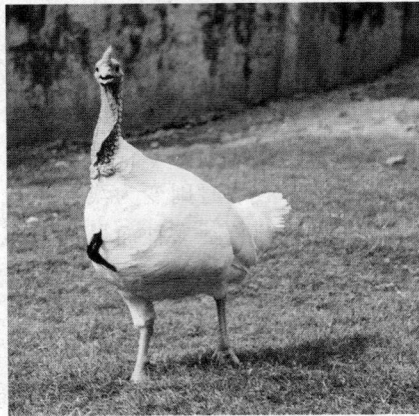

图 2-35　火鸡(白色)

三、家禽的品质特点和用途

(一)家禽的形态结构及营养成分

1. 家禽的形态结构

形态结构与家畜肉基本相同，但由于禽肉中肌肉纤维较细，结缔组织柔软，脂肪分布较均匀，所以家禽肉较家畜肉质地细嫩，味道鲜美。

2. 家禽的营养成分

禽肉含有丰富的蛋白质、脂肪、无机盐和维生素。禽肉中蛋白质的含量差别不大，鸡(肉和皮)为 21.5%，鸭(肉和皮)为 16.5%，鹅为 10.8%，火鸡高达 30.4%，平均为 20%，并能供给多种必需氨基酸。禽肉中脂肪熔点较低(33℃～44℃)，易于消化，所含亚油酸占脂肪含量的 20%，是一种重要的必需脂肪酸。鸡肉脂肪含量约为 2%，鸭、鹅肉所含脂肪较高，分别为 7% 与 11% 左右。各种禽类肝脏中还富含维生素 A 和核黄酸等。禽肉中含有较丰富的维生素 E。由于维生素 E 具有抗脂肪氧化的作用，故一般禽肉可在 -18℃ 冷藏一年不致酸败。禽肉中富含铁，禽肝中含量更高。

由于家禽的年龄、性别和种类不同，家禽肉的品质高低不尽相同，用途也不一样，所以正确鉴定家禽肉的品质对提高菜肴质量有重要意义。

(二)鸡的品质特点和用途

1. 鸡的品质特点

鸡的品种虽多，但可分为普通鸡和肉用鸡两种。普通公鸡一般分为小笋鸡、成年笋鸡、成年公鸡；母鸡分为雏母鸡和老母鸡；肉用鸡不以性别、年龄分，只按重量之别划分等级。

(1)小笋鸡。一般为自然生长 7～8 周龄，净重 250 g 左右，肉质最嫩，但肉少，适于带骨制作菜肴，如扎八块鸡、油淋子鸡等。

(2)大笋鸡。即自然生长当年的鸡，一般净重 750 g 左右，肉质较嫩，可剔肉烹制炸鸡丁、宫爆鸡丁等菜肴。

(3)成年公鸡。即自然生长隔年鸡，一般净重 1.5 kg 左右，肉质较老，不宜剔肉爆、炒，只适于烧、扒、酱、熏等。

(4)雏母鸡。雏母鸡的肉质肥嫩，是制作菜肴的上好原料，既适合剔肉用于爆、炒，又宜整只蒸、烤、炸，但不宜煮汤。

(5)老母鸡。老母鸡肉质粗老，脂肪较多，是煮汤的上好原料，也可用于清炖和砂锅菜肴。

(6)肉鸡。鸡肉丰满而细嫩，脂肪含量高，但味道不及普通鸡。适于爆、炒、炸、蒸、但不宜煮汤。按重量分为四级：特级每只重 1.2 kg 以上；大级每只重 1～1.2 kg；中级每只重 0.8～1 kg；小级每只重 0.6～0.8 kg。

2. 鸡体各部位的用途

(1)鸡头和鸡脖。肉少骨多，但鸡脖的皮韧而脆，可用来卤、酱、烧。

(2)鸡爪。主要是皮和筋，胶性大，皮脆嫩，煮后拆去骨头拌食，别具风味，如椒麻鸡掌。还可利用其胶质煮汤做冻子菜。

(3)鸡翅。肉较少而皮多，质地鲜嫩，味美，可烹制瓢鸡翅、冬菇鸡翅汤及制作冷菜等。

(4)鸡脯和鸡芽(又称鸡柳、鸡里脊)。鸡脯肉质细嫩少筋，是鸡身上最易切配成形而且质地细嫩的肉，可以切成丝、丁、蓉等。母鸡脯黏性大，味鲜美，可制清汤。鸡芽与鸡脯紧紧相连，去掉暗筋，便是鸡身上最细嫩的部位，用法同鸡脯。

(5)鸡腿。肉多，筋少，味美，除切丁炒食外，一般适用于烧、扒、香酥等。

(6)鸡胗(鸡胃)。质地韧脆、细密，可用于炸、炒、烧、卤、拌等烹调方法。

(7)鸡肝。质地细嫩，以它为原料的名菜有清炸鸡肝、盐水鸡肝。

(8)鸡心。质地和用途同鸡胗。

(三)鸭的品质特点和用途

1. 鸭的品质特点

鸭子主要有肥瘦、老幼之分。

(1)肥鸭。体内所含脂肪较多，纤维较细，肉质细嫩，宜采用烤、炸等烹调方法。

(2)老鸭。体内含水较少，纤维粗糙，肉质较老，宜采用烧、烩、焖等烹调方法。

2. 鸭各部位的用途

(1)鸭头(包括鸭脖)。肉少骨多，皮韧脆，一般用于卤汤和卤制。

（2）鸭舌。具有嫩、脆、鲜的特点，是较为名贵的烹调原料，多用于汤菜和烩菜，如口蘑鸭舌汤、烩鸭四宝等。

（3）鸭掌。骨多，有一层韧性强而又脆嫩的皮质。将鸭掌煮透拆去筋骨（保持掌形），用来拌、烧、烩、扒均可，如芥末鸭掌就是很有名的宴会菜肴。

（4）鸭胗。同鸡胗的用途相同。

（5）鸭肝。鸭肝较鸡肝大而细嫩，用来炒、爆、熘、糟、醉、拌、炝、炸、烩、焖均可，如清炸鸭肝、糟熘鸭肝皆为名菜。

（6）鸭肠、鸭胰。将其收拾干净后，可以制作青椒鸭肠、炒鸭胰等菜肴。

（7）鸭心。稍带韧性，多与鸭肝同用，也可单独烹制火燎鸭心等名菜。

（8）鸭翅。肉少骨多，一般多用于卤、酱、炸配料和煮汤。也有将鸭翅煮透抽去骨头使之保持原形而用来烩、烧、糟等。

四、家禽肉的检验和保管

（一）家禽肉品质的检验

家禽肉的品质好坏也是以肉的新鲜度来确定的。行业上确定家禽肉的新鲜程度一般以感官检验的方法加以判断。

感官指标基本上是根据以下几种指标：嘴部、眼部状态；皮肤和脂肪的色泽及气味；禽肉的弹性和气味；肉汤的透明度和脂肪滴的大小。

新鲜的禽肉：嘴部有光泽，干燥，有弹性，无异味；眼部眼球充满整个眼窝，角膜有光泽，皮肤为淡白色，表面干燥，具有特有的气味；脂肪为白色，稍带淡黄色，有光泽，无异味；肌肉结实有弹性，鸡肉为玫瑰色，胸肌为白色，带淡玫瑰色。火鸡腿肉呈深灰色，胸肌呈淡白色。鸭、鹅肉为红色、稍湿不黏，有特有的香味；制成的肉汤透明、芳香，肉汤表面有大的脂肪滴。

不新鲜的禽肉：嘴部无光泽，部分失去弹性，稍有异味；眼球部分下陷，角膜无光；皮肤呈淡灰色或淡黄色，有点黏滑，稍有酸败或腐败气味；脂肪色泽稍淡，或具轻度异味；肌肉较松软，切面湿润，色泽较暗，能留下显著压痕，有轻微酸腐或腐败气味；肉汤不太透明，脂肪滴少而小，有异味。

腐败的禽肉：嘴部角质软化，暗淡无光，发黏，腐败气味；眼球下陷，有黏液，角膜浑浊污秽；皮肤松弛，表面湿润发黏，色泽变暗，呈淡绿色，有霉斑及腐败气味，脂肪呈淡灰色，有时淡绿色，有酸臭味；肌肉松软，发黏，极湿润，呈暗红、淡绿色或灰色，有明显腐败气味；肉汤浑浊，有时有絮状物，几乎无脂肪滴，有腐败气味。

（二）家禽肉的保管

餐饮业中保管家禽肉多采用冰箱冷冻保管，在−12℃下可以保存 4 个月；在−18℃下可以保存 8～10 个月；在−23℃下可以保存 12～15 个月。为防止禽肉原料在储存过程中，由于升华而造成的水分流失，对储存原料应采取密闭保存，以确保使用效果和产品食用质量。

第四节 蛋类、乳类及其制品

蛋类、乳类及其制品是中、西食品加工业及饮食烹饪业中常用的辅助原料，它们对菜肴、点心的生产工艺、改善制品的色、香、味、形以及提高制品营养价值方面都具有重要作用。

一、蛋类及蛋类制品

(一)蛋类

蛋是卵生动物的雌性繁殖细胞。蛋与其他动物卵的区别在于：具有蛋壳、蛋白和蛋黄三大特殊结构。

1. 蛋的结构

食品中常见的蛋有鸡蛋、鸭蛋、鹅蛋、鹌鹑蛋，它们多呈卵圆形，也有个别的近似圆柱形或球形。各种蛋的大小、重量与家禽的品种、饲养管理和产蛋季节有密切关系，但其结构则是相同的，它们由蛋壳、蛋白、蛋黄三个主要部分构成，见图 2-36。

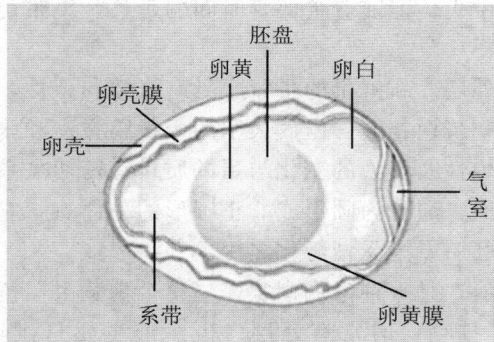

图 2-36 蛋的结构

(1)蛋壳。由外蛋壳膜、石灰质蛋壳、蛋下膜构成，它们包裹着蛋的内容物，具有保护蛋白、蛋黄的作用。

外蛋壳膜：位于蛋壳的表面，是一层无定性可溶性胶体，肉眼观察为霜状粉末样物质，其成分为黏蛋白。这层薄膜可堵住蛋壳上的气孔，防止蛋白内部营养物质的损失和外界生物的浸入，但它在高温水洗、潮湿、摩擦等条件下易损失、脱落。

石灰质蛋壳：主要由碳酸钙组成，质脆不耐碰撞和挤压，但可承受较大的均衡静压，而且蛋壳的纵轴比横轴耐压。蛋壳上分布许多微小的气孔，供胚胎呼吸之用。但通过这些气孔也会散发出蛋内的水分使蛋重量减少，同时便于微生物的入侵。因此说，蛋壳上的气孔是造成蛋在保管储藏过程中质量降低、腐败和重量损耗的主要因素。蛋壳的颜色主要决定于家禽的品种，壳色深的含色素多，蛋壳较厚；壳色浅的含色素少，蛋壳较薄。蛋壳具有透视性，在灯光下能观察内容物，鉴定蛋的质量，但观察的难易程度受蛋壳颜色深浅的影响，一般浅色蛋壳较易观察。

蛋下膜：位于蛋壳与蛋白之间，由两层膜组成，紧附于蛋壳的一层叫内蛋壳膜，附着于内蛋壳膜里的，与蛋白接触的一层叫蛋白膜。这两层薄膜对于微生物的侵入均有阻止作用。但阻止的程度有差异，大多数微生物可以直接通过内蛋壳膜而不能通过蛋白膜。只有蛋白膜受蛋白酶破坏后，微生物才能进入蛋内。蛋壳与蛋白之间的两层膜，在刚生下的蛋中是紧密地附着在一起的，蛋的内容物占有蛋壳内整个容积。随着蛋的冷却，蛋中内容物收缩，蛋白膜在蛋的大头边开始与蛋壳膜分开，逐渐形成气室。在保管时，受环境因素的影响，气室的容积随着蛋内水分的蒸发而逐渐增大。所以，蛋的新鲜程度可以由蛋的气室大小来鉴定。

（2）蛋白。位于蛋壳内层，呈无色或浅黄色的半流动体，稀稠不一。它由稀蛋白和浓稠蛋白组成。具体有三层，即：靠近蛋壳内层的外稀蛋白，占蛋白总量的 20%～55%；靠近蛋黄的内稀蛋白，占蛋白总量的 29%～57%；中间层的浓厚蛋白，占蛋白总量的 11%～36%。新鲜蛋较陈旧蛋浓厚蛋白含量高，这是因为蛋随储存时间的延长，浓厚蛋白在酶的作用下，能逐渐分解为水样化稀蛋白的缘故。因此说蛋白的浓稀程度是衡量蛋白质量的重要标志之一。

（3）蛋黄。通常位于蛋的中央，呈球形。蛋黄由系带、蛋黄膜、胚胎及蛋黄内物质所构成。系带是由浓稠蛋白构成的，形状如粗棉线，粘连在蛋黄的两端，主要起固定蛋黄位置的作用，它能使蛋黄居中央，但随着蛋保管时间的延长，系带由粗变细，弹性变弱，直至逐渐消失。

蛋黄膜，位于蛋黄的外层。新鲜蛋的蛋黄膜具有张力和弹性，能使蛋黄高高凸起呈圆球形，并防止蛋黄内容物和蛋白相混。但放久了的蛋黄膜弹性和张力下降，稍受震动即可形成散蛋。因此，蛋黄膜弹性及张力的变化与蛋的质量有密切关系。

胚胎，位于蛋黄膜表面，通常为圆形或非正圆形的小白点，它的比重比蛋黄小，所以胚胎总是位于蛋黄上部。胚胎专为受精孵化之用。

蛋黄内物质又称蛋黄液，是一种浓稠糊状体，整个蛋黄由白色蛋黄和黄色蛋黄交替组成轮状，并由内向外分层排列，通常有六层。蛋黄液主要是供给孵化雏禽时所需的滋养料。

2. 蛋的化学成分

蛋与其他许多生物产品一样，没有固定的成分，决定蛋的化学成分含量的多少有许多因素。如家禽的品种、饲料、产蛋季节、饲养年龄及其他因素等均能影响到蛋的化学成分。一般来说，蛋含有丰富的蛋白质、脂肪、矿物质、糖类和多种维生素等。这些成分的种类、含量的多少，在蛋的不同结构中有差异。

（1）蛋壳的化学成分。蛋壳主要含有碳酸钙及少量的镁、磷等矿物质，蛋壳中的有机物属于蛋白质，主要含有氨基酸、精氨酸、谷氨酸等。

（2）蛋白的化学成分。蛋白是一种白色透明的黏性半流动体，含有固形物 12%～18%，无细胞组织，呈碱性。

蛋白中的蛋白质有卵白蛋白、卵磷蛋白、卵球浓蛋白、卵黏蛋白和卵类黏蛋白五种。在稀蛋白中主要是卵白蛋白和卵球蛋白。在厚蛋白中，其构成部分主要是卵类黏蛋白、卵黏蛋白。在五种蛋白质中，前三种为简单蛋白质，后两种为结合蛋白质，这些蛋白质含有多种氨基酸，消化吸收率在 50% 以上。

蛋白中的碳水化合物主要有葡萄糖，占碳水化合物的 41%～69%，其他糖含量极少。

蛋白中糖类的存在形态有两种，一种呈化合状态，另一种呈游离状态，游离状态存在的葡萄糖约为 0.41%。

蛋白中的矿物质主要有钾、钠、镁、钙、铁、磷等，但含量不多。蛋白中的维生素主要以核黄素和尼克酸为主，其他较少。

蛋白中含有蛋白酶、二肽酶、淀粉酶及溶菌酶等。溶菌酶具有杀菌作用，在 37℃～60℃、pH 7.2 时呈现最大的活性，但与蛋黄混合时失去杀菌能力。蛋白中脂肪和色素含量都很少。

(3)蛋黄的化学成分。蛋黄是一种含有蛋白质的浓稠不透明的乳状液，含固形物 50% 左右，呈酸性。蛋黄中的化学成分比蛋白复杂，约含蛋白质 15.6%，脂肪 29.82%，碳水化合物 0.48%，其他成分则为水分、矿物质、蛋黄素及维生素等。

蛋黄中的蛋白质主要是卵黄磷蛋白和卵黄球蛋白，这些蛋白质中含有丰富的必需氨基酸，消化率在 95% 以上。

蛋黄中的脂肪在室温下呈橘黄色的半液体状态，由各种脂肪酸构成的混合三甘酯组成，蛋黄中的脂肪酸主要有油酸、软脂酸、软脂油酸、亚麻酸、硬脂酸、豆蔻酸和花生酸。蛋黄中的脂肪包括 10%～12% 的磷脂质。磷脂质是结合脂肪，具有亲水和亲油的双重性，它的主要成分是卵磷脂、脑磷脂、神经磷脂和糖脂质等；蛋黄中除结合脂肪外，还含有演化脂肪，其主要成分是胆固醇。蛋黄中的结合脂肪酸，以卵磷脂含量最多；其中所含的胆碱和乙酸作用后可生成乙酸胆碱，这种物质神经的传导体，对人体大脑和神经组织的发育有重要作用。

蛋黄中的碳水化合物以葡萄糖为主，约占 12%；其中游离状态的葡萄糖约含 0.21%。

蛋类中的水分有游离水和结合水两种，蛋黄中的水分是构成蛋黄胶体的主要部分。

蛋类中的矿物质主要含于蛋黄内，磷含量最高，其次为钾、钙等元素。

蛋黄中的色素含在脂蛋白化合物中，其中脂溶性的色素多于水溶性色素。脂溶性的色素有胡萝卜素、隐黄素、叶黄素；水溶性的色素有核黄素。由于蛋黄中含有大量的胡萝卜素和核黄素，故蛋黄呈黄色。

蛋黄中的维生素有脂溶性的和水溶性的两种，脂溶性的维生素有维生素 A、维生素 D、维生素 E、维生素 K，水溶性的维生素有 B 族维生素。蛋黄中的酶有二肽酶、淀粉酶、脂肪酶、氧化酶等，但不含溶菌酶。

3. 蛋的主要品种

在食品加工和中、西餐烹饪中，常用的鲜蛋类品种有鸡蛋、鸭蛋、鹅蛋、鹌鹑蛋和鸽蛋。

鸡蛋，是雌性鸡排出的卵，多呈椭圆形，外壳颜色一般为白色或棕红色，新鲜的鸡蛋外壳有一层似白色的霜，每个重量约为 50 g。鸡蛋是蛋类中营养价值较高的一种，含有丰富的蛋白质、脂肪，维生素含量比其他蛋类高，见图 2-37。

鸭蛋，是雌性鸭排出的卵，呈椭圆形，有白色和青灰色两种，蛋壳表面较光滑，它个体较大，一般每个重量可达 70 g 左右。鸭蛋的蛋白质、脂肪含量低于鸡蛋，但含糖类较鸡蛋高。鸭蛋适宜加工咸蛋、松花蛋等制品，见图 2-38。

图 2-37　鸡蛋

图 2-38　鸭蛋

鹅蛋，是雌性鹅排出的卵，亦呈椭圆形，蛋壳呈白色，表面较光滑；它的个体很大，一般每个重量可达 80 g 左右。鹅蛋含有较丰富的蛋白质、脂肪、糖等营养成分，但维生素含量较其他蛋少，见图 2-39。

图 2-39　鹅蛋

鹌鹑蛋，是雌性鹌鹑排出的卵，外形接近圆形。蛋壳薄易碎，表面有棕褐色斑点，它的个体很小，一般每个重 3～4 g。鹌鹑蛋含有丰富的蛋白质、脂肪、维生素 A 等，是一种营养价值较高的蛋类品种，见图 2-40。

图 2-40　鹌鹑蛋

鸽蛋，是雌性鸽排出的卵，呈椭圆形，蛋壳薄易碎，鸽蛋每个重 15 g 左右，它含有较高的水分及蛋白质、脂肪等营养成分。在食品加工和烹饪中是一种珍贵的食材原料，还可以做花式菜肴，见图 2-41。

图 2-41　鸽蛋

4. 蛋的质量鉴别和保管

(1)蛋的质量鉴别。鉴别鲜蛋质量的主要标准是蛋的新鲜程度。鲜蛋的新鲜程度一般从蛋壳、蛋白、蛋黄、系带变化和气室大小来判断。

新鲜蛋的一般质量标准是：蛋壳清洁、完整、坚实、无裂纹，蛋壳上有一层光泽的薄膜，并附着白色或粉红色的霜状物。蛋白无色、无异味、浓稠蛋白多，并澄清透明。蛋黄位于中心，蛋黄膜有弹性，蛋黄凸起。系带色白较粗，明显可见，有韧性，紧贴在蛋黄上。鲜蛋气室小，不移动。

鉴别鲜蛋质量的方法，一般有感官鉴定性法、灯光透视鉴定性法、理化鉴定性法和微生物学检验法四种方法。餐饮业通常采用感官鉴定法，其方法主要分为看、听、嗅三种。

看，就是用眼睛观察蛋壳的清洁程度、完整状况和色泽三个方面。质量正常的鲜蛋蛋壳表面清洁，无禽粪，无草染及其他污物。蛋壳完好无损，无硌窝、无裂纹及流清等。蛋壳的色泽应当是各种禽蛋所固有的色泽。禽蛋打开后，蛋黄应是球形，系带粗有弹性，并紧贴在蛋黄的两端。

听，就是从敲击蛋壳发出的声音辨别蛋的质量。具体方法是将两枚蛋捏在手中轻轻相撞，或用右手食指的指甲轻轻敲击蛋壳。新鲜的蛋发声坚实，有清脆的咔咔声。

嗅，就是嗅蛋的气味是否正常，有无特异气味。质量正常的禽蛋打开后有轻微的腥味而无其他异味。

(2)蛋的保管。鲜蛋在保管中，由于保管环境、条件的影响，鲜蛋会发生生理学变化、化学变化、物理变化和微生物学变化。

生理学变化。鲜蛋的生理学变化主要是胚胎发育。当刚刚产下的鲜蛋储存在 25℃～28℃的较高温度下，受精蛋的胚胎会迅速发育形成树枝状血管，未受精蛋的胚胎有发育膨胀现象，但不产生树枝状血管，这些变化对鲜蛋的食用和保管均不利。

鲜蛋在保管中的物理和化学变化，主要体现在下述几方面。

重量变化。鲜蛋在保管时主要的物理变化足重量变化。鲜蛋的重量变化，一般是重量减少的变化，这种变化主要与鲜蛋保管时间、温度、湿度、蛋壳上气孔的大小、多少以及保管的方法有密切关系。其中温度高低和湿度的大小影响最大。在一定范围内，保管鲜蛋的温度与蛋重量的损耗成正比，保管鲜蛋的相对湿度与蛋重量的损耗成反比。

气室变化。蛋的气室变化与重量损耗有密切关系。蛋的重量减少，气室必然增大。气室的大小及变化的快慢与外界温度、湿度、蛋壳上气孔的大小与多少、保管时间的长短等有关。例如：保管温度为 21℃ 时，气室高度每天增加 0.035 cm，4℃ 时每天增加 0.0116 cm。

蛋白的变化。随着鲜蛋保管时间的延长，蛋中的浓厚蛋白的组织减少，稀蛋白的含量增加。而且，保管温度越高，时间越长，浓厚蛋白含量越小，最后等于零。

蛋黄的变化。蛋黄在保管时的变化，主要有两个方面，一是由于蛋内进行的渗透作用，蛋黄内的含水量逐渐增加，出现散黄现象，这种渗透作用随外界温度的升高而加快。二是蛋黄中游离脂肪的变化。蛋在保管中，蛋黄中含有的大量脂肪，在外界条件适宜微生物及酶的作用下，蛋黄中的脂肪会逐渐产生游离脂肪酸，其中不饱和游离脂肪酸氧化后常使蛋黄脂肪产生酸败现象。

微生物学变化。大多数鲜蛋在保管过程中很容易发生变质现象，这种变化与蛋内微生物和酶的作用有关。微生物引起鲜蛋在保管过程中变质的条件有两个，一是温度，二是湿度。温度高，蛋内微生物会迅速繁殖；温度低，蛋内嗜冷性微生物仍能生长。鲜蛋如果储存在较高温度的环境下，则有利于蛋壳表面的霉菌繁殖，并产生菌丝体，菌丝体能向壳内蔓延生长，并直接穿透蛋白膜而进入蛋内。

微生物污染鲜蛋的途径有两个：一是产蛋禽卵巢内污染，当禽类吃了含有病原菌的饲料后，病原菌通过血液循环而侵入卵巢，在蛋黄形成时，即被病原菌（如沙门氏菌）污染；二是禽类在产蛋时是受污染，鲜蛋在形成蛋壳之前，排泄腔内的细菌向上污染至输卵管，导致蛋的污染，并通过蛋壳上的气孔进入蛋内。大多数腐败的蛋都是由外界微生物进入蛋内而引起的。

引起鲜蛋腐败变质的微生物有细菌和霉菌两大类。常见的细菌有枯草杆菌、大肠杆菌、马铃薯杆菌、变形杆菌、绿脓杆菌等。常见的霉菌有芽枝霉、芽枝孢霉、枝霉、葡萄孢霉、交链霉和青霉等。由于进入蛋内的细菌和霉菌的种类很多，因此很难确定它们平均适宜生长、繁殖的温度，但根据一般情况看，大多数的微生物在零度以下停止生长、繁殖或生长繁殖缓慢。细菌生长、繁殖最适宜的 pH 为 7～8，而霉菌的 pH 则是 2～6。

微生物引起鲜蛋在保管中的变化现象是：蛋在微生物和霉菌的作用下，首先是蛋内蛋白质分解，蛋白质被分解断裂后，蛋黄不能固定而发生移位。其后，蛋黄膜被分解，蛋黄散乱，并与蛋白逐渐相混在一起，这种现象是鲜蛋变质的初期现象，一般称之为散黄蛋。散黄蛋进一步被微生物分解，产生硫化氢、氨、粪臭素等蛋白分解物，蛋液即变成灰绿色的稀薄液并伴有大量恶臭气味，这种变质现象称为泻黄蛋。蛋在保管时，有时蛋液变质后不产生硫化氢，蛋液不呈绿色或黑色而呈红色。蛋液变稠呈浆状或有凝块出现，这就是酸败蛋。这种酸败现象是微生物分解糖而形成的。酸败蛋进一步发展，即可形成黏壳蛋，这种现象是由于外界霉菌进入蛋内，在蛋壳内壁和蛋白膜上生长繁殖而形成大小不同的深色斑点，这些斑点造成蛋液黏稠，从而形成黏壳蛋。

综上所述，引起鲜蛋在保管中腐败变质的主要因素是保管鲜蛋的温度、相对湿度及保管场所和包装用具的卫生状况。

由于鲜蛋在保管中会发生各种变化，因此，在保管中要保持蛋的质量新鲜，就必须采取科学保管方法。要根据鲜蛋本身结构特点，设法闭塞蛋壳气孔，防止微生物进入蛋内，要降低保管温度抑制蛋内酶的作用，并保持适宜的相对湿度和清洁卫生条件。这些是鲜蛋保管的根本原则和基本要求。鲜蛋的保管方法有很多种，如冷藏法、石灰水浸泡法、巴氏杀菌储藏法和民间简易储藏法（如谷糠储藏法、小米储藏法、豆类储藏法、木屑储藏法）等。餐饮饭店一般多采用冷藏法。鲜蛋的保管无论采取哪种方法，均不宜时间过长，否则同样会使蛋变质。

（二）蛋制品

鲜蛋经去壳或不去壳，使用干燥、冷冻、腌制、化学防腐剂等方法加工制成的制品统称为蛋制品。根据蛋制品加工方法的不同，蛋制品可分为三类，即干蛋类、冰蛋类和再制蛋类。

1.干蛋类

干蛋类是将优质鲜蛋去壳，取其内容物烘干或用喷雾剂干燥法制成，有干全蛋、干蛋白和干蛋黄三种。

干全蛋及干蛋黄是将蛋液加压喷射成雾状，由热空气使水分蒸发干燥而成的粉末状的蛋粉，其制品在完全保存食用价值的同时，能将蛋内大部分微生物杀死。但因蛋白质已有变性，因此对提高产品的酥松度有不良影响。

干蛋白是鲜蛋中的蛋白液经过搅拌、过滤后倒入烤盘中在53℃～55℃的温度下烘干使蛋白液中水分蒸发而结成淡黄色透明的薄晶片。这种干蛋白便于储存，使用时按1：4的比例加水浸泡后，即可使用。

干蛋类主要用于制作糕点、糖果、饮料等。

2.冰蛋类

冰蛋类根据原料组成有冰全蛋、冰蛋白及冰蛋黄三种。冰蛋是将蛋中内容物经过混合均匀后冻结而成的蛋制品。这种蛋制品，因蛋中的水分多，有微生物存在，极易变质，因此必须储藏在－8℃～10℃的冷库中。使用时，最好是用多少化多少，否则会引起冰蛋的变质。

冰蛋类在食品加工和烹饪加工中，通常用于制作菜肴糕点、饮料和糖果等。

3.再制蛋类

在食品加工和烹调加工中常见的再制蛋类包括松花蛋、咸蛋和糟蛋。

（1）松花蛋。松花蛋又称皮蛋、变蛋、咸蛋、彩蛋等。松花蛋是经过碱的碱化，使生蛋成熟，无须再加工就可食用的熟制蛋。松花蛋按蛋黄中心情况分有溏心和硬心两种，按制法分有生包法和浸泡法两种。

在中国大部分地区都能制作松花蛋，其主要原料为鸭蛋，鸡蛋也可用，但不多见，近年来也有用鹌鹑蛋制作松花蛋的。常用的辅料有纯碱、生石灰、食盐、茶叶、香料等。此外，还有加配料的特殊松花蛋，如：加可以降血压的中药材制成的降压松花蛋；加入八角、丁香、桂皮等香料的五香松花蛋；加糖的浙江余杭糖彩蛋等。松花蛋的生产有民间生产和批量生产，但各地制作用料的配比变化很大。

我国松花蛋的名产有北京的松花蛋、江苏的高邮京彩蛋和宝应皮蛋、湖南的益阳皮蛋、四川的永川松花皮蛋。

松花蛋的化学成分，一般来说与鲜鸭蛋的化学成分没有太大差别，其中成分变化较大的是蛋内水分的转移。松花蛋在制作过程中，蛋白中原有的水分在减少，其中一部分水分通过蛋壳的气孔向外渗透，而料汤中的碱、盐等物质则渗入蛋内，另一部分水分则渗到蛋黄中。由于碱的渗入，蛋内的脂肪也发生了变化，一部分变为脂肪酸盐类，另一部分则由于碱的作用水解，产生游离脂肪酸。

质量好的松花蛋，蛋壳完整无破损，清洁，少斑点，气室少；蛋清呈棕褐或茶色，弹性大，有松花纹，不粘壳；蛋黄色泽多样，外层墨绿或蓝黑、中层土黄或灰绿，中心橙黄，有浓郁的皮蛋香味。松花蛋在食品制作和烹饪中主要适于凉食及冷拼的辅料或主料，并可作粥的配料等。

（2）咸蛋。咸蛋又称盐蛋、腌蛋等，它是以鲜鸭蛋为主要原料或用鸡蛋作原料，通过不同的加工方法腌制成的一种蛋制品。咸蛋的主要用料是食盐，常用的辅料有花椒等。食盐具有防腐能力，能抑制细菌的繁殖和延缓蛋内容物的分解变化，并能使蛋白黏度逐渐减轻变稀，使蛋黄黏度逐渐增加而变硬，且能促使蛋黄油润松沙。花椒不仅能增加制品的风味，而且还有利于储存。

咸蛋品种较多，有捏灰咸蛋、泥浆咸蛋、盐水咸蛋等。中国咸蛋名产有江苏高邮双黄咸蛋、湖南益阳朱砂咸蛋、河南郾城唐桥咸蛋等。这些产品均具有鲜、细、嫩、松、沙、油、香等特点。此外咸蛋又出现了许多新品种。如有酒香辣味的酒香咸鸭蛋，有既有咸蛋香又具有卤蛋味的香咸蛋等。腌制咸蛋的方法，有家常腌制和批量腌制两大类。

咸蛋的化学成分从本质上看未发生变化，但各个部分组成发生了改变。由于盐的渗透作用，蛋内水分有所减少，但蛋内各组成部分的绝对重量及无机盐含量有所增加。

咸蛋以蛋壳完整无破损；气室小；蛋白纯白，细嫩，无杂物；蛋黄坚实；色泽红黄、油润松沙；滋味鲜美，咸味适中、清香者为好。

咸蛋在烹饪中主要以单独食用为主，亦可做一些冷拼的配料。其咸蛋黄，可以独特的风味参与植物性原料的烹制，口感及营养效果都得到改善。

（3）糟蛋。糟蛋是由鲜鸡蛋或鸭蛋用酒糟等配料加工腌制的一种蛋制品。著名的有浙江的平湖糟蛋和四川的宜宾糟蛋。糟蛋的特点是蛋壳较软，自然脱落，色泽红黄，气味芳香，具有独特风味。

优质的糟蛋，个大、饱满、完整，有光泽且发亮。蛋壳脱落，蛋膜柔软，制品略有弹性，色正味醇。

糟蛋可直接食用，也可在食品加工和烹饪活动中使用，主要用于冷食。

二、乳类及其制品

乳类及其制品在人们的饮食中占有重要的地位，它们不但具有很高的营养价值，而且在食品加工方面也发挥重要的作用。

（一）概述

1. 乳的种类

乳的种类以不同畜兽所产乳而不同。人类对乳的利用有牛乳、羊乳、马乳等。食品加工业和烹饪中常见的或常用的主要是牛乳。牛乳中又以牦牛乳的营养价值为高。

在正常情况下，根据产乳期间的不同，通常把乳分为初乳、常乳、末乳三种。

初乳是母畜产仔后第一周内的乳，这种乳色黄而浓稠，有特殊的气味，蛋白质含量相当高，加热极易凝固，但乳糖含量不高。

常乳是初乳后到末乳前健康家畜所产的乳。其成分及性质基本趋于稳定，气味芳香微甜，是鲜牛奶的主要来源，是加工乳制品的重要原料。

末乳是家畜固乳期所产的乳，也称老乳。所含成分除脂肪外，其他都较常乳高。但末乳具有苦而微咸的味道，而且乳中的解脂酶增多，常带有油脂氧化味，所以末乳不宜加工成乳制品。

此外，母畜在外界因素的干扰下，自身生理状态发生变化时所分泌的乳，常称异常乳，这种乳不适于饮用或做乳制品的原料。

2. 乳的化学成分

乳是多种成分的混合物，化学成分很复杂，但主要是由水、脂肪、蛋白质、乳糖、维生素、矿物质组成。乳中的化学成分受母畜的品种、泌乳期、畜龄、饲料、放牧条件及母畜健康状况等因素的影响而有差异。

(1)水分。乳中最多的成分是水，这种成分绝大部分以游离状态存在，成为乳的胶体体系的分散介质。少部分的水同蛋白质以结合水的形式存在。

(2)蛋白质。乳中的蛋白质，主要有酪蛋白、乳球蛋白和乳白蛋白。

酪蛋白是乳中蛋白质最丰富的一类蛋白质，约占蛋白质的80%。酪蛋白属于结合蛋白质，它含有胱氨酸和蛋氨酸两种含硫氨基酸。酪蛋白能与钙、磷等无机离子结合成酪蛋白胶粒，以胶体悬浮液的状态存在于乳中。它不溶于水，如遇稀酸或凝乳酶则会凝固。酪蛋白是制造干酪的主要成分。

乳球蛋白是一种简单蛋白质，在乳中处于溶解于水的状态，在酸性反应条件下加热至75℃，乳球蛋白沉淀。

乳白蛋白是一种完全蛋白质，含有人体营养所必需的各种氨基酸，能溶于水，在酸或酶的作用下不凝固，但加热到80℃即可凝固变性。

(3)脂肪。乳中的脂肪是由一个甘油分子和三个脂肪酸分子组成的三甘油酯的混合物。不溶于水，但以脂肪球状态分散于乳中形成乳浊液，乳中脂肪球的大小与乳脂肪的芳香和消化率有密切关系。一般来说，大的脂肪球芳香味浓，但消化率不如小的脂肪球。

乳中脂肪酸的组成种类比一般脂肪多，它不仅含有较多的不饱和脂肪酸，而且还含有$C20 \sim C26$的高级饱和脂肪酸，其中不饱和脂肪酸主要有油酸，约占不饱和脂肪酸总量的70%。

乳中脂肪在15℃时的熔点为27℃～35℃，是一种消化率较高的脂肪。

(4)糖类。乳中糖类主要含有乳糖，此外还有极少量的葡萄糖、果糖、半乳糖等。乳糖的甜味比蔗糖低，在乳中呈溶液状态存在。

乳糖在乳酸菌的作用下，可分解为乳酸，这种成分是乳在储存过程中，使酪蛋白产生沉淀，乳出现自然酸败现象的主要原因。乳糖在串状酵母菌的作用下可产生酒精发酵。因此，鲜乳在保管时要妥善处理，注意冷藏温度。

(5)矿物质。乳中含人体所需要的各种矿物质，这些成分含量虽少，但却是乳中不可缺少的部分，它们中的大部分矿物质与有机酸结合，以可溶性盐类形式存在。

(6)维生素。乳中含有人体所需要的维生素，如维生素 A、维生素 D、维生素 B_1、维生素 B_2、维生素 C 等，乳中维生素 A 的含量随饲料中的胡萝卜素含量而变化，当乳在普通的煮沸条件下，一般不易受破坏。维生素 D 对热很稳定。维生素 B_1、维生素 B_2 在 100℃以下温度加热较稳定，但在 120℃的条件下，30 分钟后将受到破坏。乳中最不稳定的维生素是维生素 C，常常由于乳的氧化加热而受到破坏。其损失量可达 20％～50％。

(7)其他成分。乳中除上述成分外，还有一些其他物质，这些物质虽然数量不多，但对乳的质量、使用品质等均有一定影响。

磷脂：乳中磷脂主要是卵磷脂，它存在于乳脂肪的外膜中，被细菌分解时，可生成三甲胺，所以，储存时间较长的乳有时带有腥味。

乳中胆固醇含量随乳脂肪的多少而定，通常含量为 0.01％左右。此外，乳中还含有少量的胡萝卜素、叶黄素和维生素 B_2。胡萝卜素、叶黄素能溶于脂肪，能使乳制品带有奶油黄的色泽，维生素 B_2 能溶于水中，可使乳呈极淡黄色。

3. 乳的质量鉴别和保管

(1)乳的质量鉴别。鉴别乳质量的主要感官指标是鲜乳的气味、滋味、组织状态和鲜乳的外观色泽。

鲜乳的一般质量标准是：优质的鲜乳应具有新鲜乳固有的乳香气味，不能有异味；乳汁应为均匀无沉淀的流体，不得有杂质或泥沙存在，呈浓厚黏性状态者不能食用；鲜乳色泽应为洁白或微黄色，不应呈深黄或其他颜色。

感官鉴别鲜乳的质量主要是通过鼻闻、眼观察的方法。

优质的鲜乳，嗅时有乳特有的香味，无异味。用眼观察的方法是：首先用搅拌棒将乳汁搅动，观察乳液是否有发黏、凝块现象，是否有明显的不溶杂质，同时，要观察乳汁的颜色是否为洁白色或微黄色。

(2)乳的保管。鲜乳在保管中的变化主要是乳中所含微生物的变化而引起的，鲜乳中常见的微生物有：乳酸菌（NL 链球菌、乳酪链球菌、粪链球菌、嗜热链球菌、嗜酸乳杆菌等）、氧化细菌、脂肪分解菌、酪酸菌、病原细菌、产生气体菌和酵母、霉菌等。

当鲜乳放置在 10℃～21℃的室温中，乳中微生物在活动，并逐渐使乳液变质。其变化过程大致可分为以下几个阶段。

在新鲜的乳液中，均含有多种抗菌性物质，它对乳中存在的微生物具有杀菌和抑制作用，这种作用一般可持续 18～36 小时，在这期间，乳液含菌数不会增高。当鲜乳中的抗菌物质减少或消失后，存在乳中的微生物即可迅速繁殖，其中乳链球菌生长繁殖特别旺盛，它使乳糖分解，产生乳酸，造成乳中酸度的不断升高，待酸至 pH 为 4.5 时，乳链球菌本身受到抑制，而乳中的乳酸杆菌的活动逐渐增强，并能继续繁殖产酸，这时乳液中可以出现大量乳凝块。

当鲜乳在储存中酸度继续升至 pH 3.5～3 时，乳中绝大多数微生物被抑制至死亡，仅酵母和霉菌能适合高酸性的环境，并能利用乳酸及其他一些有机酸。这时，乳中的乳糖大量被消耗，仅有较多量的蛋白质和脂肪存在，乳中分解蛋白质、脂肪的细菌将不断生长繁殖，使乳中的乳凝块液化，乳液的 pH 逐渐升高，并伴有腐败的臭味产生。这时，鲜乳已酸败。鲜乳若在 0℃中长期冷藏，也会发生变质现象，这种现象的产生，主要是乳中假单胞菌属中的细菌产生脂肪酶，使乳中的脂肪分解而形成的。0℃储存鲜乳的有效期一般在10 天以内。

鲜乳的保管，针对鲜乳中微生物生长、繁殖的特点，在保管中要保持鲜乳质量的新鲜，食品加工企业和饮食饭店一般采用低温冷藏法。如长期保存应放在 -18℃～-10℃的冷库中，如短期储存可放在 -2℃～-1℃的冰箱中。由于牛奶结冰时膨胀，所以存放牛奶不应装得太满，以免把容器胀开造成污染。

（二）乳制品

在食品加工中常用的乳制品有奶油、黄油、计司、酸牛乳、乳粉、炼乳等。

1. 奶油

奶油在乳制品工业上称作稀奶油，它是从鲜牛奶中分离出来的乳制品，是制作黄油的中间产物。食品加工和烹饪中常用的有甜味奶油、淡奶油和酸奶油。

奶油中主要含有脂肪、蛋白质、水分等。奶油中的脂肪含量较低，一般在15％～25％之间。它以脂肪球和游离脂肪状态存在。奶油的独特芳香味，主要是由挥发性游离脂肪酸等成分形成的。

奶油为乳白色，呈半流质状态，在低温下较稠，经加热可溶为液体，酸奶油是奶油经乳酸菌发酵而成的，它比鲜奶油稠，呈乳黄色，其口味醇香而微有酸味。优质奶油气味芳香纯正，口味微甜，内部组织细腻，无杂物、无结块。

奶油的保管一般采用冷藏法，保管的温度为4℃～6℃。

奶油现广泛应用于食品加工和烹饪加工中，主要用于西式烹调和中、西面点产品的制作。

2. 黄油

黄油是在奶油的基础上经搅拌、洗涤、压炼等工序后加工出来的较纯净的脂肪。其叫法比较混乱，中国北方习惯叫黄油，上海一带根据英语译音而习惯叫"白脱"，广州、香港一带则习惯叫"牛油"，在乳制品工业中叫作"奶油"。目前常用的有国产黄油和进口黄油两大类。另外，为满足饮食制品的特殊需要，还有人造黄油，这种黄油的熔点较高，一般在35℃以上。

黄油常温下呈浅黄色固体，加热后溶化并有明显的乳香味，黄油的熔点为28℃～33℃，凝固点为15℃～25℃。黄油中含有脂肪、蛋白质、水、盐、维生素等成分，其中脂肪为主要成分，占80％以上。黄油在食品加工和烹饪加工中具有亲水性强、乳化性能好、营养价值高等特点。

优质黄油色泽均匀一致，气味芳香，内部组织均匀紧密，切面无水分渗出。黄油的保管一般亦为冷藏法，但据不同的储存期可采用不同的温度。如长期储存应放在－10℃的冷库中，短期保存放于5℃左右的冰箱冷藏即可。

黄油广泛用于西餐烹调和中、西面点的制作。

3. 计司

计司是英文Cheese的译音，又称"吉司""芝士""奶酪"等。它是鲜奶经杀菌后，在凝乳酶的作用下使奶中的蛋白质凝固，在微生物与酶的作用下，经过较长时间的生化变化而制成的。计司的种类很多，目前世界上有近千种。成熟计司呈固态，色泽有乳白色和浅黄色，味道除有本身特有的香味外，还有淡的、咸的、甘甜的和刺激味等；其硬度有硬、软、半软等类。计司的形状有球形、心形、椭圆形、方形等；计司的包装多用腊皮或锡纸。制作计司的主要原料有牛奶、绵羊奶、山羊奶及混合奶等。生产计司比较著名的国家有法国、意大利、荷兰等。

计司是一种营养价值很高的食品，主要含有蛋白质、脂肪、水分、无机盐、维生素等化学成分，这些主要成分因计司种类不同而有差异。

质量好的计司呈白色或淡黄色，气味正常，内部组织均匀紧密无裂缝和脆硬现象，切片时整齐不碎。计司应存放在5℃左右、相对湿度80％～90％的冰箱中。计司是西餐烹调及点心的常见辅料。

4. 酸牛乳

酸牛乳是由牛奶煮沸杀菌消毒后，冷至30℃～40℃时，加入适量乳酸菌使奶中乳糖发酵而制成的，有令人愉快的酸味。根据添加原料的不同，酸牛乳有由牛奶直接发酵制成的硬质酸牛乳和添加果肉、果仁等配料使牛奶发酵制成的软制酸牛乳。其制品状态有半固态、流质状态等。

酸牛乳中含有丰富的蛋白质、脂肪、糖、乳酸、钙、铁等，酸牛乳中的乳酸菌能抑制腐败菌的生长，使人体免受或减轻有毒物质的侵害，同时能刺激胃酸的分泌，促进人体新陈代谢。优质的酸牛乳呈均匀的半固态或流质状态，色乳白，内部组织细腻，无杂物、无气泡，味酸微甜有香味。

酸牛乳宜低温储存，且时间不宜过长，一般不超过一星期。

酸牛乳在食品加工除做饮料外，还可做冷菜的配料或与面粉、膨松蛋清制"松煎饼"等。

5. 乳粉

乳粉是由乳液经过杀菌、浓缩、喷雾干燥而制成的乳制品。乳粉的种类很多，根据乳液含脂情况及加工工艺的不同，常见的有全脂乳粉、脱脂乳粉和速溶乳粉。根据乳粉中加糖与否，又有甜乳粉和淡乳粉之分。此外，根据乳粉中添加原料的不同，又有杏仁乳粉、草莓乳粉等。

乳粉中含有的化学成分与乳液的成分有关，主要有脂肪、蛋白质、乳糖、矿物质、水分等。这些成分因乳粉的种类不同而有差异。

乳粉颗粒大小及形状，与制作方法、操作条件不同有关。颗粒大小与乳粉的溶解性关系很大。一般认为，颗粒直径在150 μm左右溶解性最佳。而直径小于75 μm，当复原为鲜乳状态时，易形成结团现象，浮于水面，影响其溶解性。乳粉中的脂肪以较小的脂肪球状态存在，其所含的游离脂肪是产生乳粉氧化酸败的主要成分。乳粉中所含乳糖呈非结晶的玻璃状态，它有很强的吸湿性，是乳粉极易收湿的主要成分。乳粉的颜色与乳液中所含的色素有关。

质量好的乳粉为白色或乳黄色的干燥粉末色泽均匀，有光泽，颗粒整齐松散，有浓郁的乳香味，无焦粉颗粒，无不易松散的结块及其他异味。

乳粉应储存在干燥、通风良好的环境中，相对湿度不高于70％，温度不高于15℃，但要长期储存，则储存温度以4℃～5℃为宜。

6. 炼乳

炼乳是乳液的浓缩制品，具有便于运输、携带、长时间保管仍能保持乳品营养价值的特点。炼乳的种类很多，根据生产时采用原料的不同，可分为全脂炼乳、脱脂炼乳、炼乳脂和其他品种炼乳。

全脂炼乳，是采用全脂乳，经杀菌、浓缩制成的。有加糖全脂炼乳和淡全脂炼乳两种。

脱脂炼乳，是采用分离出乳汁后的脱脂乳为原料而制成的炼乳，也有加糖和不加糖两种。

炼乳脂，以乳汁为原料经浓缩后制成，含有大量的乳脂肪，有加糖与不加糖之分。

其他品种炼乳，是在乳液原料之外加入某种辅助原料而制成的炼乳，如咖啡炼乳、可可炼乳等。

炼乳的化学成分主要含有水分、脂肪、蛋白质、乳糖等。

优质的炼乳是呈均匀一致的微黄色或白色的具有流动性的黏稠液体，气味良好，口味纯正，内部组织细腻，质地均匀，无脂肪分离及乳糖结晶沉淀，无异味及霉斑。

炼乳易储存在恒定温度中，温度忽高忽低能引起乳糖形成大的结晶块。一般情况，储存温度不高于15℃，相对湿度不高于85%，如果长期储存，最适宜的温度是4℃~5℃，炼乳不宜在0℃以下保管。

第五节　水产及其制品

自然界中丰富的水产品是人类饮食生活中极其重要的物质源泉，随着海洋资源和淡水资源的保护、开发和利用，水产品以其丰富的产量，众多的品种，优良的营养价值，诱人的美味，必将成为人类饮食结构中的重要组成部分。

水产品以其自身中丰富而齐全的蛋白质、维生素、矿物质，以及脂肪中的不饱和脂肪酸等生命物质，成为人类生活中营养物质和美味佳肴的重要食品加工和烹饪原料，以及现代化食品工业和制药工业中的重要原料。随着世界经济的发展，水产品将对改善和开拓人类的食物结构，增强人类自身的健康，促进世界经济的发展，推动科学技术的进步起到至关重要的作用。

浩瀚的大海，纵横的江河，宽广的湖泊，平静的库区和港湾是水产品资源广泛分布的区域。世界海洋渔业方面，海洋性水产品资源主要分布在北太平洋西北部渔区的千岛渔场、北太平洋渔场和中国四大渔场；北大西洋渔区的北海渔场和加拿大湾渔场；太平洋东北部渔区的阿拉斯加湾渔场；大西洋中部渔区的墨西哥湾渔场；大西洋南部渔区的西非渔场等。尤其是海洋性天然渔场中的大陆架渔场（水深在200 m以下），汇集了来自陆地江河中的大量有机物，非常适合浮游生物的繁殖，成为海洋性动物摄食生长的肥活区域，由于大陆架的坡度平缓，水温较暖，风浪较小，海湾众多，岛屿密布，成为海洋性动物巡回繁殖、生长和栖息的场所，但是由于入海江河及沿海水质的污染，加上长期的超量捕捞，大陆架渔业资源日趋贫乏，许多经营鱼类已不能形成鱼汛，近年来随着各国开展的保护、开发和利用大陆架渔业资源，延长休渔期，人工渔场（人工礁渔场和人工增殖渔场）的建立，浅海滩涂的基围养殖，使大陆架渔场中的海洋性水产品得以更好的保护和开发。随着科学技术的发展，如卫星导航、声呐诱捕、雷达探测、原子能及现代化造船等技术的应用，深海渔场也得到了广泛的开发，深海渔业资源的开发有更加广阔的前景。

中国是世界水产资源的第三大国，在海洋渔业方面，中国的四大渔区，如渤海、黄海、东海、南海位于世界著名的北太平洋西北部渔区的南部，中国著名的海洋渔场有：渤海的渤海湾渔场、容城湾渔场、威海湾渔场、胶州湾渔场；黄海中南部渔场、长江口外渔场、海州湾渔场；东海的舟山渔场、吕泗渔场、台北渔场、温台渔场（温州与台湾之间）、广东汕头渔场、海南的珠江口外渔场、广东湛江东部沿海渔场、北部湾渔场；海南沿海渔场、南海中部渔场等。在淡水渔业方面，中国珠江水系中的北江、东江、西江，特别是珠江三角洲上的江河湖泊库区池塘是淡水渔业发达的地区，是中国重要的淡水鱼类的养殖基地。长江淮河水系中的长江、淮河、鄱阳湖、洞庭湖、太湖、洪泽湖、雀湖，以及江南著名的鱼米之乡的长江三角洲上的河流、湖泊库区池塘，是中国淡水养殖发达的地区和重要的鱼苗生产基地。黄河海河水系中的众多河流、库区、湖泊（河北的白洋淀、山东的微山湖、东平湖、南四湖）、池塘也是重要的淡水渔业地区。黑龙江辽河水系中的松花江、乌苏里江、嫩江、辽河、黑龙江、安达湖、兴凯湖、镜泊湖等的水库也是著名的淡水渔业的产区。在淡水渔业养殖方面，中国已成为世界性的大国，规模、品种、产量都居世界之最，近年来中国还从国外引进或培育了一些新的鱼类品种，将使中国淡水渔业养殖不断繁荣。

一、动物性水产的化学成分

动物性水产富含优质的蛋白质、脂肪（不饱和脂肪酸含量比例大）、矿物质、维生素等，有着极其重要的营养价值，同时部分水产其本身也含有一定成分的有毒物质，或者因污染和自身营养物质分解而带有一定数量的寄生虫和其他有毒物质。

（一）蛋白质

动物性水产品的肌体中含有丰富的蛋白质成分，主要为完全蛋白质（优质蛋白质），含有人体所需要的多种氨基酸，如组氨酸、乙氨酸、色氨酸、苯丙氨酸、亮氨酸、异亮氨酸、苏氨酸、精氨酸、谷氨酸、赖氨酸、甲硫氨酸等。蛋白质主要存在于动物性水产品的肌肉和皮肤组织中，组氨酸、赖氨酸、精氨酸、谷氨酸、色氨酸是鲜味的主要物质，新鲜动物性水产品可食部分的蛋白质含量一般为 $10\% \sim 25\%$，平均蛋白质含量为 16%，而干制品和腌制品中蛋白质含量一般为 $20\% \sim 70\%$，平均蛋白质含量为 58%，蛋白质在人体内的消化率可达 96%，是动物性食品原料中蛋白质含量最高的一大家族。

（二）脂肪

动物性水产品的肌体中含有少量的脂肪，但是脂肪中的成分多为不饱和脂肪酸，极易被人体吸收和利用，是人体必需的脂肪酸，动物性水产品中的不饱和脂肪酸如二十碳五烯酸（EPA）和二十二碳六烯酸（DHA），尤其是人类生命基础的重要构成物质，有着极大的营养价值。脂肪主要存在于动物性水产品的内脏、脊髓和脑中。新鲜动物性水产品可食部分的脂肪含量一般为 $0.5\% \sim 5.5\%$，平均脂肪含量为 3%，动物性水产品在产卵繁殖期间脂肪含量很高，如鲫鱼可达 20%，鲥鱼可达 17%，鲐鱼可达 9%，草鱼可达 8.9%，鲂鱼可达 16%，而部分动物水产品的脂肪含量几乎为零，但是在鱼子、蟹黄、虾籽、蚶子等肌体中的胆固醇含量较高，海蜇、海参、海洋鱼类和淡水鱼类鱼肉组织中的胆固醇含量较低。动物性水产品是动物食品原料中脂肪含量较低的一类。

（三）碳水化合物

动物性水产品的肌体中含有少量的碳水化合物，多以糖原的形式存在于动物水产品的肝脏、肌肉等组织中，新鲜的动物性水产品可食部分的碳水化合物含量一般为 $0.1\% \sim 5\%$，平均碳水化合物含量为 4%，糖原也是一种鲜味的呈味物质，中华绒螯蟹的碳水化合物含量为 7.4%，而牡蛎为 10.7%，鲳鱼为 6.2%，海鳗为 5.8%，甲鱼为 26%，鲫鱼为 5.8%。

(四)矿物质

动物性水产品的肌体中含有较为丰富的矿物质，如钙、磷、铁、钾、镁、钠、硒、碘等，其中海洋性水产品中的含碘量则高出其他陆地动物性、植物性食品原料 10 倍以上。

(五)维生素

动物性水产品的肝脏含有较为丰富的维生素 A、维生素 D，肌肉组织中还有一定量的维生素 B_1 和维生素 B_2，其中鲨鱼、鳕鱼的肝脏中的维生素 A 和维生素 D 的含量较大，马哈鱼的鱼子、鳇鱼的鱼子、虾籽、蟹籽中的维生素 A 和维生素 D 也有较高的含量。而由于大量的误食动物性水产品的肝脏也可能导致维生素 A 和维生素 D 中毒现象发生。

(六)水分

动物性水产品，尤其是鲜品，其肌体中的水分含量最大，水分的含量一般为 80%～80%，平均为 65%，因食品加工过程或烹饪过程中的加热原因，其损失的水分可达 10%～35%，但仍能保持食品原料肌肉组织的质地细嫩松软程度，在动物性水产品的肌肉组织的水分中有多种可溶性营养物质和鲜味的物质，食品加工中应充分地保持和利用，降低营养成分和鲜味物质的损失。

(七)其他物质

1. 组胺

某些动物性水产品中有含量较高的组氨酸，它是鲜味的重要呈味物，尤其是那些青皮红肉的马哈鱼、三文鱼、鲭鱼、鲐鱼、鲅鱼、秋刀鱼以及青皮白肉的虹鳟鱼、金枪鱼、沙丁鱼、虾、蟹、贝类、甲鱼、鳝鱼等，由于动物死亡后，在适合的温度下，组氨酸在分解酶的作用下，脱去羧基，被分解成组胺(秋刀鱼素)，组胺不但有极重的腥味，而且一定量的组胺也会引起人体食物中毒而死亡。组胺属于碱性物质，易溶于醇类物质中，易与酸进行化合。

2. 三甲胺

在动物性水产品中，其自身中的氧化三甲胺也是一种鲜味的呈味物质，动物死亡之后，氧化三甲胺在还原酶的作用下，极易还原成腥味较重的三甲胺，一定量的三甲胺也能引起中毒现象。三甲胺也属于碱性物质，易溶于醇类物质中，易与酸进行化合。

3. 河豚鱼毒素

河豚鱼毒素属于毒性极强的神经毒素，主要存在于河豚鱼的肝脏、鱼子、鱼皮、鱼骨、鱼卵巢、鱼脑、鱼鳃、鱼眼、鱼血液等组织之中，其中以鱼肝和鱼卵巢中的毒性最为强烈，新鲜的河豚鱼的肉质极其鲜美，因其毒性剧烈，加工不当，以及误食致人死亡的食物中毒事件时有发生。日本人有食河豚鱼的习惯，但是对河豚鱼的品种及新鲜程度则有严格的规定，加工制作河豚鱼的工作人员是经过严格培训的，在实际加工制作过程中严格按规则操作，河豚鱼肉达到符合食用的安全标准才能让客人食用。含有河豚鱼毒素的鱼有纯形目的虫纹东方豚、星斑东方豚、弓斑东方豚、双斑东方豚等海洋性鱼类。

此外，水产品中还有着丰富的 5-肌苷酸、5-鸟苷酸、琥珀酸、谷氨酸钠等多种鲜味呈味物，同时，因受环境污染等因素的影响，水产品中还带有一定数量的致病的寄生虫，如肝吸虫、肺吸虫、姜片虫，以及导致疾病和中毒的微生物，如副溶血性弧菌毒素、肉毒杆菌毒素等物质成分。

二、动物性水产品的种类划分

动物性水产品是动物性食品原料中的一大类群，有着众多的品种类别，为了便于系统、科学地掌握动物性水产品的有关知识，目前有以下几种分类形式。

(一)根据生物学分类

根据自然生物学中的生物进化，动物性水产品可分为鱼纲(软骨鱼纲和硬骨鱼纲)、节肢动物门、软体动物门、两栖纲、爬行纲、腔肠动物门、环节动物门、棘皮动物门等。

(二)根据商品学分类

根据市场中商品学的指示，一般习惯上把动物性水产品分为鱼类、虾类、蟹类、贝类、鳖类、其他类等。

(三)根据动物性水产品生长的环境分类

根据动物性水产品生长的环境可分为海洋性水产品(咸水)和陆生性水产品(淡水)。在浩瀚的海洋中生活着 20 多万种海洋生物，是我们食物来源的巨大宝库。随着人类科学技术的发展，将有更多的海洋性水产品被人类所认识、开发和利用。目前海洋性水产品中，其中鱼类有 2 万种，有商业价值的鱼类达 150 种，广泛地分布在世界各大海洋中。

海洋性水产品中的部分鱼类和虾类有着特殊的习性，即生殖回游和生长回游，回游是鱼类或虾类在一定的时期内，周期性集中向一定的方向迁移，而形成较为稳定的汛期，形成了稳定的捕捞季节。海洋性动物水产品主要是指生长在咸海中的海洋性生物，部分海洋性鱼类则可游至河口处，甚至可逆河而上，亲鱼在淡水中产卵，幼鱼入大海中生长，如三文鱼、马哈鱼、纫鱼、鲟鱼、银鱼等。陆生性动物水产品绝大多数没有回游的习惯，但是具有较强的而明显的产卵季节性，形成较稳定的捕捞季节，在陆生性动物水产品中，有少量的品种属于降河性动物，即生长在淡水中的江河中，而需要回游到大海之中产卵孵化的，幼苗再入江河中生长，如鳗鱼、河蟹等。近年来也有部分海洋性动物水产品在淡水中进行驯化养殖获得成功的，如淡水鲳鱼、淡水鲈鱼等。

(四)据食材原料的加工程度的分类

根据食品原料的加工程度可以分为鲜活类、脱水淡干制品(干货类)、复合制品类。

1. 鲜活类动物水产品

(1)鲜活类，主要是指经捕捞作业或采集后，至烹饪加工前，未经宰割、冷冻等加工处理的鲜活动物性水产品，如游水海鲜类(石斑、海鳗)、游水河鲜类(黑鱼、鲤鱼)、生猛类(龙虾、鲍鱼)。

(2)冷藏类动物性水产品，主要是指经捕捞作业或采集后，采用冰镇或冷藏的方法，使动物性水产品在 0℃～10℃范围内进行保鲜，使动物的组织结构保持相对稳定的状态，一般保鲜期为 48～72 小时，如鲜活的基围虾、鲍鱼、石斑。

(3)冷冻类动物性水产品，是市场上常见的品种，冷冻的品种有急冻和缓冻两种。急冻类的水产品是在捕捞采集后，经初步加工整理后，在短时间内，迅速使水产品的温度降至−20℃以下，急速冷冻，降低原料组织中细胞之间的张力的破坏程度，从而使其具有较强的持水能力，保持组织结构相对稳定，解冻后不会发生水分流失的脱水现象。缓冻类的水产品是在捕捞后采集之后，经初步加工整理后直接通过缓慢地降低温度，使其最终达到冷冻状态，因温度的缓慢降低，水产品组织结构中细胞间的自由水和细胞内的结合水，先后结成冰晶，相互挤压，使细胞膜的张力受到破坏，而发生破裂，细胞间的持水能力下降，解冻之后，易发生水分流失的脱水现象。

2. 脱水淡干制品（干货类）

动物性水产品经捕捞作业采集之后，经初步加工之后，直接利用晾干、晒干、烘干或盐水煮制加热后再经干制的方法加工而成，如海虹、干贝、鱼干等。

3. 复合制品类

由于加工方法不同，符合制品的品种有熏烤制品、鱼松制品、鱼糜制品、罐头制品等。

三、动物性水产品的种类代表

（一）鱼纲水产品的种类

鱼类是水产品中种系最为丰富的一类，鱼类属脊索动物门的生物物种，有软骨鱼类和硬骨鱼类两大类别。软骨鱼类起源于早期盾皮鱼类，它的骨骼多由软骨组成，鳃裂分别开口于体外，身体被有细小的盾鳞，化石最早出现于三亿五千万年以前，有些种类一直生存至今。由于长期的进化过程，软骨鱼类获得了一系列的特殊构成，补偿了它们器官构造的原始性，如神经和感觉器官的不断完善和发展，保证了它们在摄食、防敌、求偶方面的优势，又如体内受精或卵胎生，保证了胚胎的成活率，所以软骨鱼类仍然是现代鱼类中的重要类群之一。硬骨鱼类是鱼类中最为繁盛的一支，它的骨骼由于生物的进化演变而完全钙化变硬，鳃外有鳃盖覆盖，体形多样，能适应在不同的自然环境中生长繁殖，广泛分布在海洋和淡水之中。

鱼类的特征有纺锤形、侧扁形、扁平形、圆筒形等。纺锤形的鱼类，鱼体较长，鱼头部尾柄部较尖细，腹背较高，体侧较窄，胸鳍和尾鳍发达，是一种善于长距离游动的中上层鱼类，如金枪鱼、鲐鱼、鲅鱼、鲨鱼等。侧扁形的鱼类，鱼体一般较短，头部和尾柄较细，腹背最为宽广，体侧扁平，背鳍和臀鳍发达，是活动灵活的中上层鱼类，如鲳鱼、鲂鱼、加级鱼、带鱼、鲢鱼、鲤鱼等。扁平形的鱼类，鱼体较短，腹背较低，体侧较宽，尾鳍发达，是栖息于海洋及淡水中的底层鱼类，如牙鲆鱼、比目鱼等。圆筒形的鱼类，鱼体较长，鱼腹背部呈近圆筒形，尾部稍侧扁，是多数栖息于海洋及淡水底层的鱼类，如海鳗、河鳗、乌鳢等。

鱼类的外部器官有鳃、鳍、触须、鳞、口、眼、侧线等。鱼鳃是鱼类的呼吸器官，同时由于呼吸过程中水的交换作用，向后喷射也是运动的辅助器官。鱼鳞是鱼体的保护器官。鱼鳍中的背鳍是鱼类保持身体平衡的器官，尾鳍是推进和转向作用的运动器官，胸鳍、腹鳍、臀鳍是平衡身体或运动的器官。鱼的触须是鱼的嗅觉器官。鱼口是摄食和呼吸器官。鱼的侧线是鱼感应水温的感觉器官。鱼眼是鱼的视觉器官。

由于现代化科学技术广泛用于鱼类资源的保护、开发和利用，以及捕捞业、养殖业、国际贸易大规模的发展，将会有众多的鱼类品种进入中国的市场，成为有经济价值的商品。

1. 鲨鱼

鲨鱼也称"沙鱼"，古称鲛鱼，属脊索动物门软骨鱼纲鲨科鱼类的统称，是海洋性中上层具有珍贵经济价值的鱼类。鲨鱼的体形呈纺锤形，体侧有两列鳃裂，无鳃盖，鳃裂有5～6个，背鳍一两个，胸鳍和尾鳍较为发达，鱼头部和尾柄较尖细，鱼口位于头部的下端，体表覆盖较厚的沙层，身体的颜色有青色、灰色和白色等，见图2-42。鲨鱼属食肉洄游性鱼类，猎食和产卵方式多样，部分鲨鱼性情凶猛残暴袭击人类，是海洋鱼类的天敌。鲨鱼在世界范围有三四百种之多，是鱼类家庭中最为活跃和体形较大的一族，鲨鱼遍及世界各大海洋之中，无论深海、浅海、大陆架，甚至港湾及河流入海口处都有鲨鱼出没的身影，中国四大海域的渤海、黄海、东海和南海的水域之中生存着的品种有170余种，其中具有经济价值的品种只有灰鲨、青鲨、真鲨、老鲨、星鲨、角鲨、虎鲨、皱唇鲨、豹纹鲨、双髻鲨等，目前中国市场上具有经济价值的品种，主要为人工孵化海水养殖的狭纹虎鲨、条纹竹斑鲨等小型鲨鱼。鲨鱼制品的品种有鱼皮、鱼骨、鱼脑骨、鱼鳃骨、鱼翅（鱼鳍）、鱼唇等淡干制品，为食品制作及中餐烹饪中的珍贵食材原料，此外由鱼骨和鱼皮制成的鱼胶粉和鱼胶片也有上市，从鱼肝中提取的鱼肝油等是食品工业和医疗药物中的重要生物原料。中国市场上作为食材原料的品种除中国东南沿海出产的部分品种以外，其余多为大西洋、南太平洋、印度洋的热带、亚热带海域出产的鲨鱼制品。鲨鱼的主要营养价值：可食部分为55%，其中水分为77%，蛋白质为21%，脂肪为0.7%。

图2-42　鲨鱼

2. 鳐鱼

鳐鱼又称鲂鱼，属软骨鱼类，是海洋中底层有一定经济价值的鱼类。一般鳐鱼的口和鳃孔位于腹部，体形呈扁平形（圆形或菱形），尾部延长呈尖状，细小呈鞭状，鳃孔5个，绝大多数鳐鱼的鱼鳍呈边群状，分布在宽大鱼体的两侧。见图2-43。鳐鱼属食肉性中大型洄游性鱼类，多栖息在大陆架海域的底层，由于捕捞困难，产量较少，商业价值较低，鳐鱼的鱼骨、鱼皮、鱼鳍的淡干制品为中餐烹饪中的珍贵食材原料。中国有近80余个鳐鱼品种，主要分布在东南部沿海水域。鳐鱼的主要营养价值：可食部分为50%，其中水分为70%，蛋白质为21%，脂肪为0.4%。

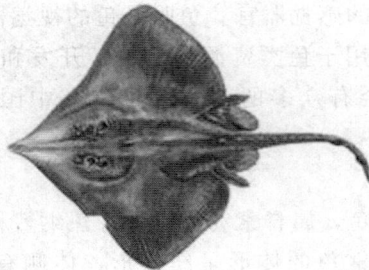

图2-43　鳐鱼

3. 虹鱼

虹鱼也称"草帽鱼""老板鱼"，属软骨鱼纲虹科鱼类，是海洋底层有一定经济价值的鱼类。虹鱼体形扁平，体面呈圆形或斜方形，尾部呈细尖的鞭状，鳃孔 5 对位于腹部，口小位于腹部，体背成褐色，背鳍、尾鳍退化，呈裙状的鱼鳍发达，见图 2-44。尾刺有毒，人被其棘刺后会出现剧痛和红肿，虹鱼有赤虹、尖嘴虹、光虹等品种，主要分布在中国东南部沿海水城中，在淡水中，仅有少数品种分布在珠江水系的西江之中。虹鱼的营养价值：可食部分为 75％，其中水分为 77％，蛋白质为 19％，脂肪为 2.7％，碳水化合物为 0.25％。

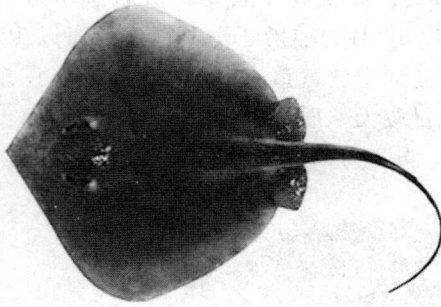

图 2-44　赤虹

4. 小黄鱼

小黄鱼别称小鲜、小黄花鱼，硬骨鱼纲鲈形目石首科黄鱼属，为海底层结群食肉洄游性鱼类，是中国主要海洋经济鱼类之一，有着重要的经济价值。小黄鱼鱼头较大，鱼鳞较多，身体色泽淡黄，体形较小，体长 15 cm 左右，体形稍侧扁，口大尾圆，背鳍较长与尾鳍相邻，见图 2-45。小黄鱼肉质鲜嫩，呈蒜瓣状，刺小肉多。主要产区有东海浙江的嵊泗渔场、宁波的沿海渔场、江苏的吕泗渔场、黄海及渤海渔场。另外山东、浙江、江苏的沿海水域都有出产。每年 3—5 月为春汛，9—10 月为秋汛，以黄海、渤海渔场的产量最大。主要营养价值：可食部分为 63％，其中水分为 77％，蛋白质为 17％，脂肪为 3％，碳水化合物为 0.25％。

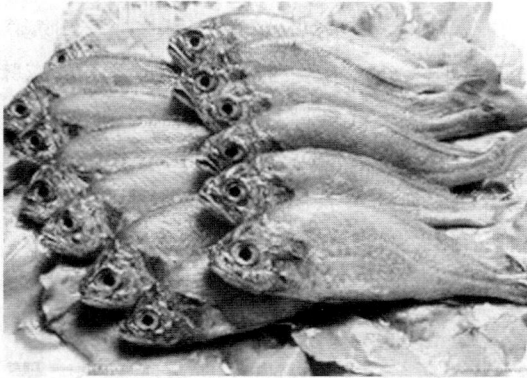

图 2-45　小黄鱼

5. 大黄鱼

大黄鱼别称大鲜、大黄花鱼、大王鱼，硬骨鱼纲鲈形目石首科黄鱼属，为海底层结群食肉洄游性鱼类，为中国主要海洋经济鱼类之一，有着重要的经济价值。大黄鱼与小黄鱼体形极为相似，但形体的大小有明显的不同，大黄鱼体形较大，体长 30～50 cm，重400～800 g，大者可达 4000 g，鱼头较大而尖，吻钝圆，眼侧上拉，下颌稍突出，无须唇为橘红色，尾鳍呈楔状，体侧呈黄褐色，腹面金黄色，体稍侧扁，鳞片较小，见图 2-46。肉质细嫩、鲜美，呈蒜瓣状，刺小肉多。春季大黄鱼产卵结群洄游，内外海游向沿海水域而形成汛期（春汛），产卵后分散索饵，秋季结群由沿海水域游向岛水域，浙江沿海水域、福建沿海水域、山东沿海水域、长江口外渔场及吕泗渔场为主要产区，3－5 月为春汛，9－10 月为秋汛，广东沿海以 10 月为捕捞旺季，福建沿海以 12 月为捕捞旺季，浙江、江苏沿海的 5 月为捕捞，以浙江的宁波黄鱼、福建宁德黄鱼、广东和广西的南海黄鱼、江苏的吕泗大黄鱼最为著名。产量较大，质量最佳。主要营养价值：可食部分为 66％，其中水分为 77％，蛋白质为 17％，脂肪为 2.6％，碳水化合物为 0.6％。

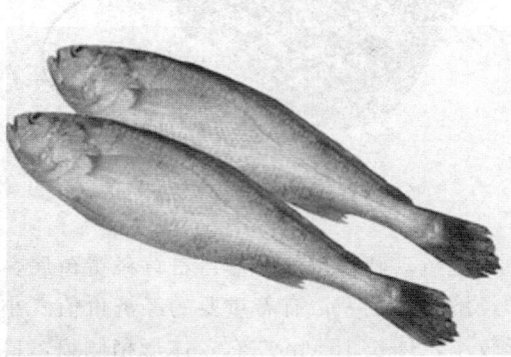

图 2-46　大黄鱼

6. 带鱼

带鱼别称白带鱼、青宗带、牙带、海刀鱼、鳞刀鱼、裙带鱼、净海龙等，硬骨鱼纲鲈形目带鱼科带鱼属，是暖水性中上层食肉洄游性鱼类，带鱼为中国主要海洋经济鱼类之一，有着重要的经济价值。带鱼体呈长带形，体侧基扁，体长 60～110 cm，口大头尖，下颌长于上颌，牙齿尖利，口大眼大，背鳍与背同长至尾尖，无腹鳍，尾鳍呈鞭状，体表为银白色细鳞，无角质鳞片，见图 2-47。肉质较嫩，刺少肉多，滋味鲜美。渤海的山海关、青岛、烟台，黄海的连云港，南海的北部湾、奥西渔场，东海的福建平潭、浙江宁波沿海渔场产量较大，以山海关出产的质量最好。4－5 月为春汛，11－12 间为冬汛，冬汛产量最大，品质最佳。主要营养价值：可食部分为 76％，其中水分为 72.1％，蛋白质为18.3％，脂肪为 7.2％，碳水化合物为 0.5％。

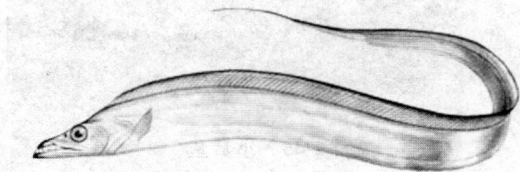

图 2-47　带鱼

7. 鲐鱼

鲐鱼别称鲭鱼、鲐巴鱼、花鲱、青花鱼、青油筒鱼、花鲐鱼，硬骨鱼纲鲈形目鲭科鲐鱼属，是海洋暖水性中上层食肉结群洄游性鱼类。鲐鱼为中国主要海洋经济鱼类之一。鲐鱼体呈纺锤形，体长 30～40 cm，头大近圆锥形，吻尖口大，体背细小圆鳞，尾柄较细，尾鳍呈燕尾形（叉形），体背部为青蓝色，腹部为银灰色，体侧有深蓝色波纹，属青皮红肉鱼类，肉质坚实，刺少肉多，肉色较红，体侧扁圆，第二背鳍和臀鳍后方各有 5 个小背鳍，见图 2-48。以渤海的秦皇岛、营口、青岛、烟台，东海浙江的宁波、江苏连云港、福建厦门等沿海渔场为主要产区，5－7 间为生产旺季。主要营养价值：可食部分为 63％，其中水分为 68％，蛋白质为 19.4％，脂肪为 3.8％，碳水化合物为 9.7％。

图 2-48 鲐鱼

8. 鲅鱼

鲅鱼别称燕鱼、巴鱼、马鲛、蓝点鲅、蓝点马鲛、斑点马鲛，硬骨鱼纲鲈形目鲭科鲅鱼属。是海洋暖水中上层结群洄游食肉性鱼类。鲅鱼为我国主要海洋经济鱼类之一，有着重要的经济价值。鲅鱼体呈纺锤形，体长 20～60 cm，体侧扁圆，头长吻尖，口大斜裂，鳞细小或退化呈软鳞，体背部位青褐色，腹部为银灰色，有黑蓝色斑点，尾柄上下有 8 对小鳍，尾鳍呈燕尾形（叉形），见图 2-49，肉多刺少，肉色微红，肉质坚实。渤海和黄海渔场为主要产区，以河北秦皇岛、山东青岛、浙江宁波、福建平潭为代表产地，4－5 月和 8－9 月为生产旺季。主要营养价值：可食部分为 79％，其中水分为 75％，蛋白质为 20％，脂肪为 4.5％，碳水化合物为 2.4％。

图 2-49 鲅鱼

9. 鲳鱼

鲳鱼别称仓鱼、平鱼、镜鱼、车扁鱼，硬骨鱼纲钙形目鲳鱼属，为海洋中上层暖水结群食肉洄游性鱼类，鲳鱼属中的银鲳为上等经济鱼类，产量较大，金鲳为珍贵鱼类，产量较小，南美的淡水银鲳、黑鲳在中国已推广养殖，获得成功。鲳鱼体呈卵圆形，体侧扁而高，体长 20～30 cm，头口眼均小，吻短圆，背部隆凸，体被细小鳞层，胸鳍较长，无腹鳍，臀鳍与尾鳍相连，尾鳍呈叉状（燕尾），尾柄较细，银鲳体色呈银灰色，金鲳体色呈淡黄色，肉质洁白，骨少肉多，细嫩鲜美，见图 2-50。渤海、黄海、东海、南海的大陆沿海均有出产，以东海为主要产区，以山东青岛、浙江宁波、福建晋江为代表产地，3－6 月为捕获旺季，产量较大。主要营养价值：可食部分为 74％，其中水分为 72％，蛋白质为

18%，脂肪为 7.8%，碳水化合物为 0.6%。

图 2-50　鲳鱼

10. 黄姑鱼

黄姑鱼别称铜罗鱼、春水鱼，硬骨鱼纲鲈形日石首科黄姑鱼属，为海洋性底层结群暖水食肉洄游性鱼类，是中国著名的经济鱼类。黄姑鱼体形与大黄鱼相似，鱼体侧扁，体长 25~30 cm，鱼头较大而尖，吻短圆，眼侧上位，下颌稍突出，唇呈橘红色，尾鳍楔状，体色呈黄褐色，体侧有深褐色细条斜纹，见图 2-51。鳞片细小，肉质细嫩鲜美呈蒜瓣状，刺少肉多。渤海的秦皇岛、烟台，东海宁波为主要产区，以 5—6 月为生产旺季。主要营养价值：可食部分 63%，其中水分为 74%，蛋白质为 18.4%，脂肪为 7%，碳水化合物为 0.9%。

图 2-51　黄姑鱼

11. 鳓鱼

鳓鱼别称曹白鱼、快鱼、绘鱼、鲞鱼、白鳞鱼，硬骨鱼纲鲱形目鳓鱼属，为海洋性中上层结群暖水食肉洄游性鱼类，是中国主要的具有海洋经济价值的鱼类。鳓鱼身体长而宽阔，体形侧扁，体长 17~40 cm，口向上翘，口裂垂直，脊鳍与尾鳍和体背为淡黄绿色，腹部银灰色，腹鳍很小，臀鳍特长，脊鳍较小，尾鳍呈叉形，见图 2-52。产卵季节的鳓鱼的鳞下脂肪含量极为丰富，肉质极其鲜美，肉质细嫩，但刺多而细软。以渤海的秦皇岛生产的质量最佳，福建、广东、江苏、浙江、广西沿海的产量较大，汛期在 3—6 月和 9—11月，其中以 3—6 月春汛产的质量最佳。主要营养价值：可食部分为 71%，其中水分为 71.1%，蛋白质为 20.7%，脂肪为 8.5%。

图 2-52　鳓鱼

12. 大马哈鱼

大马哈鱼别称大麻哈鱼、果多鱼、乌苏大麻哈鱼、孤东鱼，硬骨鱼纲鲱形鲑科马哈鱼属，为海洋性冷水中上层溯河长距离洄游食肉性鱼类，是世界上的珍贵鱼类，有着重要的经济价值。产卵前期，亲鱼从北纬35°以北的太平洋水域结群，于7—8月绕经千岛群岛东侧，长途跋涉抵达俄罗斯与日本之间鄂霍茨克海水域，绕库页岛溯乌苏里江而上，游至河水清澈的砾石质底上游河流，在9—10月产卵，由于千里迢迢的长途跋涉，产卵后的亲鱼精疲力竭，被细菌感染后而成群死亡，卵经冬季在冰下孵化后，翌年成长为幼鱼，春暖河开的时候，在4—5月幼鱼顺江河徐徐而下，出河口入大海，经长途游至北纬35°以北栖息水温不超过20℃的太平洋水域中生长，生长3～4年性成熟后便又开始重归故土繁殖后代。大马哈鱼体呈纺锤形，身体稍侧扁，口裂很大，上下颌不相吻合，各有一列利齿，体被小圆鳞，生殖季节体色由黄绿色转为暗红色或青黑色，腹部银灰色，胸鳍、腹鳍和背鳍较小，尾鳍呈叉形较发达，见图2-53。由于马哈鱼耐寒性极强，肌肉间红蛋白比例大，肉质色泽淡红，肉质细嫩鲜美，刺少肉多，马哈鱼体长40～60 cm，属大中型经济鱼类，马哈鱼鱼卵又名虹鱼子，是世界上著名的海鲜珍品。以乌苏里江、黑龙江水域为主要产地，近年来中国的远洋捕捞作业，已能到达北太平洋进行捕捞作业，利用海洋淡水网箱养殖也有一定的出产，以9—10月的秋汛为生产旺季。主要营养价值：可食部分为72%，其中蛋白质为17%，脂肪为8.7%。

图 2-53　大马哈鱼

13. 三文鱼

三文鱼别称细鳞鱼、红点鲑鱼，硬骨鱼纲鲱形科三文鱼属，为海洋性冷水中上层溯河长距离洄游食肉性鱼类，是世界上著名的珍贵鱼种，有着极大的经济价值。三文鱼的生活习惯与马哈鱼相同。鱼体呈纺锤形，身体稍侧扁，口裂很大，上下颌对称，体被细小圆鳞，体色呈青蓝色，有红棕色的小斑点，肉质呈淡红色，体长40～60 cm，产区以美国、加拿大、挪威、英国的河口处为主，9—10月为出产旺季，中国市场上的三文鱼的代表品种有挪威三文鱼、美国三文鱼、加拿大三文鱼、苏格兰三文鱼，见图2-54。主要营养价值：可食部分为79%，其中水分为76%，蛋白质为18%，脂肪为8.7%。

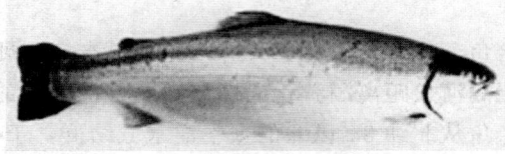

图 2-54　三文鱼

14. 鲈鱼

鲈鱼又名花鲈、鲈子、鲈板、花寨，硬骨鱼纲鲈形目鳍科鲈鱼属，为海洋中下层食肉洄游性鱼类，鲈鱼为大中型名贵鱼类。鱼体较长，身体稍侧扁，口大，下颌突出，体背青灰色，背部和背鳍上有小黑斑点，鳞片细小，腹部银灰色，刺少肉多，肉色洁白细嫩鲜美，见图 2-55。渤海、黄海、东海均有出产，以辽宁的大东沟、山东的羊角沟、天津的北塘、福建晋江出产的量大质好，4—6 月为生产旺季。中国的淡水野生松江鲈鱼，已被列入省级保护动物，市场上人工养殖的淡水品种是美国加州鲈鱼。主要营养价值：可食部分为 58%，其中水分为 76.4%，蛋白质为 18.6%，脂肪为 3.4%，碳水化合物为 1.2%。

图 2-55　鲈鱼

15. 真鲷

真鲷又名鲷、加吉鱼、铜盆鱼，硬骨鱼纲鲈形目鲷科真鲷属，为海洋底层结群食肉暖水性近海洄游鱼类，真鲷为中国珍贵经济鱼类。真鲷体呈侧扁形，体长 30～50 cm，头长口小，体背细鳞，背鳍、臀鳍有硬棘，体色有淡红、淡青色，眼较大，肉质洁白细嫩鲜美，肉多刺少，见图 2-56。以渤海出产的较为著名，以山东的青岛和烟台、河北的昌黎、福建的晋江和厦门、广东的南奥为代表产地。5—6 月为捕获旺季。主要营养价值：可食部分为 65%，其中水分为 75%，蛋白质为 18%，脂肪为 2.6%，碳水化合物为 2.1%。

图 2-56　真鲷

16. 鲥鱼

鲥鱼又名时鱼、三来、三黎鱼，硬骨纲鲱形目鲱科鲥鱼属，为近海溯河洄游中上层食肉暖水性海洋鱼类。鲥鱼是中国的名贵鱼类。鲥鱼形体呈侧扁形，体长 40 cm 左右，长可达70 cm，头背光滑，吻尖，口大无齿，鳞片较大而薄，具有明显的细纹分布，体背为银灰色，腹部为白色，见图 2-57。肉质洁白，细嫩鲜美，刺多肉软。渤海、黄海、东海、南海均有出产，浙江的富春江鲥鱼、江苏的镇江鲥鱼、广东的珠江鲥鱼的品质较高、产量较大，4－6 月的端午时节为出产旺季，此时鱼肉质中及鳞下的脂肪含量最高，肉质极其鲜美细嫩。主要营养价值：可食部分为 68％，其中水分为 64％，蛋白质为 17％，脂肪为17％，碳水化合物为 0.4％。

图 2-57　鲥鱼

17. 鮸鱼

鮸鱼又名米鱼、鳘鱼，硬骨鱼纲鲈形目石首科鮸鱼属，为底层结群食肉性暖温水洄游海洋性鱼类。鮸鱼为中国重要的经济鱼类。鮸鱼鱼体呈椭圆形，身体稍侧扁，体长 45～55 cm，最长可达 80 cm，鱼体体侧为暗棕色，腹部为银灰色，身体密鳞，尾呈楔状，形状似大黄鱼，见图 2-58。肉质洁白，细嫩鲜美，呈蒜瓣状，肉多刺少。中国东海与黄海交界处为世界著名的鮸鱼渔场，9－10 月秋汛为出产旺季，以福建沿海及台湾海峡水域产量最大，品质最佳。主要营养价值：可食部分为 73％，其中水分为 78％，蛋白质为 18.3％，脂肪为 1.7％，碳水化合物为 0.1％。

图 2-58　鮸鱼

18. 鳕鱼

鳕鱼又名明太鱼、大头鳕、大头鱼、大口鱼、大口青，硬骨鱼纲鲈形目鳕科鳕鱼属，为冷水性海洋底层结群食肉洄游性鱼类。鳕鱼为中国主要经济鱼类之一，有一定的经济价值。鳕鱼鱼体稍侧扁，头大尾小，体长40～50 cm，黑线鳕体侧部灰褐色，有暗色斑点和条纹，鳞片细小，肉质结实色泽洁白，呈蒜瓣状，肉多刺少，滋味鲜美，见图2-59。黄海北部渔场为重要产地，东海北部也有少量出产，品种为黑红鳕，以3—5月的春汛为生产旺季。此外，市场还有进口品种银线鳕。主要营养价值：可食部分为48％，其中水分为77％，蛋白质为20％，脂肪为0.5％，碳水化合物为0.5％，维生素A和维生素D在鱼肝组织中含量最多，是提取生物药物鱼肝油的重要原料。

图 2-59   鳕鱼

19. 海鳗

海鳗又名狼牙鳝、牙鱼、龙鱼追，硬骨鱼纲鲈形目鳗鲡科海鳗属，为海洋性中下层暖温水食肉洄游鱼类，海鳗为中国名贵经济鱼类。海鳗鱼体呈近圆筒状，尾端为侧扁形，长100 cm左右，有的体形更大，鱼头较小，体侧有银灰色和棕褐色品种，腹部色浅，棕褐色的海鳗有深色斑点，背鳍长与尾鳍相通，臀鳍长并与尾鳍相通，无腹鳍，无硬鳞，口有利齿，性情凶猛，肉质坚实，色泽洁白细嫩，骨少肉多，滋味鲜美，见图2-60。东海与南海交界处的浙江、福建、广东沿海为主要产区，以山东的青岛和烟台、江苏的长江口外渔场、浙江的宁波、福建的厦门和晋江为代表产地，4—5月的春汛为生产旺季，9—10月间秋汛也有出产，目前已有人工利用海水网箱养殖品种供应市场。主要营养价值：可食部分为71％，其中水分为72％，蛋白质为18.6％，脂肪为7.2％，碳水化合物为1.4％。

图 2-60   海鳗

20. 鲻鱼

鲻鱼又名乌鱼、尖头鱼、鱼追鱼、白眼鱼、沙丁鱼、蛇鲻，硬骨鱼纲鲈形目鲻科鲻鱼属，为海洋底层暖水性食肉洄游鱼类。鲻鱼为中国东海和南海的上等经济鱼类。鲻鱼鱼体较长，鱼体近圆筒形，尾部稍侧扁，体长约 50 cm，银灰色的鱼体表层有暗色纵纹，头部较平扁，眼睑发达，眼较大，背鳍两个，尾鳍呈叉形，肉质坚实，色泽洁白，肉多刺少，滋味鲜美，见图 2-61。以东海、南海，其中以广东沿海的港湾中出产最多，3－4 月的春汛为出产旺季。主要营养价值：可食部分为 73%，其中水分为 74.2%，蛋白质为 21%，脂肪为 2.7%，碳水化合物为 1.2%。

图 2-61　鲻鱼

21. 鲱鱼

鲱鱼又名青鱼，硬骨鱼纲鲈形目鲱科鲱鱼属，为海洋上层冷水性鱼类，以海洋中的浮游生物为食。鲱鱼是世界上重要的经济鱼类之一。鲱鱼鱼体稍侧扁，体长约 40 cm，体背部呈青黑色，腹部青白或银灰色，眼睑较大，腹部有细软的棱鳞，鱼鳞密集整齐，鱼体侧线平直，尾鳍呈叉状，头小而尖，见图 2-62。肉质细嫩鲜美，肉多刺少。以北太平洋海域为主要产地，中国的渤海、黄海的产量较多，汛期为 3－5 月的春汛、10－11 月的秋汛，冬汛也有出产。主要营养价值：可食部分为 65%，其中水分为 63%，蛋白质为 25%，脂肪为 9.8%。

图 2-62　鲱鱼

22. 牙鲆鱼

牙鲆鱼又名比目鱼、偏口、牙偏、左口鱼、花布鲆，硬骨鱼纲鲽形目鲆科牙鲆属，为海洋底层暖水食肉近海洄游性鱼类，牙鲆鱼为中国的名贵经济鱼类。牙鲆鱼身体呈扁平形而不对称，两眼在左侧，口前位，下颌稍有突出，前鳃盖骨边缘游离，鱼体上面呈黑褐色，身被细小鳞片，腹部呈黄白色、背腹鳍变长与尾柄相连，尾鳍发达呈圆形。牙鲆子鱼是左右对称的鱼，生活在上层水域，经 6 个月的生长后子鱼沉入水底，身体变态后眼睛转为一侧（左），潜伏于泥沙质海底中集群生长。牙鲆鱼肉质洁白，细嫩鲜美，肉多刺少，见图 2-63～图 2-65。产区为黄海、渤海渔场，其中以秦皇岛产的质量最好，以 5－6 月、10－11 月为出产旺季。主要营养价值：可食部分为 77%，其中水分为 73%，蛋白质为 23%，脂肪为 1.1%，碳水化合物为 0.5%。

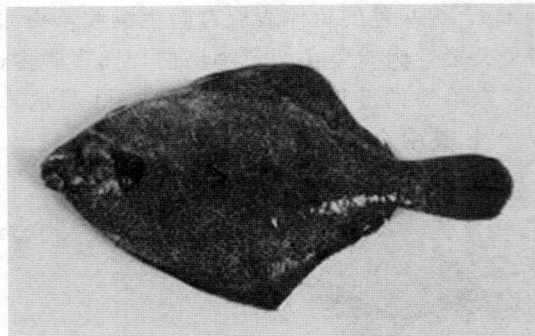

图 2-63　比目鱼

图 2-64　龙利鱼

图 2-65　多宝鱼

23. 舌鳎鱼

　　舌鳎鱼又名鳎目、牛舌鳎、挞沙鱼，硬骨鱼钢鲽形目鳎科舌鳎属，为海洋底层结群暖温水食近海洄游鱼类，舌鳎鱼为中国的名贵经济鱼类。舌鳎鱼体呈扁平形，身体不对称，两眼均在右侧，口眼均小，口前位或下位，下颌不突出，吻部有时呈钩状下弯，背鳍胸鳍延长至尾柄，尾鳍发达呈圆形，身背细鳞，体面向上一侧色泽棕褐，体面向下一侧呈黄白色，见图 2-66。舌鳎鱼的生活生长习性与牙鲆鱼相似，舌鳎鱼肉质洁白细嫩，滋味鲜美，肉多刺少。渤海、黄海、南海的沿海水域及港湾中均有出产，以河北秦皇岛和海南狮子岛、山东的青岛、福建的宁德出产的最好，9—10 月的秋汛为出产旺季。主要营养价值：可食部分为 71％，其中水分为 80％，蛋白质为 17.7％，脂肪为 1.5％，碳水化合物为 0.1％。

24. 梭鱼

　　又名支鱼、红眼鱼、肉棍子，硬骨鱼纲鲻形目，为海洋性中上层结群食肉洄游暖水性鱼类，梭鱼为中国的经济鱼类之一。梭鱼鱼体近筒形，形体呈梭状，长约 50 cm，体侧呈银灰色，眼上缘呈红色，头宽而稍平扁，口端位，眼睑不发达，背鳍两个，尾鳍呈叉状，肉多刺少，肉质结实细嫩而鲜美，见图 2-67。渤海、黄海、东海、南海均有出产，以东海近岸的河口处出产较多，3—5 月的春汛、9—10 月的秋汛为出产旺季。主要营养价值：可食部分为 76%，其中水分为 78.8%，蛋白质为 18.9%，脂肪为 1.7%。

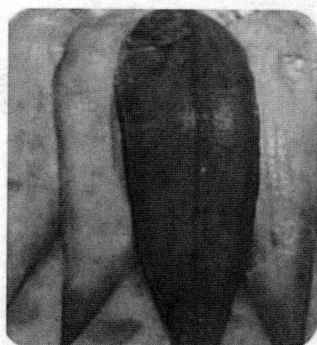

图 2-66 舌鳎鱼

图 2-67 梭鱼

26. 凤鲚

凤鲚又名鲚鱼、凤尾鱼、烤子鱼，硬骨鱼纲鲱形目鳀鱼科鲚属，为海洋上层近海溯河洄游性小型鱼类，是中国华东沿海地区的重要经济鱼类。凤鲚体长侧扁，长 10～19 cm，吻短圆，口下位，体背细小的圆鳞，腹缘有棱鳞，臀鳍与尾鳍下叶相连，尾鳍细小呈尖状，体色银白、体背淡绿色，见图 2-68。肉嫩骨软，滋味鲜美。东海的沿海河口处为主要产地，以浙江温州瓯江、福建闽江等河口地区出产的最为著名，3－6 月春夏之间洄游入河处形成鱼汛，凤鲚为食品加工的重要原料。主要营养价值：可食部分为 86%，其中水分为 74.2%，蛋白质 14.7%，脂肪为 4%，碳水化合物为 4.7%。

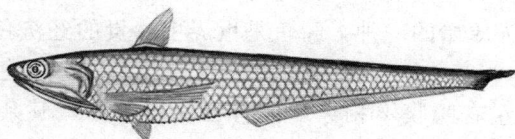

图 2-68 凤鲚

27. 刀鱼

刀鱼又名刀鲚，硬骨鱼纲鲱形目鳀鱼科鲚属，刀鲚与凤鲚同为鲚属鱼类，为海洋上层近海溯河洄游性小型鱼类，是中国长江下游水域的重要经济鱼类。刀鱼与凤鲚形态相似，鱼体延长、鱼身侧扁、鱼尾部尖细，鱼体呈刀状，体长 12～35 cm，吻圆突，上颌骨末端伸到胸鳍基底，体呈银灰色，见图 2-69。肉嫩骨软，肉质滋味鲜美。东海的长江口外、长江下游为主要产区，以江苏镇江生产的最为著名，3－6 月的春夏之间为出产旺季，江苏有"刀鱼不过清明"之说，清明之前刀鱼的品质最佳，肉嫩骨软，清明之后的刀鱼，肉老骨硬。主要营养价值：可食部分为 86%，其中水分为 74.2%，蛋白质为 14.7%，脂肪为 4%，碳水化合物 4.7%。

图 2-69 刀鱼

28. 鲖鱼

鲖鱼又名鮠鱼、长吻鮠鱼、江团、白吉、义尾鲖，硬骨鱼纲鲤形目鲿科鮠属，为近海海洋游及淡水中型鱼类，是中国长江流域的珍贵经济鱼类。亲鱼鱼体延长，前部近圆筒形，后部稍侧扁，体长者可达 60 cm，一般体长为 30～40 cm，吻圆突，口腹位具须 4 对，鱼体裸露无硬鳞，背鳍和臀鳍均有硬棘，脂鳍低而延长，体侧和背部为青灰色，腹部为银灰色，尾柄较细，尾鳍呈叉状，见图 2-70。亲鱼肉质细嫩坚实，滋味鲜美，肉多骨少，色泽洁白。以长江入海口、闽江入海口、长江上游等地为主要产区，以江苏镇江出产的最为著名，现有淡水人工孵化养殖品种上市，汛期以 4－5 月为出产旺季。主要营养价值：可食部分为 70％，其中水分为 80％、蛋白质为 14％、脂肪为 4.7％、碳水化合物为 0.9％。

图 2-70　长吻鮠鱼

29. 鲟鱼

鲟鱼软骨硬鳞类鲟科的鱼类统称，为近海海洋洄游及淡水大型底层食肉性鱼类，鲟鱼的鱼体构造是鱼类中较为原始的一种，鲟鱼是世界上珍贵的经济鱼类。鲟鱼鱼体较长，一般为 100 cm，大者可达 300 cm，一般体背色泽呈青黑色，腹部色泽较白，吻尖突，口小腹位，口前具须两对，左右鳃膜不相连，体背五纵行硬甲，其余身体裸露无鳞，肉质坚实，色泽淡红，嘴部脊骨软脆，肉多骨少，滋味鲜美，见图 2-71。中国鲟鱼有黑龙江鲟、扬子江白鲟、中华鲟，野生的鲟鱼已被列入国家级保护动物。黑龙江鲟是长寿的淡水鱼类，栖息于长江流域水质清澈的中层或底层，3－4 月溯至长江上游产卵。中华鲟是长江

图 2-71　鲟鱼

流域及东海、南海近海一种大型珍贵鱼类，最大的中华鲟体重可达 500 kg 以上。中华鲟的性成熟一般需要 10 年以上，成熟的亲鲟每年夏秋季集群由沿海水域或河口处逆长江而上，游至长江上游的四川合江、金沙江下游屏山江段堆石湍流的江河底层进行产卵，产卵期为 8 月上旬或 10 月上旬，产卵数可达 120 万粒，寒露一到，产卵后的亲鲟迅速顺江而下入海育肥越冬，仔鲟孵出后，顺江而下，在长江中下游一带摄食成长，翌年的 6－7 月由河口入大海生长，鲟鱼在生命周期中主要在海洋中生长，近年来随着鲟鱼的保护与开发，人工育苗，放流增殖，除中国的长江沿江可捕获到以外，在长江口外渔场、浙江舟山渔场、浙江、福建、广东的沿海水域以及钱塘江、珠江、西江也有鲟鱼的出没。

30. 金枪鱼

金枪鱼又名鲔鱼、白卜、吞拿鱼（译音），硬骨鱼纲鲈形目鲭科金枪鱼属，为海洋暖水中上层结群食肉洄游性中大型鱼类。金枪鱼是世界上著名的经济鱼类，金枪鱼鱼体呈纺锤形，长约 50 cm，重达 10～20 kg，大者可长达 100 cm，重达 50 kg，体形较大，体背和体侧的色泽为青褐色或蓝黑色，背侧有若干条黑色斑纹，吻尖头大，尾柄较细，尾鳍呈叉尾状，背鳍与臀鳍的后方各有七八个小鳍，腹鳍间突分离为二，金枪鱼肉质较坚实，肉质色泽洁白，滋味鲜美，是珍贵的食品原料，见图 2-72。东海、南海的沿海水域有所出产，以世界热带海洋的南太平洋、印度洋水域最为盛产，中国的远洋捕捞作业已能捕获南太平洋金枪鱼，市场上也有少量鲜品及制品的进口，5－6 月和 9－10 间为出产旺季。主要营养价值：可食部分为 74％，其中水分为 71％，蛋白质为 22％，脂肪为 2.9％，碳水化合物为 0.6％。

图 2-72　金枪鱼

31. 石斑鱼

石斑鱼硬骨纲鲈形目鲭科石斑鱼属的统称，有老鼠斑（王者之尊）、大杉斑、青斑、红斑、赤尖红斑、老虎斑、蓝点斑、七星斑、油斑、黑石斑、泥斑等。石斑鱼为海洋暖水中下层大中型食肉洄游鱼类，为中国珍贵的经济鱼类。石斑鱼的体形中长，呈纺锤形，体稍侧扁，色彩随海洋的环境等因素变异较多，头大口阔，牙细尖，有的扩大成犬牙，背鳍、腹鳍和臀鳍发达，尾鳍呈圆形，身被细鳞，体色多样，背鳍和臀鳍有硬棘，见图 2-73。石斑鱼肉质细嫩，滋味鲜美，肉多骨少，呈蒜子肉，色泽洁白。以中国的东海、南海的温热带海域出产较多，目前在热带沿海水域已广泛开展网箱养殖，以广东东南部沿海的南澳岛、唐家湾等地出产较多，9－10 月间为出产旺季。主要营养价值：可食部分为 72％，其中水分为 75％，蛋白质为 20％，脂肪为 3％，碳水化合物为 2％。

图 2-73　石斑鱼

32. 针鱼

针鱼又名鱼箴，硬骨鱼纲颌针鱼目鱼箴科针鱼属的统称，有蓝线针鱼、黑背圆颚针鱼、斑针鱼等，为近海中上层暖水性食肉性小型鱼类，是我国珍贵的海洋鱼类。针鱼鱼体细长，一般长达 20 cm，肉质近乎呈透明状，体侧有一条淡蓝色的侧线，下颌延长细如针状，口小眼大，背鳍和臀鳍相对，均位于身体的后半部，尾鳍细小呈叉状，体被细鳞，肉质细嫩鲜美，肉多骨少，见图 2-74。多见于中国沿海水域，尤其是河口处的咸淡水交汇处，以青岛、大连出产较多，3—5 月为出产的旺季。主要营养价值：可食部分为 75％，其中水分为 70％，蛋白质为 20％，脂肪为 6％，碳水化合物为 1.4％。

图 2-74　针鱼

33. 银鱼

银鱼硬骨鱼纲银鱼科银鱼属，为近海河口处暖水性中上层鱼类，是中国华东地区的重要经济鱼类，品种有大银鱼、太湖新银鱼、间银鱼（面条鱼）等。银鱼身体细长，肉质呈透明状，头扁平口较大，两颌和口盖常见锐牙，背鳍和臀鳍各一个，雄鱼臀鳍上方具有一纵行扩大鳞片，银鱼肉质细嫩骨软，滋味鲜美，见图 2-75。多见于中国沿海地区河口入海处咸淡水交汇处，淡水湖泊之中也有出产，长江口外渔场、太湖出产的最为著名。3—4 月形成的春汛为出产旺季。主要营养价值：可食部分为 100％，其中水分为 89％，蛋白质为 18.2％，脂肪为 0.3％，碳水化合物为 1.5％。

图 2-75　银鱼

34. 海鲇

海鲇又名海鲇鱼、赤鱼、海鲇、叉尾鱼，硬骨鱼纲海鲇科鱼类，是一种热带海洋底层食肉性鱼类，有一定的经济价值。海鲇鱼体较长，前部宽平，后部侧扁，体长 30～50 cm，背面青灰色，腹部白色无硬鳞，口大下位，有须 3 对，背鳍和胸鳍有硬棘，脂鳍短小，尾鳍呈叉形，见图 2-76。海鲇鱼肉质厚实，细嫩鲜美，色泽洁白。中国以广东为主要产地，以每年的 4—6 月为捕获的旺季，现已有人工养殖品种。主要营养价值：可食部分为 70%，其中水分为 74%，蛋白质为 20%，脂肪为 4%。

图 2-76　海鲇

35. 鲤鱼

鲤鱼又名鲤拐子、鲤子、龙门鲤，硬骨鱼纲子鲤形日鲤科鲤鱼属，为淡水性杂食中下层鱼类，鲤鱼以底栖生物和有机碎屑为食，有耐寒、耐碱性，抗病力强，生长速度快，适应性极强，能够在含氧量低的环境中生存，是中国和世界淡水渔业中的重要养殖中型鱼类品种，鲤鱼是中国淡水人工孵化养殖、优化育种的多品系种群，品种有十余种，是中国淡水鱼业中的主要鱼类品种之一，有着重要的经济价值。鲤鱼形体侧扁背部隆起，鳞片一般较大而圆（有的品种鳞片松散或稀少），颌部有须两对，背部色泽深暗，腹部色泽较浅，腹部形态圆满，尾柄较为粗壮，尾鳍呈叉形，头部尖而小，鳞色光亮，见图 2-77。

图 2-77   鲤鱼

河南黄河鲤鱼，是黄河水系中下游的特有品种，头小体宽背低，呈纺锤形，背部呈黄褐色，周身金鳞和赤尾，腹部为乳白色，有极强的抗寒和抗碱能力，杂食，生长快，繁殖力强，适应性强，体色艳丽。黄河鲤鱼天下美名，古人云："洛鲤伊鲂，贵于牛羊""豆其食鱼，必河之鲁"，黄河鲤鱼肉质肥美，但它的土腥味较重。

四川岩鲤，是长江水系中上游的特有品种，岩鲤形体较侧扁，身体较长，身色较灰，是生活在水流较急，砾石的江河底层，肉质鲜美细嫩，出肉率较高，是四川菜中的名贵原料。

德国镜鲤，是中国在 1982 年从日本引进的著名鲤鱼品种，已广泛进行人工繁殖，各地市场均有，德国镜鲤的鳞片较大而稀少，沿体缘排列，背部为灰色，腹部乳白色，是适应性强，耐寒耐碱性、杂食性、生长快的养殖优等品种。

散鳞鲤，又名散鳞镜鲤，20 世纪 50 年代由苏联引进的优质鲤鱼品种，其鳞片较大，头尖而小，鳞片排列不规则，适应性强，为广泛养殖的品种。

鞭蓉鲤，是中国的兴国红鲤与散鳞镜鲤的杂交品种，有明显的杂交优势，鱼身宽厚体大，鱼鳞大，鱼体呈灰色，食性粗广，抗病力强，是市场上的主要品种。此外，中国还有较为著名的广东珠江鲤鱼、广东文岌鲤鱼、江西兴国红鲤等。珠江水系、长江水系、黄河水系以及众多的池塘库区湖泊为主要产地，每年的 4—6 月清明时节、8—10 月中秋时节为出产的旺季。主要营养价值：可食部分为 56%，其中水分为 76.6%，蛋白质为 17.7%，脂肪为 3.6%，碳水化合物为 0.1%。

36. 青鱼

青鱼又名黑鲩、青鲩、青根、青棒、螺蛳青、铜青，硬骨鱼鲤形目鲤科青鱼属，为淡水底层食肉（以螺蛳、贝壳类为食）性鱼类，青鱼是中国南方热带及温带地区的重要淡水渔业鱼类品种，是我国的主要淡水渔业中型鱼类品种。由于中国大力开展的人工孵化，推广养殖的成功，青鱼有着重要的经济价值。青鱼鱼体呈近圆筒形，身体较长，尾柄侧稍扁，背部宽扩，腹部平滑，尾呈叉形，头小而尖，吻短圆，鳞片较小而密集，体背呈青黑色，腹部淡青色，见图 2-78。青鱼肉质较厚，出肉率高，肉质细嫩坚实鲜美，肉多刺少。产区中以珠江水系产量最大，品质最好，9—10 月为出产的旺季。主要营养价值：可食部分为 66%，其中水分为 72%，蛋白质为 19.8%，脂肪为 6.5%，碳水化合物为 0.1%。

图 2-78　青鱼

37. 草鱼

草鱼又名白鲩、草根鱼、草包鱼,硬骨鱼纲子鲤形目鲤科草鱼属,为淡水底层食草性鱼类,草鱼是中国热带及温带地区的重要淡水渔业中的中型养殖鱼类品种,有着重要的经济价值。草鱼鱼体呈纺锤形,鱼体较长,体侧稍扁圆,尾柄侧扁,尾呈叉状,背部宽阔,腹部平滑,头小而尖,吻短圆,体背色泽深灰,腹部色泽淡白,草鱼肉质细嫩鲜美,肉多刺少,出肉率高,见图 2-79。产区以珠江、长江、黄河等水系的江河湖泊池塘库区等水草茂盛的水域为多,9-11 月为出产旺季。主要营养价值:可食部分为 59%,其中水分为77%,蛋白质为 16.3%,脂肪为 5.6%,碳水化合物为 0.1%。

图 2-79　草鱼

38. 鳙鱼

鳙鱼又名胖头鱼、大头鱼、大鱼、黑鲢,硬骨鱼纲鲤形目鲤科鳙属,为淡水上层以浮游生物为食的鱼类,鳙鱼是我国淡水渔业养殖中重要的中型鱼类品种之一,有着极其重要的经济价值。鳙鱼鱼体侧扁,背部稍有隆起,口头均大,头近鱼体的 1/3,俗称"鱼云",尾呈叉形,眼小而下侧位,体背暗黑色,体背上有不规则的黑色斑点或花斑,尾柄较细,鳞片细小而紧密,见图 2-80。肉质细嫩鲜美,刺软而长,鱼刺较多,头部(鱼云)肉质鲜美细嫩厚实。长江水系、珠江水系的江河湖泊库区的养殖产量较大,9-10 月为出产旺季。主要营养价值:可食部分为 65%,其中水分为 78%,蛋白质为 16.8%,脂肪为 2%,碳水化合物为 1.5%。

图 2-80　鳙鱼

39. 鲢鱼

鲢鱼又名白鲢、鲢子、鲢鱼、白鲢子，硬骨鱼纲鲤形目鲤科鲢属，为淡水上层以浮游生物为食的鱼类，是中国淡水渔业中的中小型鱼类的主要养殖品种之一，有着重要的经济价值。鲢鱼体侧扁平，稍有隆起，头部较大钝圆，口宽大，眼小下侧，尾柄较细，尾呈叉状，身被银白色细鳞，腹部有缘呈刀刃状，身色灰白，见图 2-81。肉质细嫩鲜美，但肉中之刺较多而细。中国各大水系的江河湖泊库区池塘浮游生物较多的水域之中出产较多，9—10 月为出产的旺季。主要营养价值：可食部分为 61%，其中水分为 76.2%，蛋白质为 18.6%，脂肪为 4.8%。

图 2-81　鲢鱼

40. 鲫鱼

鲫鱼又名鲫瓜子、喜头，硬骨鱼纲鲤形目鲤科鲫属，为淡水中上层杂食性鱼类，鲫鱼是中国淡水渔业中的小型养殖鱼类品种之一，有一定经济价值。鲫鱼鱼体侧扁，背宽而高，腹部圆滑，头小吻短，体长 15～20 cm，口端位，呈弧形，无须，体被银灰色细鳞，眼大，尾呈叉状，见图 2-82。肉质极其细嫩鲜美，刺细而多，各大水系均有出产，4—6 月、9—10 月为出产旺季，最为肥美。主要营养价值：可食部分为 40%，其中水分为 78%，蛋白质为 19.5%，脂肪为 3.4%。

图 2-82　鲫鱼

41. 鲂鱼

鲂鱼又名圆头鲂、武昌鱼，硬骨鱼纲鲤形目鲤科鲂鱼属，为淡水中下层草食性小型鱼类，鲂鱼是中国淡水渔业中的主要经济鱼类。鲂鱼鱼体侧扁，近似方形，背部比鳊鱼略高，头短而小，体被细鳞，体色呈银灰色，背部色泽较深暗，尾鳍呈叉形，体长 30 cm，见图 2-83。肉质细嫩鲜美，刺细软而多。长江水系（中下游）的江河湖泊库区池塘有大量的人工孵化养殖，9—10 月为出产旺季。主要营养价值：可食部分为 60%，其中水分为 77.2%，蛋白质为 21%，脂肪为 0.9%。

图 2-83 鲂鱼

42. 鳊鱼

鳊鱼又名长春鳊、塘边鱼，硬骨鱼纲鲤形目鲤科鳊鱼属，为淡水中下层草食性小型鱼类，鳊鱼是我国淡水渔业中的重要经济鱼类。鳊鱼鱼体身侧扁，中部较宽而高，略呈梭形，体长约 30 cm，头圆小而突出，体色呈银灰色，见图 2-84。肉质细嫩鲜美，刺细软而多。珠江水系的江河湖泊库区池塘均有大量的人工孵化养殖，9—10 月为出产旺季。主要营养价值：可食部分为 60%，其中水分为 76%，蛋白质为 15.4%，脂肪为 4.5%，碳水化合物为 2.9%。

图 2-84 鳊鱼

43. 鳜鱼

鳜鱼又名桂鱼、桂花鱼、淡鼠斑、季花鱼，硬骨鱼纲鲈形目鲭科鳜鱼属，为淡水中下层（底层栖息）食肉性中型鱼类。鳜鱼是中国淡水渔业中的珍贵经济鱼类品种，有着极高的经济价值。鳜鱼鱼体呈侧扁状，背部隆起，体长达 30～40 cm，大者可达 50 cm 以上，体被细小而紧密的圆形鳞片，鱼体青，黄底，鱼上有黑色花斑，口大齿利，下颌突出，背鳍发达有 12 个坚硬的棘刺，尾鳍呈圆形，臀背鳍与尾柄相近，臀鳍有硬棘刺。鳜鱼性情凶猛，喜栖息于洞穴之中。鳜鱼肉质坚实色泽洁白，滋味极其鲜美，刺少肉多，见图 2-85。长江水系的湖泊江河库区池塘有大量的人工孵化养殖，为淡水养殖的珍贵品种，3—5 月、9—10 月为出产旺季。主要营养价值：可食部分为 60%，其中水分为 76%，蛋白质为 19.3%，脂肪为 3.5%。

图 2-85 鳜鱼

44. 黑鱼

黑鱼又名乌鳢、乌鱼、生鱼、花鱼，硬骨鱼纲鳢形目乌鳢科乌鳢属，为淡水底层肉食性中型鱼类，黑鱼是中国淡水渔业中的名贵经济鱼类，有一定的经济价值。黑鱼鱼体呈近圆筒状，身体较长。尾柄部稍侧扁，体长为 30~50 cm，头大而平扁，大口而裂，有利齿，吻部短圆，背鳍和臀鳍长至尾柄，尾鳍呈圆形，鱼体呈青褐色，身被细小鳞片，体侧有黑色的花斑，腹部呈灰白色。黑鱼性情凶猛，是其他养殖鱼类的敌害，喜栖息于洞穴之中。黑鱼肉质坚实，色泽洁白，滋味鲜美，刺少肉多，见图 6-86。各大水系的江河湖泊库区池塘均有出产，一般多为单独人工孵化养殖，4—6 月和 8—10 月为出产旺季。主要营养价值：可食部分为 63%，其中水分为 77%，蛋白质为 19.8%，脂肪为 1.4%。

图 2-86 黑鱼

45. 黄鳝

黄鳝又名鳝鱼、长鱼，硬骨鱼纲合鳃鳝目合鳃鳝科黄鳝属，为淡水池塘底层及稻田之中的中小型杂食性鱼类。黄鳝是中国淡水渔业中的名贵鱼类品种，有一定的经济价值。鳝鱼鱼体呈圆筒状，身体细长，为 25~40 cm，头部呈圆锥形较为宽大，无鳞，无鳍，体表有黏液，无须，体背呈棕褐色，腹部呈黄白色，背部有黑色的斑点，见图 2-87。肉质细嫩鲜美，但有较重的土腥味，无肋刺和硬皮，出成率较高，产区以华东地区的池塘和稻田的人工养殖为多，4—5 月、9—10 月为出产旺季。主要营养价值：可食部分为 55%，其中水分为 80%，蛋白质为 17.2%，脂肪为 1.2%，碳水化合物为 0.6%。

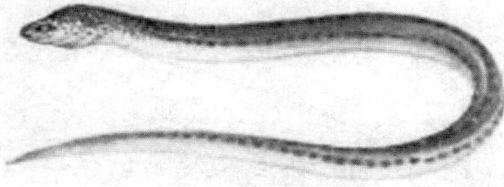

图 2-87　黄鳝

46. 河鳗

河鳗又名白鳝、自鳗、鳗鱼，硬骨鱼纲子鳗鲡目鳗鲡科鳗鲡属，为江河洄游中下层杂食性中型鱼类（亲鱼产卵于海洋而幼鱼入江河淡水中生长），河鳗是中国淡水渔业中人工养殖鱼类的珍贵品种，有重要的经济价值。河鳗鱼体细长呈圆筒状，尾部稍侧扁，背鳍和臀鳍长至与尾鳍相连。无腹鳍，头小而尖，鱼体背部呈深青灰色，腹部呈白色，体侧呈银灰色，体长 70～100 cm，体表有黏液，见图 2-88。河鳗肉质细嫩，滋味鲜美，色泽洁白，无细硬的棘刺和硬皮。河鳗主要是利用天然鱼苗，进行大面积的人工养殖，以福建和广东两地的产量最大，江苏为鱼苗主要出产地，一年四季均可连续投放市场。主要营养价值：可食部分为 60%，其中水分为 74.4%，蛋白质为 19%，脂肪为 7.8%。

图 2-88　河鳗

47. 鲌鱼

鲌鱼又名鲦、翘嘴白、白鱼，硬骨鱼纲鲤形目鲤科鲌鱼属，为淡水性食肉中上层中型鱼类，是中国南方的经济鱼类。鲌鱼体形侧扁，口大而上位，唇部上翘身被银白色细鳞，体长为 30～40 cm，背鳍有硬棘，尾柄较细，毛鳍呈叉形，臀鳍较长，见图 2-89。鲌鱼肉质细嫩，色泽洁白，滋味鲜美，但刺多而细长。以广东、广西、江苏、湖南等地为主要产区，4—6 月和 8—10 月为出产的旺季。主要营养价值：可食部分为 70%，其中水分为 80.3%，蛋白质为 14%，脂肪为 2.6%，碳水化合物为 1.8%。

48. 鲇鱼

鲇鱼又名胡子鲇、鲇鱼，硬骨鱼纲鲇科鲇鱼属，为淡水性食肉底层中型鱼类，是淡水鱼类中的珍贵品种。鲇鱼鱼体前部体形较宽阔，后部体形较侧扁，体长为 30～50 cm，体色灰黑，无硬鳞，体面有黏液腺，能够分泌较重的黏液，鱼口大端位，有须两对，眼小前位，背鳍较小在背部的前端，臀鳍长与尾鳍相通，胸鳍较大有硬棘，尾鳍较小呈圆形，见

图 2-89　鲌鱼

图 2-90。鲇鱼肉质细软滑嫩，色泽洁白，滋味鲜美，出肉率较高，骨骼较粗大，肉质有土腥味。野生鲇鱼广泛分布于长江、珠江水系的江河湖泊库区之中，现多为池塘人工孵化养殖，以 8—10 月为出产旺季。主要营养价值：可食部分为 70%，其中水分为 64.1%、蛋白质为 14.4%、脂肪为 15%。

图 2-90　鲇鱼

49. 塘鳢鱼

塘鳢鱼又名塘利鱼、塘虱鱼、沙鳢、土婆鱼、蒲鱼、黑土布鱼，硬骨鱼纲塘鳢科塘鳢属，为淡水性食肉底层中型鱼类，为淡水鱼类中的珍贵品种。塘鳢鱼体形呈亚圆筒形，后部较侧扁，体长为 30～50 cm，鱼体呈青黑色，有黑色斑纹，头部宽大而扁，口大牙齿细小，背鳍两个，尾鳍呈圆形，有须两对，无硬鳞，鱼体有黏液腺分泌大量的黏液，见图 2-91。塘鳢鱼肉质细软滑嫩，色泽洁白，肉质较厚，但土腥味较重，出肉率较高。以广东珠江水系的江河湖泊池塘库区人工孵化养殖为多，8—10 月为生产旺季。主要营养价值：可食部分为 70%，其中水分为 77.8%，蛋白质为 13.8%，脂肪为 3.2%，碳水化合物为 3.8%。

图 2-91 塘鳢鱼

50. 嘉鱼

嘉鱼又名卷口鱼，硬骨鱼纲鲤科卷口鱼属，为淡水性底层杂食性小型稍侧扁。嘉鱼体形呈亚圆筒形，后部稍侧扁，身长为 15～25 cm，身体呈黄绿色，色泽较暗，有须两对，下唇呈钩状，上唇盖住下唇，吻部发达，裂为缨状，嘉鱼无硬鳞，身面有黏液，见图 2-92。肉质细嫩鲜美，骨刺较细软。以广东、湖北的江河湖泊池塘库区人工养殖为多，4—6 月和 9—10 月为出产旺季。主要营养价值：可食部分为 50%，其中水分为 72%，蛋白质为 15.4%，脂肪为 5%，碳水化合物为 2%。

图 2-92 嘉鱼

51. 鳡鱼

鳡鱼又名黄钻、竿鱼、鳏鱼、猴鱼，硬骨鱼纲鲤形目鲤科鳡鱼属，为淡水中上层食肉性中型鱼类，是中国淡水养殖的上等经济鱼类，有一定的经济价值。鳡鱼鱼体修长，体稍侧扁，呈亚圆形梭状，头长而尖，呈锥形，口端位，口裂较大，身被细鳞，尾鳍呈叉形，背部灰黑色，腹部银向色，眼小上位，见图 2-93。鳡鱼性情凶猛，是其他鱼的敌害，鳡鱼肉质色泽洁白，滋味鲜美，出肉率较高，肉质厚实。以中国珠江水系、长江水系的江河湖泊池塘库区为主要产地，8—10 月为出产旺季。主要营养价值：可食部分为 75%，其中水分为 79%，蛋白质为 18%，脂肪为 1.3%。

52. 鲮鱼

鲮鱼又名陵鱼、上鲮鱼，硬骨鱼纲鲈形目鲤科鲮鱼属，为淡水暖水性以藻类为食底层小型鱼类，鲮鱼是我国华南地区的经济养殖鱼类。鲮鱼体形侧扁，长约 20 cm，体侧银灰色，背部隆起，口小下位，有短须两对，上唇细裂，尾鳍呈叉形，背鳍较大，见图 2-94。鲮鱼肉质细嫩，滋味鲜美，色泽洁白，但刺细较多。以华南陆地珠江水系的江河湖泊池塘

图 2-93　鳡鱼

库区为主要产区，多为人工孵化养殖，3—6 月为出产旺季。主要营养价值：可食部分为 64%，其中水分为 74%，蛋白质为 19%，脂肪为 2.6%，碳水化合物为 2.4%。

图 2-94　鲮鱼

53. 虹鳟鱼

虹鳟鱼又名彩虹鱼，鳟鱼属，为淡水冷水性鱼类，是中国淡水养殖的名贵鱼类品种，有一定的经济价值。虹鳟鱼体形稍侧扁，体长约 35 cm，体背和背鳍呈暗绿色或褐色，鱼体表面呈暗灰色，有黑色斑点不规则分布，鱼体的侧线周围有一较为明显的淡红色纵带，侧线平直，尾鳍近平直形，头部较圆，口部较大，腹部色泽呈银灰，见图 2-95。虹鳟鱼肉质极其细嫩鲜美，色泽较洁白，出肉率较高。虹鳟鱼原产于美国和加拿大，1959 年中国

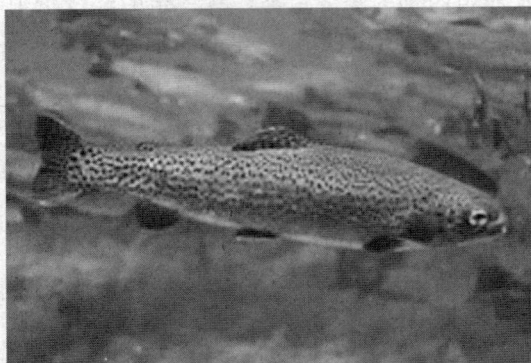

图 2-95　虹鳟鱼

引进虹鳟鱼鱼苗，开始推广人工孵化淡水网箱养殖，虹鳟鱼栖息的水温一般不超过 20℃，要求水质澄清，氧气含量较高，水流速较急，是一种养殖技术要求很高的淡水养殖品种，目前我国华北、东北、西北等地区的库区、湖泊中主要采用淡水网箱的养殖方法进行人工孵化养殖，每年的 6—8 月为捕获上市的旺季。主要营养价值：可食部分为 61%，其中水分为 76%，蛋白质为 17%，脂肪为 3.7%，碳水化合物为 0.5%。

54. 罗非鱼

罗非鱼是硬骨鱼纲鲡鱼科鲫鱼属，有非洲鲫鱼（莫桑比克鲫鱼）、紫金彩鲷（美洲鲫鱼），是中国华南地区淡水养殖的小型经济鱼类，有一定的经济价值。非洲鲫鱼，体形侧扁背部较高，背鳍长至与尾鳍相连，尾鳍呈圆形，头小吻圆，身被细鳞，色泽灰暗，有深色斑点。非洲鲫鱼为暖水杂食性中下层鱼类，体长约 20 cm，肉质细嫩鲜美，色泽洁白，骨软刺多。紫金彩鲷是中国近年来从美国引进的又一热带鱼类品种，喜温怕寒，致死水温为 7℃，适应性强，耐盐碱，耐缺氧，生长快，繁殖力强，是罗非鱼中的优良品种。紫金彩鲷体长约为 30 cm，体形侧扁，背鳍长至尾鳍，尾鳍呈圆形，头小吻圆，身被细鳞，身色呈虹光泽，肉质细嫩鲜美，见图 2-96。罗非鱼在中国热带地区（华南地区）广东、福建、广西等地的池塘湖泊中多有人工孵化养殖，6—8 月为捕获的旺季。主要营养价值：可食部分为 55%，其中水分为 76%，蛋白质为 18%，脂肪为 1.5%，碳水化合物为 2.7%。

图 2-96　罗非鱼

（二）节肢动物水产品的种类

节肢动物的身体构成为头部、胸部、腹部三部分，体表具有几丁质的外部骨骼，并出现了分节的附肢，是无脊椎动物中最繁盛及活动力最强的一种，部分节肢动物也适应陆地生活。

虾蟹类水产品是节肢动物门中最为多见的品种代表，虾类的身体是由石灰质外壳包裹的虾头、虾胸腹、虾尾三部分构成，虾头前部有触角和虾须两对，胸腹的下面有呈分节的虾足，虾头腔中有虾肠（虾线），应在加工过程中清除掉。蟹类的身体也是由石灰质的外壳包裹，背部为石灰质的硬壳覆盖，胸腹部、节肢和螯均被石灰质的硬壳包裹住。虾蟹类中有很多品种既能在海洋中生活，也能在潮湿的陆地上生活，节肢动物的外壳中含有虾青素（含钴元素的化合物），虾青素的青绿色随着加热的温度上升，色泽逐渐变成红色，形成鲜艳的色彩。

1. 中国对虾

中国对虾又名大虾、明虾、东方对虾，节肢动物甲壳纲十足目对虾科中国对虾属。中国对虾是海洋性暖水洄游虾类，习惯集群洄游，洄游时浮在海水的上层，生活于浅海泥沙质底部，怕强光，食性杂，繁殖生长快。中国对虾不但是中国海洋性水产品中的珍品，也是世界性的海洋珍品，具有重要的经济价值。中国对虾的体形呈亚圆形，身体稍有侧扁，头部和胸部发达，头胸甲有胃上刺和触角刺，额角长而粗大，腹部和附腹发达，外壳的颜色为青蓝色（雌）或棕黄色（雄）。对虾的生命周期为一年，从孵化成幼虾开始计算，生长时间约为 30 天，俗称中虾（基围虾的一个主要品种），体长 8 cm，40 只为一斤重（500 g）；生长时间约 60 天，俗称虾钱（虾仟），体长约 10～15 cm，20 只约为一斤重（500 g）；生长时间约 90 天者，为对虾（特称），体长约 15～20 cm，7～13 只约为一斤重（500 g）；生长时间约 150 天以上者，称极品对虾（大虾皇、大明虾），体长 18～23 cm，4～6 只为一斤重（500 g）。

中国对虾的产区主要集中在渤海、黄海、东海、南海的大陆架上的港湾及河口处，以河北的秦皇岛、天津的北塘、辽宁的大东沟、山东的烟台和青岛、江苏的连云港、福建的厦门、广东的虎门、太平和万倾沙、广西的北海等地为主要产区。每年 4—6 月，分散在黄海广阔越冬场中，性成熟的对虾开始结群洄游，游向大陆沿海水域，产卵后亲虾绝大部分死亡，仔虾喜在偏淡水性的河口区域觅食成长，随着幼虾的成长和水温的降低，逐渐结群朝深海进行索饵洄游，9—10 月幼虾经数月觅食已成长为对虾，集群向越冬场时，便形成了秋季虾汛，秋季虾汛是中国对虾的主要产期，为了提高海洋对虾的种群，保持稳定的产量，国家禁捕产卵洄游的对虾，国家休渔期的制定将不断提高对虾群体的产量，同时广泛地开展对虾的人工孵化基围养殖也大大提高了对虾的产量。除了中国对虾的品种以外，世界上对虾属的虾种有 30 多个品种，其代表品种有大西洋美洲沿岸的褐对虾、白对虾、桃红对虾，美洲太平洋沿岸的凡纳对虾、加州对虾、细角对虾，太平洋和印度洋沿岸的墨吉对虾、长毛对虾、印度对虾、斑节对虾、澳大利亚对虾、日本对虾，以及人工杂交科学育种的长额仿对虾、近缘新对虾、亨氏仿对虾、中型新对虾、剑额仿对虾等新品种，目前多为人工基围养殖的重要品种，见图 2-97。主要营养价值：可食部分为 70%，其中水分 77%，蛋白质为 20%，脂肪为 0.7%，碳水化合物为 0.2%。

图 2-97 基围虾

2. 河虾

河虾是节肢动物门甲壳纲十足目小型淡水虾类的统称，河虾喜暖，淡水性集群生活于江河湖泊池塘水库区的泥沙质底部。河虾中的品种有米虾、自虾、沼虾，其中沼虾有日本沼虾和罗氏沼虾，其虾壳为青绿色，形体比较大，也称为青虾、青龙，罗氏沼虾是中国从马来西亚引入的品种，是东南热带地区淡水中的最大一个品种，罗氏沼虾是 1976 年由广东珠江水产研究所引进后开始推广，现已成为了江南淡水中的养殖珍品，河虾的广泛养殖，具有一定的经济价值。河虾中尤其是罗氏沼虾，甲壳较厚，虾体长 8～15 cm，头部较粗大，后部较细小，两对步足呈钳状，见图 2-98。虾的外壳呈青绿色，罗氏沼虾的虾肉，滋味极其鲜美嫩滑，色泽晶莹明亮，是著名的江南河鲜之一。河虾的产区主要以华南和华东地区的池塘湖泊为主，著名的湖区有微山湖、太湖、洪泽湖、阳澄湖、巢湖、鄱阳湖。4—5 月和 9—10 月为出产旺季。主要营养价值：可食部分为 26%，其中水分为 80.5%，蛋白质为 17.5%，脂肪为 0.6%。

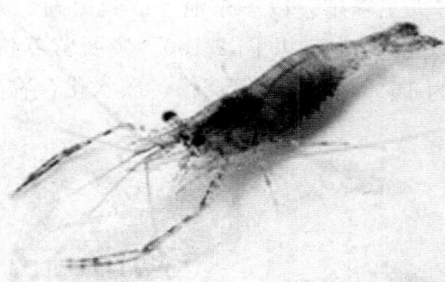

图 2-98　河虾

3. 大龙虾

大龙虾为节肢动物门甲壳纲十足目龙虾科龙虾属龙虾的统称。大龙虾是海洋暖水区集群生活于泥沙质的底部的食肉动物，是中国正在开发的新兴的海洋水产品，是中国未来的海洋性养殖珍品，具有重要的经济价值和广阔的前景。大龙虾的形体较大，体长为 20～40 cm，重为 0.5 kg 以上，甲壳较厚而坚硬，龙虾头胸部粗大，体呈亚圆筒形，腹部较短小，尾部常曲折于腹下，触角板宽有棘刺，触角粗壮而长，因龙虾的品种不同，身体的颜色有红色、青绿色、褐红色等，而美国的波士顿龙虾有两个巨大的螯。广东、广西、海南、福建为主要产区，尤以广东潮州地区的南澳岛的人工孵化海水放牧养殖最为著名，热带海洋出产的龙虾可以四季上市，目前龙虾的主要品种有美洲的美国波士顿龙虾、澳大利亚的西澳洲维多利亚龙虾、亚洲的中国锦绣龙虾、中国红龙虾、日本红龙虾、中国波纹龙虾等，见图 2-99。主要营养价值：可食部分为 46%，其中水分为 77.6%，蛋白质为 19%，脂肪为 1.1%，碳水化合物为 1.0%。

图 2-99　大龙虾

4. 小龙虾

小龙虾为节肢动物门甲壳纲十足目龙虾科龙虾属小龙虾的统称。小龙虾多为淡水暖水性集群生活于泥沙质的底部，以幼小的生物为食，小龙虾是中国新兴的淡水龙虾养殖品种。小龙虾体长为 $10\sim15$ cm，重约 50 g，甲壳较厚坚硬，壳面较光滑，元坚硬而长的触角，小龙虾头胸部粗大，腹部细小，尾部曲折于腹下，体色褐红色。目前我国的淡水小龙虾主要是麦氏龙虾，原产于澳洲西部哈维河水中的世界优良淡水龙虾，20 世纪 80 年代初，由我国引进，现已广泛推广人工养殖，以华东地区的微山湖、太湖、洪泽湖、阳澄湖水区为主要产地，小龙虾可四季供应市场，见图 2-100。主要营养价值：可食部分为 28%，其中水分为 79.2%，蛋白质为 16%，脂肪为 1.8%，碳水化合物为 0.4%。

图 2-100　小龙虾

5. 三疣梭子蟹

三疣梭子蟹又名梭子蟹，节肢动物门甲壳纲十足目爬行亚目短尾派海洋性品种，三疣梭子蟹是中国海洋性水产品中的珍品，具有重要的经济价值。梭子蟹的体形较大，体表面被石灰质甲壳覆盖，体分头胸和腹部，头胸部背面盖以头胸甲，左右两侧前方具长棘，略呈梭形似梭子，头胸甲表面有 3 个起伏不平的瘤状隆起，左右对称，分别与内脏的胃区、心区、肝肠区、鳃区相对应。体背色泽青紫，有深色斑点分布，腹部色泽洁白，甲壳较薄，肉质色泽洁白，滋味细嫩鲜美。三疣梭子蟹喜栖息在 $10\sim30$ m 深近海或浅海的泥沙质海底，中国沿海地区均有出产，以河北(秦皇岛)、辽宁、山东、浙江、福建、广东、广西出产的较为著名，每年 4－7 月为产卵期，雌蟹最为肥美，春秋两季为出产旺季，见图 2-101。主要营养价值：可食部分为 48%，其中水分为 80%，蛋白质为 14%，脂肪为 2.6%，碳水化合物为 0.7%。

图 2-101　三疣梭子蟹

6. 黎明蟹

黎明蟹为节肢动物门甲壳纲十足目爬行亚目短尾派海洋性品种，是中国海洋性水产蟹类中的名贵品种，有一定的经济价值。黎明蟹体表面被石灰质甲壳覆盖，体分头胸和腹部，背壳近似椭圆形，壳面为浅黄色，两侧前端各有棘刺，背壳上有许多红色斑点，8 个足部呈桨状，最后两节长得较宽而扁平，见图 2-102。黎明蟹善于游泳，中国各地沿海均有出产，以广东、福建、广西、浙江多产。每年 4—7 月为产卵期间，雌蟹最为肥美，春秋两季为出产旺季。其主要营养价值同梭子蟹。

图 2-102　黎明蟹

7. 和乐蟹

和乐蟹为节肢动物门甲壳纲十足目爬行亚目短尾派海洋性蟹类珍品，是中国海南省特有的品种，有一定的经济价值，和乐蟹体表面被石灰质甲壳覆盖，体分头胸和腹部，背壳近似圆形，壳的背面呈青黑色，以海南省的和乐港为主要产地，见图 2-103。每年的 4—6 月和 10—12 月为捕获的旺季。和乐蟹的营养价值同梭子蟹。

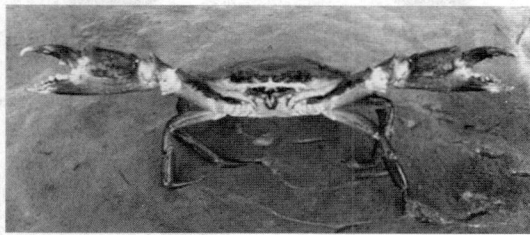

图 2-103　和乐蟹

8. 蛙形蟹

蛙形蟹学名琵琶蟹，为节肢动物门甲壳纲十足目爬行亚目短尾派蛙蟹科的海洋性品种，是中国福建、广东、海南、台湾沿海水域的一个特殊品种。蛙形蟹的长度大于宽度，体前半部宽于后半部，螯足壮大，最特殊的是它不是横行而是直行，以海南陵水县新村港湾所产为最佳，每年 3—5 月为捕获的旺季。其主要营养价值同梭子蟹，见图 2-104。

图 2-104 蛙形蟹

9. 青蟹

青蟹又名锯缘青蟹，节肢动物门甲壳纲十足目爬行亚目短尾派海洋性品种，经科学育种已成为淡水养殖的重要品种，具有重要的经济价值。青蟹的外形似梭子蟹，蟹螯粗大，背壳隆起而光滑，色泽成青绿色。形体比梭子蟹略小，最后一对脚呈桨状，见图 2-105，喜栖息在温暖水域盐度较低的浅海泥沙中，我国的浙江、福建、广东等地沿海地区均有人工孵化养殖，每年 8—10 月为捕获旺季，目前市场上的青蟹就是利用幼小的海洋性青蟹苗，在淡水中进行养殖而成的，雄性青蟹俗称肉蟹，雌性青蟹（带黄者）俗称膏蟹。主要的营养价值：可食部分为 43%，其中水分为 80%，蛋白质为 14.6%，脂肪为 1.6%，碳水化合物为 1.7%。

图 2-105 青蟹

10. 斑纹鲟

斑纹鲟又名花蟹、红蟹，为节肢动物门甲壳纲十足目爬行亚目短尾派海洋性品种，是中国广东、福建沿海的珍贵品种，有较高的经济价值，斑纹鲟形状如同梭子蟹，其背部表面有一个十字形斑纹，经加热后形成红白相间的花状斑纹，背部光滑洁亮，中部及前侧部有红色带状斑纹，见图 2-106。斑纹鲟主要产于中国东南部沿海的热带海域，以广东、福建的沿海地区为主要产区，6—8 月为捕获的旺季。其主要营养价值同梭子蟹。

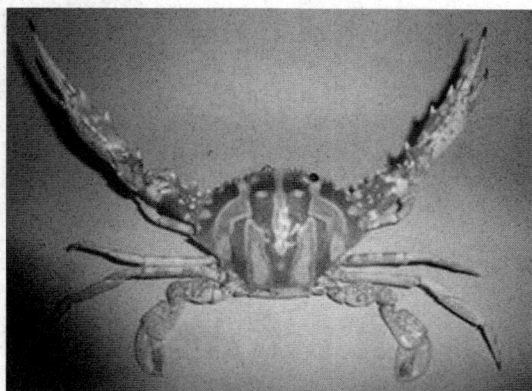

图 2-106 斑纹鲟

11. 日本鲟

日本鲟为节肢动物门甲壳纲十足目爬行亚目短尾派海洋性品种,有一定的经济价值。日本鲟的形体似青蟹,但体形比青蟹小,螯足较小,足上有很尖的锯齿,背壳呈青绿色,中国沿海均有少量出产,6—8月为捕获旺季。其主要营养价值同梭子蟹,见图2-107。

图 2-107 日本鲟

12. 中华绒螯蟹

中华绒螯蟹又名中华绒蟹、清水蟹,由于生长的水域环境不同,又称河蟹、汀蟹、湖蟹。由于历史上有筑闸捕蟹之说,故又有闸蟹之名。中华绒螯蟹为节肢动物门甲壳纲十足目爬行亚目短尾派的淡水品种,是中国水产养殖中的珍贵品种,有着重要的经济价值。中华绒螯蟹的形体特征是背壳青绿色,壳呈近网形,足尖细长,并长有黄色绒毛,见图2-108。中华绒螯蟹根据生长的环境有河蟹、湖蟹、江蟹以及稻田养殖品种等,华东地区长江流域的河口处和水湖库区产量最大,品质最优,尤其以江苏常熟阳澄湖的清水大闸蟹驰名中外,此外,较为著名的还有辽河蟹、胜芳蟹、旱川刁湖蟹、崇明蟹、赵北口蟹等,4—6月和9—11月为捕获的旺季,故有"五月团脐十月尖"之说,因为4—6月雌蟹膏肥,9—11月雄蟹体壮。主要营养价值:可食部分为54%,其中水分为86.1%,蛋白质为18.5%,脂肪为1.9%,碳水化合物为3.7%。

图 2-108 中华绒螯蟹

13. 鲎

鲎又名东方鲎、中国鲎、鲎鱼、马蹄蟹、千蟹，为节肢动物门肢口纲剑尾日鲎科动物的统称，是温海热带性经济价值的水产品。鲎的形体分为头胸部、腹部和尾部，头胸部甲壳宽大呈半圆形，甲壳隆凸，腹部甲壳小于头部甲壳，甲壳的中部隆凸，甲壳的两侧有齿缘，尾部甲壳呈剑形，细长而尖，腹部凹入并有 6 对附肢，其中鲎肢较小，步足较大，背面壳色呈青绿色，腹面色泽呈灰白色，见图 2-109。鲎的肉质似蟹肉，色泽洁白，肉质细嫩鲜美，鲎的血液呈蓝色，因为其中含有铜离子，不宜食用。以中国福建的福州、厦门生产较多，浙江、广东也有出产，每年的 4—6 月为捕获的旺季。主要营养价值：可食部分为 20%，其中水分为 84%，蛋白质为 10%，脂肪为 1.5%，碳水化合物为 2.1%。

图 2-109 鲎

（三）软体动物水产品的种类

软体动物的身体结构可以分为头、足、内脏团三部分。软体动物门的水产动物有乌贼、河蚌、扇贝、田螺、文蛤、鲍鱼等 10 万余种。软体动物体腔退化，体表具有皮肤扩张而形成的外套膜，并具有外套膜分泌形成的石灰质硬壳，软体动物的坚硬外壳是在适应缓慢运动的生活中逐渐形成的，硬壳的形成使动物在生存的竞争中获得了成功，也限制了动物的进化能力。软体动物门中有腹足纲、瓣鳃纲、头足纲等动物类别。

1. 文蛤

文蛤又名沙蛤、花蛤、蛤蜊、杂色蛤，为软体动物门双壳纲真瓣鳃目帘蛤科文蛤属，海洋贝壳类动物，文蛤是中国海洋性水产品中的一个主要贝类品种，有一定的经济价值。文蛤的贝壳略呈三角形，腹缘呈圆形，两壳大小相等，壳厚而坚实，壳面光亮，色彩多种多样，壳面上有放射状的褐色斑纹，文蛤肉质肥大，形似斧，色泽淡黄。在中国山东、江苏、浙江、广东、广西等沿海水域的潮间带泥沙质海底中广泛分布，以山东的荣城、福建的连江、江苏的启东较为盛产，夏秋季为捕获的旺季，见图 2-110。主要营养价值：可食部分为 30％，其中水分为 80.5％，蛋白质为 10％，脂肪为 1.8％，碳水化合物为 3.9％。

图 2-110　文蛤

2. 海蚌

海蚌为软体动物门瓣鳃纲蛤蜊科的海洋性双壳贝类动物，是中国温热带沿海水域的海洋性品种，有一定的经济价值。海蚌的贝壳一般呈卵圆形或三角形，两壳大小相等，壳顶一般为淡紫色，腹缘为黄褐色，肉质呈斧形，色泽淡黄，见图 2-111。在中国广东、福建、山东、江苏、浙江的沿海潮间带沙质海底中广泛分布，以福建长乐一带盛产的海蚌（福建大蚌）最为著名，俗称"西施蚌""贵妃蚌"，夏秋季节为捕获的旺季。主要营养价值：可食部分为 45％，其中水分为 92％，蛋白质为 3.3％，脂肪为 0.2％，碳水化合物为 1.4％。

图 2-111　海蚌

3. 蛏子

蛏子又名海蛏、缢蛏、竹蛏等，为软体动物门双壳纲真瓣鳃目竹蛏科缢蛏属海洋性双贝壳类动物，是中国海洋性水产品贝壳类中的主要品种，有一定的经济价值。因缢蛏的生长习性，喜生活于有少量淡水注入的内湾潮间带软质泥沙底中，喜穴居于泥沙之中。缢蛏体形呈长方形，壳薄而脆，前缘稍圆。中国温热带沿海水域均有分布，以山东的寿光、烟台、青岛，浙江的宁海、玉环、乐清，福建的连江、长乐、福清、晋江、莆田、龙海、云霄为代表产地，6—11月为捕捞的旺季，现已广泛采用人工孵化养殖，见图2-112。主要营养价值：可食部分为60％，其中水分为90％，蛋白质为8.3％，脂肪为0.2％，碳水化合物为0.1％。

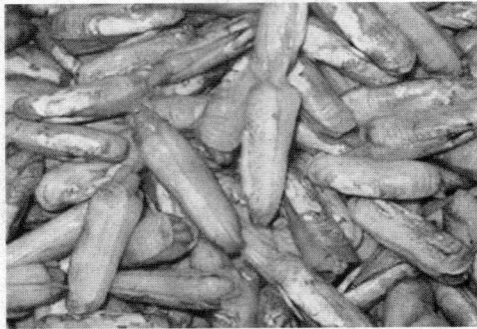

图 2-112　蛏子

4. 牡蛎

牡蛎又名海蛎子、生蚝、蚵、蛎黄，为软体动物门瓣鳃纲牡蛎科的双壳贝类海洋动物，是中国海洋性水产品中的名贵品种，有着重要的经济价值，牡蛎也是世界上著名的海洋性贝类水产品之一。牡蛎的外壳极不规则，近似三角形、卵圆形、扇形以及其他不规则的形体，其外壳的颜色也因生活的环境不同而呈现出青灰色、黄褐色等，壳面粗糙，有明显的层状叠纹，壳厚而坚硬。牡蛎的下壳(左壳)一般较大，上壳(右壳)一般较小，牡蛎肉质滋味极其鲜美。山东、辽宁、广东、福建等沿海水域均有出产，现多为人工孵化海上养殖主要品种有中国牡蛎、褶牡蛎、大连湾牡蛎、密鳞牡蛎、长牡蛎等，以辽宁的大连，山东的烟台、青岛，广东的沙井，浙江的宁波为代表产地。世界上著名品种为法国的铜蚝、澳洲的生蚝、英国的生蚝、美国的生蚝等，6—11月为捕捞的旺季，见图2-113。主要的营养价值：可食部分为40％，其中水分为80％，蛋白质为11.3％，脂肪为2.3％，碳水化合物为4.3％。

图 2-113　牡蛎

5. 蚶子

蚶子又名赤贝、瓦楞子，为软体动物门瓣鳃纲蚶科的双壳贝类海洋动物，是中国沿海水域泥沙质海底中分布的一种主要品种，有一定的经济价值。蚶子的外壳形呈卵圆形，两壳大小相等，壳中部隆起，壳的表面有自壳顶发出的放射条纹，有明显的凸起，似瓦楞状，故名瓦楞子。其贝壳的咬合部位有很多小齿突，肉质较厚短，色泽呈橙红色，滋味极其鲜美。在中国的沿海泥沙质海底均有出产，以辽宁的大连，山东的青岛、烟台，江苏的启东，浙江的宁波，福建的宁德为代表产地，蚶子在我国有 50 多个品种，代表有泥蚶、毛蚶、魁蚶、银蚶、血蚶等，6－10 月为捕捞的旺季，见图 2-114。主要营养价值：可食部分为 30%，其中水分为 80%，蛋白质为 12%，脂肪为 0.8%，碳水化合物为 4.8%。

图 2-114　蚶子

6. 香螺

香螺为软体动物门腹足纲蛾螺科的海洋性贝壳类动物，是中国沿海水域特有的海产品种，有一定的经济价值。香螺的外壳高约 15 cm，螺旋部呈塔状，壳顶呈乳头状，螺体中下部膨大，肩角上具有结节状的凸起，壳的表面粗糙，有较细的螺肋，外壳的颜色呈棕红色，略带黑色，壳口宽大，香螺的腹足呈淡黄色，肉质较为坚实，有较重的泥土腥味。在中国黄海、渤海沿岸浅海的岩石间分布较多，以河北的秦皇岛、山东的烟台、辽宁的大连和福建、广东为代表产地，6－10 月为捕获的旺季，见图 2-115。主要营养价值：可食部分为 52%，其中水分为 83%，蛋白质为 11%，脂肪为 0.5%，碳水化合物为 4%。

图 2-115　香螺

7. 扇贝

扇贝有华贵栉孔扇贝、日本日月贝、太阳栉孔扇贝、长肋日月贝等，是软体动物门瓣鳃纲双壳尖扇贝科的海洋性动物的统称，是中国海上广泛人工孵化养殖的珍贵品种，有极高的经济价值。华贵栉孔扇贝和太阳栉孔扇贝是中国黄海、渤海水域普遍海上养殖的品种。华贵栉孔扇贝的外壳呈近圆状的扇面形，前端具有足丝孔，壳顶前后有耳，前大后小，右壳较平滑，放射肋细而多，凸凹明显，左壳稍凸起，放射肋主肋较粗，肋上有刺状凸起（栉孔）。色泽呈淡红色或淡黄色，壳面平滑，有极细的放射彩纹，形体色泽十分美观。扇贝性喜栖息于水流较急、水质澄清并且温暖的浅海石质海底，以足丝附着于岩礁之上。扇贝中可食用的部位主要是固定两壳的闭合肌（闭壳肌），形似肉柱，又名带子，色泽洁白如玉，质地软嫩，味道极其鲜美。中国渤海、黄海沿海水域为主要产地，以辽宁的大连，山东的青岛、烟台、荣城为代表产地，6—10月为捕捞的旺季，见图2-116。主要营养价值：可食部分为35%，其中水分为84%，蛋白质为11%，脂肪为0.1%，碳水化合物为3.4%。

图 2-116   扇贝

8. 江瑶贝

江瑶贝又名长身带子，有旗江瑶、栉江瑶、胖江瑶、羽江瑶、细长裂汀瑶、紫色裂江瑶、多棘裂江瑶等品种，为软体动物门瓣鳃纲双壳类江瑶科江瑶属的海洋动物的统称，是我国热带海域中的珍贵品种，有着重要的经济价值。江瑶贝的外壳色泽呈青绿色，体形较长，呈长三角形，形体较宽大粗壮，壳面中部隆突，表面光滑，放射肋纹较细，见图2-117。江瑶贝喜栖息于温度较高、水流较急、水质澄清的石质海底，现已广泛人工孵化海水养殖。江瑶贝的可食部位是固定两壳的闭壳肌，闭壳肌呈圆柱形，形体较大，色泽洁白，质地软嫩，滋味鲜美，南方称为带子，以福建、广东、广西的沿海水域为主要的产地，6—10月为捕捞的旺季。主要营养价值：可食部分为30%，其中水分为84%，蛋白质为11%，碳水化合物为3.4%。

图 2-117   江瑶贝

9. 贻贝

贻贝又名壳菜、淡菜，有紫色贻贝（海虹）、翡翠贻贝（青口）等品种，为软体动物门瓣鳃纲双壳贝类贻贝科贻贝属海洋动物的统称，贻贝是中国海上广泛养殖人工孵化养殖的主要品种，有一定的经济价值。贻贝的外科呈长卵圆形，壳顶部较尖，壳的中部隆突，壳面光滑，有细密的放射状细纹。紫色贻贝俗称海虹，外壳色泽黑褐；翡翠贻贝俗称青口，外壳色泽青绿。贻贝以其细足固定于水温较暖、水质澄清的浅海海底岩礁之上，现多为人工立体海上养殖见图 2-118。贻贝的肉质软嫩，色泽淡黄，滋味极其鲜美。渤海、黄海、东海、南海的沿海水域均有出产，以河北的秦皇岛，山东的青岛、烟台、荣城，辽宁的大连，浙江的宁波，福建的福清、连江，广东的顺德、汕头、南澳岛、港江，广西的北海为代表产地。主要营养价值：可食部分为 60%，其中水分为 80%，蛋白质为 11%，脂肪为 2.3%，碳水化合物为 4.5%。

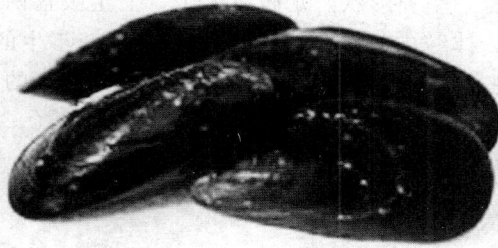

图 2-118　贻贝

10. 鲍鱼

鲍鱼又名鳆鱼、镜面鱼、明目鱼、海耳，为软体动物门腹足纲原始腹足单壳鲍科动物的统称。鲍鱼是海洋性水产品中的珍贵品种，现已推广人工孵化养殖，具有重要的经济价值。鲍鱼的外壳为名贵的中药原料，药名"石决明"，鲍鱼只有一呈窝碗状单一坚硬的石灰质硬壳，形似耳状，外壳边缘有 9 个小孔，是鲍鱼呼吸和排泄的通道，壳面上有呈放射状的肋纹，壳面粗糙，鲍鱼以藻类为食。鲍鱼中可食的部位叫腹足，形呈卵圆形，足面色泽较深而平滑，肉质坚实，色泽淡黄，滋味极其鲜美。鲍鱼喜栖息于潮流通畅温暖的海底岩礁之上，以其腹足吸附在岩石上。天然鲍鱼，每年 7—8 月当水温升高（20℃～25℃）后，向浅海作繁殖移动，俗称鲍鱼上床，此时腹足肉质最为丰富，性腺发达，滋味最为鲜美。褶纹盘鲍与杂色鲍为中国鲍属中的优势品种，繁殖力强，生长快，个体较大，一般外壳长 8～12 cm，是中国推广和养殖的品种，山东、辽宁、福建、广东、广西、海南等沿海水域均有出产，其中以福建的厦门，广东的湛江，山东的青岛、烟台等地的人工孵化养殖量较大，每年 6—9 月为捕获旺季，人工室内养殖的品种可四季上市，见图 2-119。主要营养价值：可食部分为 65%，其中水分为 77%，蛋白质为 12%，碳水化合物为 6.6%。

11. 鱿鱼

鱿鱼又名柔鱼、枪乌贼，为软体动物门头足纲乌贼科枪乌贼属动物的统称，主要品种有中国枪乌贼、日本枪乌贼、太平洋枪乌贼、中国台湾枪乌贼，鱿鱼是海洋性水产品的珍贵品种，有极大的经济价值。鱿鱼是软体动物中最高等的动物类群之一，身体两侧对称，石灰质硬壳退化消失，全身分头、足、胴体三部分，头部发达，足在头部的四周，分裂成

图 2-119　鲍鱼

8～10 条腕，上有极其发达的神经，是软体动物中最为活跃的一支。鱿鱼体稍长呈圆筒状，两鳍在尾端的两侧相合，呈菱形状，足腕有 8 个，上生吸盘两列，触腕一对，上生吸盘 4 列。吸盘有角质齿环，体腔内有客呈角质状。鱿鱼为一年生的动物，以黄海、渤海、东海为主要产区，以浙江的舟山群岛、嵊泗列岛产量最大，每年的 3～6 月为捕获的旺季，见图 2-120。主要营养价值：可食部分为 95％，其中水分为 80％，蛋白质为 15％，脂肪为 0.8％，碳水化合物为 2.4％。

图 2-120　鱿鱼

12. 墨鱼

墨鱼又名乌贼、花枝，为软体动物门头足纲乌贼科枪乌贼属动物的统称，主要品种有金乌贼、白斑乌贼、曼氏无针乌贼，墨鱼是海洋性水产品中的珍贵品种，有着极大的经济价值，墨鱼体腔中的硬壳有一定的药用价值，药名叫"海螵蛸"，墨鱼体腔呈袋子形状，背腹略平扁，背部色泽较暗，侧缘绕以狭鳍，头部发达，眼大，触腕一对，与体同长，顶端其他 8 腕较短，上生 4 列吸盘，均有角质齿环，介壳呈舟状厚而宽大，色泽洁白，埋没在外套的膜中，也叫乌贼骨（海螵蛸），见图 2-121。墨鱼体色苍白，皮下有色系细胞，体腔内墨囊发达。墨鱼为一年生动物，在中国黄海、渤海、东海、南海均有出产，其中黄海、渤海以金乌贼为多，东海以曼氏无针乌贼为多，南海以白斑乌贼为多，以浙江的舟山群岛、嵊泗列岛，宁波、福建平潭、晋江为主要产地，3～6 月为捕获的旺季。主要营养价值：可食部分为 73％，其中水分为 84％，蛋白质为 13％，脂肪为 0.7％，碳水化合物为 1.4％。

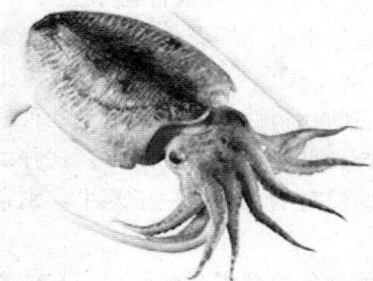

图 2-121 墨鱼

13. 章鱼

章鱼又名蛸、八爪鱼、八带鱼，为软体动物门头足纲章鱼科动物的统称，有长蛸、短蛸、真蛸等品种，章鱼为中国沿海水域的海产品种之一，有一定的经济价值。章鱼体腔较短，呈卵圆形，无鳍，头上生有 8 腕，故称"八带鱼""八爪鱼"，腕间有膜相连，长短相等或不等，腕上长有成列的吸盘。章鱼性喜栖息于浅海沙砾或软泥的海底及岩礁处短蛸，以贝壳类动物为食。中国的渤海、黄海、东海的浅海水域均有出产，3—6 月为捕获的旺季，见图 2-122。主要营养价值：可食部分为 96%，其中水分为 86.4%，蛋白质为 10%，脂肪为 0.4%，碳水化合物为 1.4%。

图 2-122 章鱼

14. 蜗牛

蜗牛属软体动物门腹足纲陆生贝壳类。蜗牛的种类很多，25000 多种，遍及世界各地，仅我国便有数千种。大多数蜗牛均有毒不可食用，我国有食用价值的约 11 种，如褐云玛瑙蜗牛、高大环口蜗牛、海南坚蜗牛、江西巴蜗牛、马氏巴蜗牛、白玉蜗牛等，见图 2-123。现在世界各地作为食用并人工养殖的蜗牛主要有以下 3 种。

法国蜗牛：又叫葡萄蜗牛，因其主要生活在葡萄种植园内，以葡萄茎、叶、芽、果等为食而得名。又因其形似苹果，故而又称苹果蜗牛，学名叫盖罩大蜗牛。主要产于法国、意大利、俄罗斯等国。

庭园蜗牛：属哈立克斯蜗牛，原产于欧洲中西部的法国、英国等国，通常栖身于园林或灌木丛中，故称为庭园蜗牛，又叫散大蜗牛。目前，我国养殖的散大蜗牛，因品种退化，个体小，经济效益较差。

玛瑙蜗牛：中国台湾称露螺，在广东一带叫东风螺、菜螺或花螺，属于玛瑙蜗牛类。

玛瑙蜗牛原产于东部非洲的马拉加西岛，后来传遍了整个热带地区，是世界上最大的蜗牛，故又称为非洲大蜗牛。螺形呈锥状，螺壳表面包有一层黄褐色的壳皮，并带有深褐色花纹。通常蜗牛的螺壳长 6～8 cm，宽 3～4 cm，重 50 g 以上。在非洲西部地区，特别是黄金海岸的居民，视蜗牛为唯一的动物性蛋白质。由于此种蜗牛肉味鲜美，备受欧美老板的欢迎，致使非洲大蜗牛成为今日世界上的主食蜗牛。这种蜗牛是较适应在我国自然条件下生长的品种。目前，我国普遍养殖的品种叫白玉蜗牛，别称白肉蜗牛，以肉色雪白而得名，是玛瑙蜗牛的变种。

蜗牛是一种食用、药用和保健价值都很高的陆生类软体动物，其食用和药用历史已经有 2000 多年。在法国有"法式大菜"之誉，在欧美等国的圣诞节中，几乎到了没有蜗牛不过节的地步。近年，中国沿海开放城市悄悄兴起食蜗牛热，每逢节假日，市场上的蜗牛都会脱销。

图 2-123　蜗牛

（四）其他动物水产品的种类

1. 中华鳖

中华鳖又名甲鱼、水鱼、脚鱼、团鱼、兀鱼，俗称王八，为爬行纲龟鳖目鳖科鳖属的动物，是淡水性食肉动物，是中国平原地区人工孵化养殖的重要水产品种，具有极大的经济价值。中华鳖的形体呈圆形，身披硬壳，吻突尖长，颈部较长伸缩壳下，背部有钙化的背骨板，背骨板的边缘处有角质化的群边，体表有皮膜覆盖，背部色泽青绿，腹部色泽黄白，四肢较短，趾间有发达的蹼，尾尖长于背壳者为雄，尾尖短于背壳者为雌，中华鳖有冬眠的习性，自然生长极为缓慢，中华鳖的肉质较为细嫩，滋味极其鲜美，但腥味较重，出肉率较低。在我国湿热带地区长江中下游流域的江和湖泊库区产量较多，目前我国的福建、浙江、湖北、江苏等地均有大量人工孵化养殖，每年的 3—5 月和 8—10 月为捕获上市的旺季，见图 2-124。主要营养价值：可食部分为 55%，其中水分为 79%，蛋白质为 17%，脂肪为 4%。

2. 山瑞鳖

山瑞鳖又名寿瑞、山瑞，为爬行纲龟鳖目鳖科鳖属的动物，为淡水暖水性食肉动物，野生的山瑞鳖已被列入国家级保护动物，现有少量人工孵化养殖品种，有一定的经济价值。山瑞鳖与中华鳖的体形相似，山瑞鳖的体形一般比中华鳖的体形要大，重达 2～3 kg，山瑞鳖的体背为黑褐色，颈的基部两侧及背甲表面均有粗大的突疣，并有明显的黑色斑点，腹面呈黄白色，背甲边缘的群边较厚大，见图 2-125。山瑞鳖的肉质较老韧，但滋味极其鲜美，脂膏较多，腥味甚重，山瑞鳖的自然生长极为缓慢，产量很少，山瑞鳖性喜栖息于海拔较高的山区溪水之中，以鱼虾为食，目前中国的广西、云南、贵州等地已有人工孵化养殖，每年的 3－5 月和 8－10 月为捕获上市的旺季。主要营养价值：可食部分为55％，其中水分为 75％，蛋白质为 17％，脂肪为 4％。

图 2-124　甲鱼

图 2-125　山瑞鳖

3. 广西鳖

广西鳖又名越南甲鱼，为爬行纲龟鳖目鳖科鳖属的动物，是淡水暖水性食肉动物，是中国热带地区的人工孵化养殖的水产品种，有一定的经济价值。广西鳖的体形近圆形，背壳隆重突，表面光滑，色泽黑褐，腹部呈淡黄色，背部腹部的边缘几乎没有角质化的裙边，广西鳖的肉质细嫩鲜美，但腥味较重，出肉率低，目前广西、广东多为人工孵化淡水养殖，每年的 6－8 月为捕获上市的旺季。主要营养价值：可食部分为 50％，其中水分为79％，蛋白质为 17％，脂肪为 4％。

4. 牛蛙

牛蛙又名石鳞蛙、石鸡、山蛤、棘蛙、蝈冻、山蛙、喧蛙，为两栖纲无尾目蛙科牛蛙属的动物，是淡水暖水性食肉动物，为中国温热带淡水人工孵化养殖的水产品种，有一定的经济价值。牛蛙因其鸣声洪亮远闻似牛叫之声，故得此名。牛蛙是两栖纲中仅次于巨蛙的一种大型蛙类，中国目前有引进美国牛蛙和中国牛蛙两种人工孵化养殖品种。牛蛙体长约20～25 cm，宽约 10 cm，背部色泽有黄绿色、黑褐色等，表面有深色或浅色的斑点，腹面为白色，雄蛙身上有成行的疣状凸起，腹部雄处有一片刺棘，雌蛙身上有分散的疣状凸起，腹面光滑，雄蛙的体形一般小于雌蛙，牛蛙的鼓膜较大，趾间全蹼，牛蛙性喜暖温，登陆群居，以昆虫、鱼为食，见图 2-126。牛蛙肉质色泽洁白，滋味极其鲜美。在中国江南温热带地区的广东、广西、云南、湖南、湖北、浙江、福建、江西等地人工孵化养

图 2-126　牛蛙

殖为多，每年的 6—10 月为捕获上市的旺季。主要营养价值：可食部分为 37％，其中水分为 81％，蛋白质为 12％，脂肪为 1.4％，碳水化合物为 4.7％。

5. 田鸡

田鸡为两栖纲无尾目蛙科动物中黑斑蛙、虎纹蛙、金钱蛙的统称，是中国人工孵化养殖的水产品种，有一定的经济价值。金钱蛙体长约 5 cm，背部为绿色或橄榄绿色，有两条宽厚的棕色背侧褶，股后有一条黄色和褐色的纵纹，腹面黄色，背面和体侧有分散的疣粒，趾间近全蹼，见图 2-127。虎纹蛙体长者可达 10 cm，背面绿棕色，有不规则斑纹，腹面白色，前后肢有横斑，皮肤粗糙，背面有许多疣粒。黑斑蛙体长 8 cm，背面黄绿、深绿或带灰棕色，有黑斑，腹面乳白色，头呈三角形，眼圆而突出，鼓膜显著，口大。田鸡肉色泽洁白，滋味鲜美细嫩，但出肉率低。在中国温热带地区稻田中、湖泊、库区、池塘广为人工孵化养殖，以江苏、安徽、浙江、湖北、广东、湖南、江西等地养殖较多，产量较大，8—10 月为捕获上市的旺季。主要营养价值：可食部分为 37％，其中水分为 80％，蛋白质为 11％，脂肪为 0.7％，碳水化合物为 0.2％。

图 2-127　田鸡

6. 林蛙

林蛙又名蛤士蟆、雪蛤，为两栖纲无尾目蛙科蛙属林栖蛙类，是中国珍贵的蛙类品种，已有人工孵化养殖，有一定的经济价值，雌蛙中有卵蟆油，是食品制作和烹饪加工中的珍贵食材原料。中国林蛙的垂直分布南近海平面到海拔 4000 m 的山区，体长为 6 cm 左右，体背色随环境不同有棕红色、棕褐色、灰棕色之分，体背有深色斑点，腹部呈乳白色，见图 2-128。林蛙的蝌蚪生活于宁静的溪水中，成蛙多栖息于山溪附近阴湿山坡树丛或高原草地的沼泽地带，冬天多群居于山间溪水沼泽深处或石块之下冬眠，中国东北、华

图 2-128　林蛙

北、西北、西南为代表产地，其中以东北吉林长白山敦化、桦甸地区出产的最佳，9－10月霜降前后为捕获的旺季。主要营养价值：可食部分为30％，其中水分为80％，蛋白质为11％，脂肪为0.7％，碳水化合物为4.7％。

7. 海蜇

海蜇为腔肠动物门钵水母纲口水母科海蜇属，是海洋性水产品的重要品种，有着重要的经济价值。海蜇为大型水母类，有嘉庚水母、海月水母、霞水母等。海蜇的形体分为伞部和口腕两部分，伞部形状似半球状，外伞表面平整光滑晶莹洁亮，大者直径可达100 cm，伞部下面有呈丝条状的触腕和较为粗大的感觉器官，色泽较深，见图2-129。海蜇在海洋中的生活受潮汐的影响，随着潮汐的变化，在海上形成具一定方向性的漂流，也形成了较为稳定的捕捞旺季，海蜇以幼小的浮游生物为食。中国沿海水域均有出产，其中浙江、福建沿海水域出产的称为南蜇，质量好，产量大，形大体厚，色泽洁亮，质地脆嫩；天津北塘及河北秦皇岛出产的称为北蜇，每年的4－5月、8－10月为捕获的旺季。海蜇捕获之后需用明矾和盐进行腌制，后经压榨脱水处理，除去大部分水分，经搓擦洗涤加工之后用少量食盐或食盐溶液腌制存放，加工后的伞部称为蜇皮，加工后的口腕部称为蜇头。主要营养价值：可食部分为100％，其中水分为87％，蛋白质为3.5％，脂肪为0.2％，碳水化合物为0.5％。

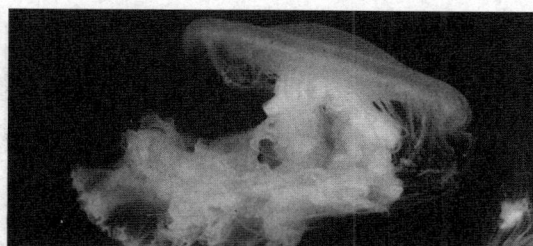

图 2-129　海蜇

8. 海参

海参为棘皮动物门海参纲动物的统称，是海洋性水产品中的珍贵品种，有着重要的经济价值，世界上有近千个海参品种，以印度洋、西太平洋种类较多，可食用的仅50余个品种，中国有20余个品种具有经济价值，根据肉棘疣凸起的程度，海参的种类划分为两大类。一类是刺参：如刺参、梅长参、方刺参；另一类是光参：如黄玉参、乌参、白石参、乌虫参、猪虫参、白瓜参、克参。海参形体呈圆筒状，口在前端，肛门在后端，身体的颜色因品种及环境的不同而呈现出黑褐色、棕褐色、黄褐色、橄榄绿、乳白色等，海参一般都生活在海洋中的泥沙质、岩石礁、珊瑚沙泥底部，以海藻及泥沙中的有机物为食，行动极缓，海参的体壁组织十分发达，体内骨骼是南呈角质化和石灰质的骨板构成，均匀地分散在体壁之中，呈石灰质的骨板有一定的苦涩味感，体腔之内，有数条肠线覆存体壁上，并有一定的食物积杂质等。海参的体表细嫩光滑，有少数海参有石灰质硬皮。

（1）刺参：又名灰参，灰刺参为参中刺参类的极品，刺参形体近圆柱形，两端短圆，鲜品或水发制品体长一般为8～12 cm，体色呈黑褐色，背部表面上有尖大肉棘4行，以及小疣状凸起，腹面较平滑，肉质极其细嫩，呈半透明状，无石灰质的硬皮，在中国北部沿海水域，如辽宁的大连和长山群岛，山东的烟台、青岛、长岛、石岛等地人工孵化、海上放牧养殖产量较大,每年的 7—10 月为捕获的旺季,见图 2-130。

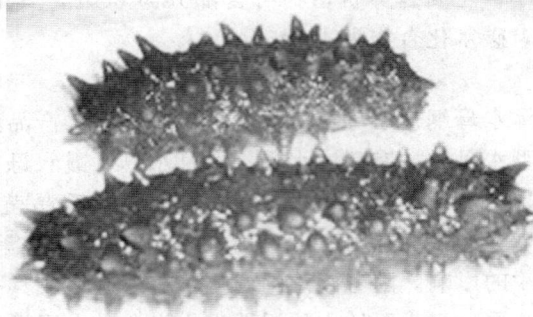

图 2-130 刺参

(2)梅花参:又名凤梨参、海花参,为参中刺参类最大的名贵品种,梅花参形体近扁圆形,两端短圆,鲜品或水发制品体长一般为 15~20 cm,体色呈黑褐色,背部表面上有小肉棘基部相连,并组合成花瓣状,故称梅花参,腹面较平滑,梅花参壁肉厚实,肉质细嫩透明度较高,无石灰质的硬皮,在中国南部沿海水域,如海南省的沿海水域及西沙群岛沿海水域出产较多,每年的 8—10 月为捕获的旺季,见图 2-131。

图 2-131 梅花参

(3)方刺参:又名方参,是参中刺参类的上等品种,方刺参的形体近方柱形,疣状凸起的小肉棘成排列在体壁上,鲜品或水发制品的体长一般为 10~12 cm,体色呈褐色,腹部表面较为平滑,肉质细嫩,色泽透明,在中国南部沿海水域,如海南省的沿海水域及西沙群岛沿海水域、广西北海的沿海水域及涠洲岛的沿海水域、广东的雷州半岛的沿海水域均有出产,8—10 月为捕获的旺季。

(4)乌参:又名鸟乳参、黑乳参、大乌参、乌圆参,为参中光参类的极品,乌参的体形呈圆柱形,两端短圆,鲜品或水发制品的体长一般为 20~30 cm,是参中较大体形品种之一,体背色呈乌黑色,腹部为褐色,乌参的外表有石灰质的硬壳,需要在加工过程中除去,否则石灰的苦涩味较重。乌参肉质细嫩,肉色透明度高,在中国南部沿海水域,如海南省的海南岛及西沙群岛、东沙群岛,广西的北海、涠洲岛,广东的雷州半岛均有出产,8—10 月为捕获的旺季,见图 2-132。

图 2-132 乌参

（5）黄玉参：又名黄肉参、明玉参，为参中光参类的上品，黄玉参的体形呈圆柱形，两端钝圆，腹部平滑，鲜品或水发制品的体长一般为 12～20 cm，体背色泽呈黄褐色，腹部色泽呈黄白色，体背有不规则不明显的肉棘疣状凸起，黄玉参外皮较厚，有石灰质的硬皮，肉质较细嫩、透明度较高，在中国南部沿海水域，如海南省的海南岛、髓沙群岛，广西的防城、涠洲岛，广东的雷州半岛均有出产，8－10 月为捕获旺季，见图 2-133。

图 2-133 黄玉参

海参的主要营养价值：可食部分为 95％，其中水分为 77％，蛋白质为 16％，脂肪为 0.2％，碳水化合物为 0.9％。

9. 禾虫

禾虫又名沙蚕、沙蜞、沙虫，为环节动物门多毛纲游足目长吻沙蚕，是中国东南部热带海域一种独特的海洋性水产品，有一定的经济价值。禾虫的形体似蚯蚓，体长为 8～12 cm，体由 60 多个体节组成，体节两侧有疣状足均匀分布，体色呈褐色，肉质鲜美，见图 2-134。浙江、福建、广东、广西、海南沿海水域均有出产，以广东斗门县出产的最为著名，目前已有滩涂人工养殖，8－10 月为捕获的旺季。

图 2-134　禾虫

10. 海胆

海胆为棘皮动物门海胆纲动物的统称，有卵圆海胆、长海胆、紫海胆，是中国沿海水域的一种海洋性水产珍品，有一定的经济价值。海胆体形呈圆球状，坚硬骨骼外壳呈球形或盾形，外壳由骨板互相镶合而成，骨板表面有能活动的硬棘，海胆外部的色泽呈紫褐色，海胆主要栖息在大陆架浅海水域岩礁下、石缝中、珊瑚礁内，见图 2-135。海胆中有食用价值的部位为雌性海胆中呈黄色的卵和生殖腺体，俗称"云丹""海胆春"，中国山东、辽宁、福建、广东等的沿海水域均有出产，以山东日照、烟台为代表，5－8 月为捕获的旺季。

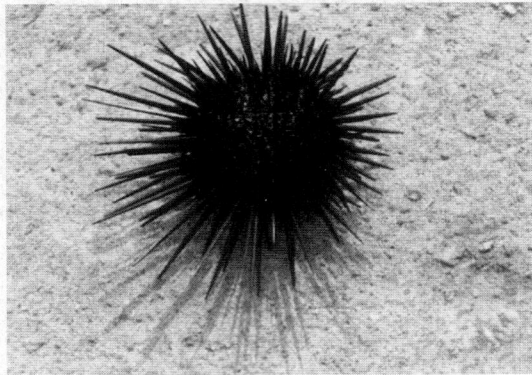

图 2-135　海胆

11. 海蛇

海蛇为爬行纲海蛇科，又名青环海蛇、斑海蛇，是热带海洋性食肉性毒蛇，海蛇一般体长为 120～200 cm，前端体呈圆筒形，后端及尾部侧扁而尖细，背面色泽呈深褐色或青褐色，腹面呈黄色或橄榄色，全身具黑色环带 55～80 个，见图 2-136。海蛇肉质细嫩鲜美，色泽洁白。中国广东、福建沿海出产较多，4－6 月为捕获的旺季，现已有人工孵化养殖品种。

图 2-136　海蛇

四、动物性水产制品

由于绝大多数海洋性动物性水产品具有明显的捕获周期，出产的时节相对集中，出产的地域远离市场，出产的季节气温较高，而动物性水产品自身中的组氨酸和氧化三甲氨等呈鲜味物质含量较高，水分含量较大，在氧化分解酶的作用下极易还原成组胺、三甲胺（腥味物质），易引起蛋白质的分解变质，也适合微生物的生长繁殖，加快水产变质速度。又因为动物水产品中的脂肪酸多为不饱和脂肪酸，极易氧化酸败分解，因此动物性水产品需要的保鲜处理措施相对复杂，科技程度较高，所以除了绝大部分动物水产以鲜活（鲜活、冰鲜、冻鲜）形式供应市场，有相当部分的动物性水产品，需要根据品种自身的性质和加工技术，采用脱水、腌渍、熏烤、鱼糜等加工方法及时进行加工处理，充分利用紫外线、食盐、高温、酒精、烟熏、食糖等进行灭菌处理，脱去大部分水分，降低酶的活性，破坏微生物生存的环境，从而使动物水产便于储存，便于运输，做到合理地调节市场，降低损耗，充分发挥出动物性水产品自身的食用价值。

(一)脱水制品

1. 鱼翅

鱼翅是由软骨鱼纲中的鲨、鳐、鲟类等大型鱼类呈角质化的鱼鳍加工干制而成，可食用的鱼翅即鱼鳍中的鳍条。根据鱼体部位一般可以分为背鳍、胸鳍、腹鳍、臀鳍、尾鳍。形体完整的鱼翅是将鱼鳍用刀从鱼体上割下之后，经过泡烫和褪沙初步加工，整体经晒干或晾干，甚至采用机械进行冷风干燥等方法，脱去绝大部分水分加工干制而成，见图 2-137。而翅针则是经过泡烫、褪沙、焖煮之后，除去皮膜、腐肉、基鳍软骨、辐射软骨等，取出鳍条（翅针或翅筋）经定型后再采用冷风干燥等方法干制加工而成。

主要食用价值：含有 80% 左右的胶原蛋白质，还有脂肪、糖类和其他矿物质。适用于烧、烩、蒸、煮、扒及制作汤羹。

2. 鱼肚

鱼肚是由体形较大的硬骨鱼纲中的黄鱼、鲟鱼、鮸鱼、海鳗等鱼体中的沉浮器官鱼鳔加工干制而成，见图 2-138。鱼鳔从鱼体内分离取下用刀剖开，经石灰水或盐酸水溶液洗涤干净之后，用清水漂净异味，再经定型加工后，用晒干或晾干，甚至冷风干燥等方法，除去绝大部分水分干制加工而成。

图 2-137　鱼翅

主要食用价值：具有高蛋白低脂肪特征。适用于烧、扒、烩等烹饪方法。

图 2-138　鱼肚

3. 鱼皮

　　鱼皮是由软骨鱼纲中的鲨、鳐、鲽、鲟等大型鱼类的角质厚皮干制加工而成。用刀将鱼皮从鱼体上剥离取下，适中去残肉，泡烫，褪沙，经刷洗干净之后，用晒干或晾干等方法，脱去绝大部分水分干制加工而成，见图 2-139。

　　主要食用价值：含胶原蛋白。适用于炖、烧、扒、烩、冻等烹饪方法。

图 2-139　鱼皮

4. 鱼骨

鱼骨是由软骨鱼类中的鲨、鳐、鲽、鲟等大型鱼类的角质化的骨骼干制加工而成。将角质化的骨骼上的残肉及筋膜刮去，分割成块后，用晒干或晾干、冷风干燥等方法脱去绝大部分水分干制加工而成。

主要食用价值：不仅含有丰富的骨胶蛋白，还含有骨素。适用于蒸、煮、烧、烩等烹饪方法。

5. 鱼裙

鱼裙又名裙边、边裙、鳖边、鳖裙，是由中华鳖或山瑞鳖呈角质化的甲壳边裙干制加工而成。用刀沿背甲骨的边缘，将整体鱼裙割下，用晒干或晾干等方法，脱去绝大部分水分干制加工而成。

主要食用价值：富含胶原蛋白。适用于烧、扒、蒸、焖等烹饪方法。

6. 干贝

干贝是由华贵栉孔扇贝、太阳栉孔扇贝（日月贝）、江瑶贝等软体动物门瓣鳃纲双壳贝类的闭合肌加工干制而成。我国北方习惯统称干贝，南方习惯统称瑶柱。先将贝壳用食盐水溶液煮制加热至双壳开启后，用刀将双壳内壳上的闭合肌（肉柱）割下，摘去鳃瓣等部位，漂洗干净，经冷风干燥法或晒干、晾干，脱去绝大部分水分干制而成。

主要食用价值：具有高蛋白低脂肪特征，并含有多种矿物质。适用于制汤、烧、烩、蒸等烹饪方法。

7. 海参

海参是由棘皮动物门海参，经剖开摘取腔肠或杂质，或者整形直接用晒干或晾干等方法，进行脱水干制加工而成。

主要食用价值：具有高蛋白低脂肪特征。适用于烧等烹饪方法。

8. 鲍鱼

鲍鱼是由软体动物门腹足纲单壳贝类鲍鱼的腹足干制加工而成。鲍鱼先经泡烫或焖煮之后，或直接用刀尖挖出腹足，刷洗干净，再经浓度为2％的食盐水溶液中煮制加热至熟透，取出用清水漂净，经冷风干燥或晒干，脱去绝大部分水分干制加工而成。

主要食用价值：具有高蛋白低脂肪特征，并含有人体所需的多种矿物质及其他营养素。适用于扒、烩、制汤羹等。

9. 蛤士蟆油

蛤士蟆油又名雪蛤膏，是由两栖纲蛙科蛙属雌性林蛙的产卵腺体干制加工而成。每年霜降前后，将捕获的林蛙整体进行晾晒风干，将雌性林蛙的腹腔撕开，将产卵腺体摘下，撕去附带的筋膜即成，以吉林长白山地区的敦化和桦甸出产的最为著名。

主要食用价值：具有高蛋白、高脂肪特征，滋补养身。适用于制甜菜、汤羹等。

10. 银鱼干

将捕获的银鱼直接晾晒至干，或先用明矾水溶液浸渍之后，加速脱水，然后晾晒至干，见图2-140。

主要食用价值：同鲜品相同。适用于烧、烤、制汤羹等。

图 2-140　银鱼干

11. 鳗鱼鲞

鳗鱼鲞又名风鳗、海鳗鲞、腊鳗，是将海鳗从背部用刀剖开，除去体腔中的内脏和脊骨，洗刷干净，控净水分，刷上食用油而成，见图 2-141。以浙江的舟山、台州，福建的宁德及广东等地加工制品较多。

主要食用价值：含有蛋白质、脂肪及矿物质。适用于蒸、烧、炖等烹饪方法。

图 2-141　鳗鱼鲞

除以上干制品外，还有鱿鱼、墨鱼、大虾干、淡菜、牡蛎干、海蚶干、海螺干、干禾虫、燕窝、蛏干、黄鱼干、干比目鱼等。

(二)腌渍制品

1. 乌鱼蛋

乌鱼蛋是由软体动物门头足纲墨鱼雌性墨鱼体腔中的产卵腺体加工腌渍而成。剖开雌性墨鱼的体腔，将乌鱼蛋取下，经过摘洗后，用食盐水溶液直接浸泡腌渍而成，见图 2-142，山东日照、石臼所加工制品较多。

2. 虹鱼子

虹鱼子是由硬骨鱼纲大马哈鱼的鱼子加工而成。将捕获的雌性大马哈鱼的体腔剖开，取出鱼子，经过摘洗后，用 5% 的食盐水溶液直接浸泡腌渍而成，见图 2-143。

图 2-142 乌鱼蛋

图 2-143 虹鱼子

3. 黑鱼子

黑鱼子是由软骨鱼纲鲟鱼、鳇鱼的鱼子加工而成。将捕获的雌性鲟鱼、鳇鱼的体腔剖开，取出鱼子，经过摘洗之后，用食盐水溶液直接浸泡腌渍，经微生物发酵再经高温灭菌处理加工而成，见图 2-144。

图 2-144 黑鱼子

4. 醉蟹

醉蟹是由河蟹加工而成。将活蟹在清水之中静养数天之后，待其吐尽脏物，擦干蟹体上的水分，将活蟹放入坛中，用水加入食盐、花椒、冰糖、陈皮等煮沸制成卤水，待其冷却后兑入适量的白酒、绍酒一同倒入坛中，将蟹浸没，封坛后腌制一周后即可食用。

5. 咸鲅鱼

咸鲅鱼是由鲅鱼加工而成。将鲅鱼从脊背部剖开，摘去内脏，洗涮干净，控去水分，用食盐、花椒、绍酒等腌制，脱去部分水分即成。

（三）熏烤制品

1. 烟熏鲂鱼

将鲂鱼经初步加工整理之后，除去鱼鳞、内脏，洗刷干净，控去水分，用食盐、绍酒等调料腌制入味，然后放入熏炉内，用木屑、花生壳、茶叶等加热后形成的烟雾，熏制上色入味即成。

2. 烟熏三文鱼

将三文鱼经初步加工整理，除去鱼皮、鱼骨，取下鱼肉，洗涤干净，控去水分，整体用食盐、白兰地酒等腌制入味，用烟雾熏制入味即可。

3. 烤鳗鱼

将河鳗经初步加工整理之后，从脊背部剖开，除去脊骨，摘去内脏，割去鱼头，清洗干净之后用食盐、绍酒、蔗糖等腌制入味，入烤箱内烤至上色成熟即成。

4. 黑椒烤鲅鱼

将鲅鱼经初步加工整理之后，从脊背部剖开，除去脊骨，摘去内脏，割去鱼头，清洗干净，用食盐、绍酒、黑胡椒腌制入味，入烤箱中烤至上色成熟即成。

（四）鱼糜制品

1. 蟹柳

蟹柳是由海洋性鱼类的肉质加工而成的，一般是选用鳕鱼的净肉，经粉碎加工成泥茸状，加入食盐、苯甲酸钠、绍酒等食品添加剂，经匀制加工，经加热制成薄片，再卷成圆柱形，经食用色素染上色即成。

2. 鱼糕

一般多选用海洋鱼类的净肉，经粉碎加工成泥茸状，加入食盐、苯甲酸钠、绍酒等食品添加剂，经搅拌均匀后加工，制成圆柱形或圆饼形，蒸制加热而成。

五、动物性水产品的品质鉴定及保存方法

（一）动物性水产的品质鉴定

引起动物性水产质量变化的因素，一是外界因素的温度、湿度、微生物和化学物质污染等；二是内部因素氧化分解酶的分解。动物水产自从繁殖生长，到捕获后初步加工整理、包装、冷藏或冷冻、运输、储存、使用的功能、生产、流通环节，既受到外部因素的影响，又受到内部因素的作用，引起动物性水产质量不同程度的变化或不同性质的变化（物理变化和化学变化），通过合理的鉴定方法，恰当把握住动物水产的品质特征，做到合理地、科学地使用，充分发挥出动物性水产的使用价值，使动物性水产体现出其健康性、安全性、合理性、营养性，减少损耗，创造更大的经济效益。

1. 动物水产品质鉴定的方法

鉴定的方法有理化鉴定法和感官鉴定法两大类，其中理化鉴定法有理化检验（通过专项仪器、设备、药剂、试剂等进行检验）、生物检验（通过小动物试验来检验）、微生物检

验(通过微生物培养基,在显微镜下对微生物进行观测检验),理化鉴定需要有专门的人员、专门的设备和设施,进行系统化、科学化、标准化的品质鉴定。由于动物性水产种类繁多,产地分散,生态环境(土壤、大气、水质等)的破坏程度加大,动物水产受污染的程度加大,未经理化鉴定的动物水产,对人类的危害也越来越大,由动物水产引起病毒性疾病和寄生虫病(如肝吸虫病、肺吸虫病),以及组胺引起的食物中毒等现象时有发生,因此理化鉴定是极其重要的。

2. 感官检验的鉴定依据

感官鉴定就是利用人的感觉器官对动物性水产具有的外部性质特征进行检验,如嗅觉、视觉、味觉、触觉检验。

(1)通过视觉对形态特征的鉴定

任何一种新鲜动物性水产都有其自然完整而丰满的外部形态。例如,新鲜的鱼类,鱼鳃鳃盖紧闭,鱼唇紧闭,鱼眼微有鼓起,鱼鳍完整无损,鱼鳞完整,鱼体完整,鱼肚饱满不鼓胀。新鲜的对虾,头尾须足完整,虾壳完整无破损,虾体自然弯曲,头部与胸腹部没有分离。

(2)通过视觉对色泽特征的鉴定

任何一种新鲜动物性水产都有其自然外部的色彩(外表和肉质色彩)与特征,新鲜的鱼类,鱼鳞光亮清洁,鱼鳃色泽鲜红,鱼唇光洁,鱼体表面黏液较少。新鲜的对虾,外壳色泽青绿,光洁明亮。

(3)通过嗅觉对气味特征的鉴定

任何一种新鲜动物性水产都有其自然新鲜的气味,新鲜鱼虾蟹贝,气味清鲜,腥味较低。

(4)通过触觉对质地特征的鉴定

任何一种新鲜动物性水产都有明显的质地感,新鲜的鱼肉、虾肉等,用于触压弹性明显,无凹陷。加热之后的口感嫩软爽滑,肉质紧密。

(二)动物性水产的保存方法

根据动物性水产原料的品种、规模、性质,以及经济条件和技术条件不同而采用不同的保存方法,以保持动物水产原料品质的相对稳定。保存方法主要是通过相应的技术手段和设备设施,有效地调节和控制存放环境的温度、湿度及氧气、二氧化碳、水分的含量、动物水产的渗透压等,隔绝外部因素对动物水产的影响,抑制内部氧化分解酶的分解活性。

1. 低温保存法

低温保存法有冷冻($-20℃\sim-15℃$长期)、冷藏($0℃\sim10℃$短期)、冰藏($0℃\sim5℃$短期),其中冷冻又分为缓慢冷冻和急速冷冻。低温保存法是通过对温度的调节和控制,有效地抑制微生物的生长繁殖和氧化分解酶的活性,以达到保鲜目的,低温保存法应注意清洁卫生,防止脱水,均匀码放,同时注意存放的周期。

2. 常温保存法

常温保存法的要求温度为$10℃\sim25℃$,湿度为5%以下,常温保存的动物水产主要是经脱水加工制品、腌渍加工制品、熏烤加热制品、罐听制品等,注意存放的周期时限和密封程度,有效地控制温度,防止霉变、虫蛀、氧化、酸败、爆听等现象的发生。

3. 活样保存法

（1）清水活养

适用于鳃呼吸的动物水产中的鱼类、贝类、鳝类以及虾类，养殖过程中应当有效地控制水质的澄清度、水中的氧气含量、水中的含盐度及水的温度，尽可能地缩短活养周期，降低动物水产的自身营养价值的损耗，及时合理进货，合理养殖，有效使用，加快周转。

（2）无水活养

适用于淡水性的青蟹、河蟹、甲鱼、牛蛙等，河蟹和青蟹应当用草绳固定其蟹足，限制其爬起，降低营养损耗，甲鱼在活养的过程应防止蚊虫叮咬，注意环境的温度和湿度以及通风透气。

思考与练习

1. 动物性原料的物理性质对其加工和食用效果的影响是什么？

2. 比较动物肌肉颜色与其腐败程度变化对应关系。

3. 简述动物性原料的加工与其物理性质的关系。

4. 动物性原料对人类饮食结构的影响是什么？

5. 简述常见家畜的种类及品种特点。

6. 简述家畜组织结构及特征。

7. 简述家畜肉的加工应用。

8. 简述家畜肉的质量鉴别指标。

9. 简述主要家畜附属产品的种类、质感特征及应用。

10. 简述肉制品的主要种类及代表特征。

11. 查找你所了解的家畜制品的档案资料。

12. 简述家禽的主要类型及特点。

13. 简述各类家禽的主要代表品种。

14. 简述禽类的主要营养特征。

15. 家禽的不同部位在应用上有何特点？

16. 简述家禽肉的质量检验指标。

17. 查找你所了解的家禽制品的档案资料。

18. 简述蛋的结构特征。

19. 根据蛋的营养特点，论述其食用价值。

20. 简述鲜蛋的质量标准。

21. 蛋制品的主要优点是什么？包括哪些主要品种及其主要特征？

22. 简述常用蛋制品的主要质量要求。

23. 简述初乳、常乳、末乳的含义。

24. 简述乳脂肪在食品加工中的作用。

25. 试述乳中蛋白质的种类及应用特征。

26. 简述乳的质量检验指标。

27. 简述乳制品的主要特点及应用。

28. 查找你所了解的蛋制品的档案资料。

29. 查找你所了解的乳制品的档案资料。
30. 水产品含有哪些化学成分？具有什么明显特征？
31. 常见的水产品的分类方法有哪些？主要内容是什么？
32. 常见鱼体有哪些外形特征？
33. 鱼体的外形结构包括哪些？
34. 动物水产品的代表种类有哪些？
35. 简述主要代表品种的形体特征、产地、产期及肉质特征。
36. 动物水产制品分为哪几大类？常见品种的特征有哪些？
37. 如何鉴别鱼的新鲜度？
38. 简述鱼易腐败的原因。
39. 简述常见水产品的保管方法。
40. 查找你所了解的水产制品的档案资料。

第三章

植物性食品原料

【学习目标】

1. 了解植物的一般结构，理解其特性。

2. 了解植物性原料的分类。

3. 掌握常见植物性原料的品种特性与加工应用。

4. 掌握植物性原料的品质鉴别。

第一节　概述

能量是地球上所有生物维持生命所必需的，地球的能量归根结底都是来源于太阳，没有太阳的能量，我们这个地球就不会有生命。但是对于太阳光这种形式的能量，只有植物才能直接利用，许多植物细胞中都有叶绿素，叶绿素在光合作用过程中，可以利用光能把二氧化碳和水转变成碳水化合物。碳水化合物的生成是植物用来"捕捉"和"储藏"一部分太阳能的方法，人类以植物为食，或是让动物先吃植物，人再吃动物，以这种直接或间接的形式来利用太阳能。

在我国，人们的饮食结构绝大多数是以植物性原料为主，饮食中的总热量约有70%是由植物性原料提供的。植物性原料的栽培和生产在我国都具有悠久的历史，粮食作物、糖类作物、油料作物、果树、蔬菜都含有丰富的资源，单是栽培的蔬菜就有数百种，其中普遍栽培和食用的就有60多种，在我们研究中国食品加工（烹饪）技艺时，植物性原料的选用应该受到重视。

一、植物性原料的一般结构

各植物原料都是由细胞构成的，植物的生命活动也是通过细胞的活动体现出来的。植物细胞基本上都是由原生质体、细胞壁、液泡和内含物所组成。

原生质体是细胞内有生命的物质，细胞的一切代谢和生命活动都在这里进行，原生质中最主要的成分是以蛋白质和核酸为主的复合体，也称"蛋白体"。在显微镜下观察下发现，原生质中具有细胞核、线粒体、质体等各种细胞器。

细胞核的主要功能是控制细胞的生长、发育和遗传；线粒体内含有蛋白质和脂类，以及与呼吸作用有关的酶和与能量代谢有关的三磷酸腺苷；质体是绿色植物所特有的细胞器，它包括含有大量淀粉的白色体，含叶黄素和胡萝卜素的有色体和含叶绿素甲、叶绿素乙、叶黄素和胡萝卜素的叶绿体。

细胞壁由纤维素组成，包围在原生质体外围，是具有一定硬度和弹性的固体结构。细胞壁也是由原生质体所产生的，从初生壁到次生壁，原生质还可以合成一些物质渗透到细胞壁中去，以改变细胞壁的性质，如木质、角质等以增加细胞壁的支持力量和降低透水性。

液泡是植物细胞的显著特征，特别是成熟的细胞，其液泡可以占据细胞整个体积的90％。液泡里的细胞液是很复杂的溶液，通常含有糖、单宁、有机酸、植物碱、色素和盐类等。

内含物是细胞在生长分化过程中以及成熟后，由于新陈代谢的作用，产生的一些代谢物，最常见的储藏物质是淀粉，在植物原料的块根、块茎、种子或子叶中都储存大量的淀粉。

蛋白质、脂肪也是许多植物细胞的储存物质，此外还含有各种形状的晶体、维生素、生长素等物质。

细胞之间的果胶类物质把相邻的两个细胞粘连在一起，具有相同的生理机能和形态结构的细胞群，形成组织，组成了植物的营养器官和结实（繁殖）器官，植物的营养器官包括根、茎、叶；植物的结实器官包括花、果实、种子。根据各植物的特点，可以选取植物的某一部分器官作为食品原料。

二、植物性原料的一般特性

植物根据各部位的结构和功能，可分为根、茎、叶、花、果、实。但在餐饮经营与管理及烹饪与营养教学中既要从分类的科学性出发，又应兼顾经营习惯和各种原料鉴别、保管特点，因此，我们将植物性原料按蔬菜类、干鲜果类、食用菌类、食用藻类、粮食类等类别划分进行分述。

（一）植物性原料的营养特性

早在2000多年以前，我国最早的一部医书《内经》就以"五谷为养，五果为助，五畜为益，五菜为充，气味合而服之，以补益精气"论述了在饮食中必须以粮食为主，还要包含蔬菜和水果的道理。现代医学也证明：在饮食中由淀粉产生的热量占总热量的60％～70％是比较合理的。水果和蔬菜几乎是维生素C的唯一来源，也是胡萝卜素、核黄素、矿物质等多种微量元素的重要来源。这些物质对人体生长发育、维护人体健康是不可缺少的。

植物性原料中，除了豆类原料以外，蛋白质和脂肪的含量都较低，即使含有少量的蛋白质，其质量也比较差，此外，有些植物性原料还含有自身的或外来的有害物质，如蕨菜、竹笋、青蒜、洋葱、茭白等都含有较多的草酸，会阻碍人体对食物中钙的吸收，因此，对于这样的食品原料，在加工和烹饪时必须给予必要的处理（如焯水），以除去部分草酸；四季豆含有皂甙，发芽的土豆含有龙葵素，鲜黄花含有秋水仙碱，发霉的花生、黄豆、粮食含有黄曲霉毒素等，选料烹调时应给予特别注意，植物性原料还可能受土壤、水质、肥料、农药等因素的影响，含有害元素、病菌、寄生虫卵，而有害健康，必须引起注意。

（二）植物性原料的食品加工特性

每一种植物原料都具有其特有的风味，要想加工出有独特风味特点的食品，必须熟悉原料的食品加工特性。

1. 风味特征

植物性食品原料的风味首先与品种有关，不同的品种其风味特点不同，不同类别的食品原料在其风味特征上固然不一样，也就是说，葱是葱，蒜是蒜，就算是同一类别，品种不同，其风味亦有不同；如同样是葱，娄葱与龙爪葱的风味也明显不同。另外，同一物种的植物性原料由于生长期不同，致使其风味特点产生明显差异，如北方稻与南方稻、新疆西瓜与海南西瓜等由于地理位置以及生长期的不同，各品种在风味特点上产生明显特征。同时，即便是同一原料，由于部位的不同，其风味特点也不尽相同，例如，西瓜的中心部与边缘部的口感不同、甘蔗顶端与根端的口感不同等。

2. 质感特征

如同风味特征一样，可供食用的部位不同，其质感有着明显的差异。如黄瓜的顶花部与蒂把部、藕芽与藕鞭、冬笋的尖部与根部、芦笋的顶芽与躯干部等，其质感的不同，制约和决定着加工方法和烹调手段的应用。

3. 色彩特征

植物性食品原料的色彩沉积有相当一部分是不稳定的，任何一种食品加工方法对其都可能造成不同程度的影响，如绿色植物中的叶绿素在加热情况下，其色素状况会发生改变；有色蔬菜中的叶黄素和胡萝卜素等有色体在加热以及不同环境状态下也都会发生变化，当然加热温度和环境酸碱度对其的影响大小至关重要，在食品加工中应按照食品质量要求给予相应的技术处理。

4. 营养损耗

在植物性食品原料中含有大量的人体所需的各类营养物质，特别是维生素和矿物质。而这些营养素在食品加工和烹饪过程中因机械加工、高温加热或人为因素会受到不同程度的破坏和损失，包括洗涤流失、高温分解流失、成分反应物生成流失等，这些特性在食品加工中都应给予考虑。

作为食品加工来讲，它是一门讲究色、香、味、形、质、养的综合技艺，通过加工不仅要讲究营养，还要引起人们对食物的强烈食欲，所以，加工植物性原料，不能单纯讲维生素保存百分之几，而应讲究加工后的综合效果。

第二节　蔬菜及其制品

蔬菜是人们日常生活中天天必需的副食品，因为它含有人体所不可缺少的营养成分，对人们来说有着特殊的食用意义。新鲜蔬菜是人体所需维生素和矿物质的重要来源，食用蔬菜不仅使人体能够摄取较多的维生素 C 和作为维生素 A 原来的胡萝卜素，以防止维生素缺乏症的发生，而且大量钠、钾、钙、镁等矿物元素的存在使蔬菜成为碱性食品，在人体生理活动中起着调节体液酸碱平衡的作用。蔬菜中所含的糖和有机酸可以供给人体热量，并能形成可口的风味。其中的纤维素虽不能为人体消化，但能刺激胃液分泌和大肠蠕动，增加食物与消化液的接触面积，因而有助于人体对食物的消化吸收、人体内废物的排泄，以避免废物久留于消化道内所造成的毒害作用。有些蔬菜还含有挥发性芳香油，不仅构成产品的独特风味，而且还具有杀菌和防治疾病的医疗保健作用。蔬菜在食品加工中，既可以作为食品的主料，亦可以作为辅料，某些蔬菜因含有芳香成分或辛辣物质还具有调味作用，所以蔬菜是很重要的食品加工原料。

一、蔬菜的分类

蔬菜的种类繁多，一般把一年生、二年生及多年生草本植物所生产的多汁产品器官列入蔬菜的范围。我国栽培蔬菜有近百种，普遍栽培的蔬菜有 60～70 种。蔬菜大多数为陆地栽培，也有一些水生蔬菜。

蔬菜的分类方法有 3 种，即植物学分类、农业生物学分类以及按食用部位（器官）分类。

（一）蔬菜的植物学分类

蔬菜植物学分类是根据植物的形态特点按照科、属、种、变种进行分类。我国蔬菜植物共有 20 多科种，其中绝大多数属于种子植物，而重要的蔬菜又多包括在双子叶植物的十字花科、豆科、葫芦科、伞形科、菊科及单子叶植物的百合科和禾本科 8 个科种。

（二）蔬菜的农业生物分类

1. 根菜类

包括萝卜、胡萝卜、大头菜、芜菁、甘蓝、根用甜菜等，以其膨大的直根为食用部位。生长期中喜好冷凉的气候，在生长的第一年形成肉质根，储藏大量的水分和糖分，到第二年开花结实。均用种子繁殖，要求轻松而深厚的土质。

肉质直根的外部形态由根头、根茎和根部 3 部分组成。根头，即短缩基，由上胚轴发育而成，是节间很短的基部，其上生着许多芽和叶片。根茎，由下胚轴发育而成，是肉质直根供食用的主要部位，其特点是无叶痕和侧芽。根部，即直根或本根，由胚根上部发育而成，是肉质直根供食用的主要部分，其特点是着生许多侧根。

2. 白菜类

包括白菜、芥菜及甘蓝等，均用种子繁殖，以柔嫩的叶丛或叶球为食用部位。生长期需要湿润季节及冷凉的气候。土壤不断地供给水分及肥料，如果温度过高，气候干燥，则生长不良，为两年生植物。在生长的第一年形成叶丛或叶球，到第二年才抽薹开花。在栽培上，除采收花球及菜薹（花茎）者以外，要避免先抽薹。此类蔬菜为主要的秋冬菜。

3. 绿叶蔬菜类

这是在分类上比较复杂，而都是以其幼嫩的绿叶柄为食用部位的蔬菜，如芹菜、菠菜、茼蒿等。这些蔬菜大多生长迅速，其中的蕹菜、落葵等，能耐炎热，而莴苣、芹菜则耐冷凉。由于它们的植株矮小，常作为高秆蔬菜的田间作物，要求土壤、水分和氮肥不断供应。

4. 葱蒜类

包括洋葱、大蒜、大葱、韭菜等。叶鞘基部能形成鳞茎，如洋葱、大蒜又称"鳞茎类"。此类菜性耐寒，除了韭菜、大葱、四季葱以外，到了炎热的夏天都会枯萎。而光照下形成鳞茎要求低温通过春化。可用种子繁殖（如洋葱、大蒜、韭菜等），亦可用营养繁殖（如大蒜、分葱及韭菜），以春季及秋季为主要栽培季节。

5. 茄果类

包括茄子、番茄及辣椒。这 3 种蔬菜不论在生物学特性上还是栽培技术上，都很相同。要求肥沃的土壤及较高的温度，不耐寒冷，对日照时间的长短要求不严格。在华东、南方各地为春季主要蔬菜，华北为夏秋季主要蔬菜。

6. 瓜类

包括南瓜、黄瓜、西瓜、冬瓜、丝瓜、苦瓜、甜瓜、瓠瓜等。茎为蔓茎，雌雄异花而同株，有一定的开花结果习性，要求较高的温度和充足的阳光，特别是西瓜和甜瓜适宜昼热夜凉的大陆气候和排水较好的土壤。

7. 豆类

包括菜豆、豇豆、毛豆、刀豆、扁豆、豌豆及蚕豆，除豌豆和蚕豆要求冷凉气候外，其他的都要求温暖的环境。豆类蔬菜大都为夏季主要蔬菜。

8. 薯芋类

包括一些地下根及地下茎的蔬菜，如马铃薯、山药、芋、姜等。此类蔬菜富含淀粉，耐储藏，均用营养繁殖。

9. 水生蔬菜

这是一类生长在沼泽地区的蔬菜，主要有藕、茭白、慈姑、荸荠、菱和水芹菜等。在分类学上很不相同，但要求在浅水中生长，除菱的果实以外，都用营养繁殖。生长期间，要求热的气候和肥沃的土壤，多分布在长江以南湖沼多的地区。

10. 多年生蔬菜

如竹笋、金针菜、石刁柏、食用大黄、百合等。此类菜一次繁殖以后，可连续采收数年。除竹笋外，地上部每年枯死，地下茎或根越冬。

(三)蔬菜按食用部位分类

蔬菜按食用的部位可分为根菜类、茎菜类、叶菜类、花菜类、果菜类。

1. 根菜类

根菜类是以变态的肉质根部作为食用部位的蔬菜。根可分为储藏根、气根、呼吸根、支持根和吸根5种类型。作为食用蔬菜的根多为储藏根。它的主要功能是储藏养分。储藏根可分为两种：一种是由胚轴及主根的肥大而形成的肉质根，如萝卜、蔓菁、芥菜头、胡萝卜、紫菜头，以及作为调料的辣根、牛蒡、美洲防风、山榆菜等；另一种是完全由主根或侧根膨大而形成的肉质块根，多呈纺锤形，如大丽、豆薯等。各种储藏根的储存物质不尽相同，肉质直根，其肉质为发达的薄壁细胞组织，含有大量的糖，另外还含有挥发油，主要成分为烯丙基芥子油。而肉质块根，在其薄壁组织中主要含淀粉。根菜类是腌制类蔬菜的主要原料。

2. 茎菜类

茎为地上部分的主干，连接根和叶。茎菜是以肥嫩而富有养分的变态茎作为食用部位的蔬菜。茎菜种类之多仅次于叶菜和果菜。有的生于地上，有的生于地下，形态多种多样，容易与根菜混淆，识别较为困难。虽然茎菜的形态有多种变种，但其茎有最为基本的特征，即顶端有顶芽，有着生叶的节和节间，有叶或叶痕，在叶腋中有叶芽。

茎菜按其生长状况的不同可分为地上茎和地下茎两类。地上茎，其食用部位生长于地上，包括地上嫩茎：莴笋、菜薹、蒜薹、茭白、香椿芽等；地上肉质茎：榨菜、茎蓝等。地下茎，其食用部分生长于地下，包括地下嫩茎：竹笋、石刁柏等；地下块茎：马铃薯、草石蚕等；地下球茎：慈姑、芋头、荸荠等；地下根茎：藕、姜等。茎菜的营养价值大，用途广泛。其中属于薯芋类的茎菜如马铃薯、芋头及水生的藕、慈姑、荸荠等，都富含淀粉，不仅可作菜食，还可以提取淀粉和制糖，马铃薯和芋头还可以做主食。竹笋、石刁柏等质嫩，含蛋白质丰富且质量高，是加工罐头蔬菜的良好原料。苤蓝、草石蚕、菊芋肉质细嫩，含纤维少，是加工酱菜的主要原料。

3. 叶菜类

叶菜类是以叶片及肥嫩的叶鞘和叶柄作为食用部分的一大类蔬菜。其中包括生长期短的快熟蔬菜，如小油菜、小白菜，又有高产耐储藏的蔬菜，如大白菜、圆白菜等，还有具有调味作用的葱、韭菜等。因此，叶菜类蔬菜在全年供应中占重要的地位。

叶菜类具有多种形态，但它们供食用的部位都属于蔬菜植物的叶器官或叶的一部分，因而都具有植物叶的基本特征。

在形态上，叶器官着生在植物茎上，一般由叶片、叶柄和托叶组成。属于单子叶的蔬菜品种，则缺少叶柄，而是由叶片基部扩大或"叶鞘"状并包着在茎上或是由许多筒状的叶鞘形成假茎。此外，由于叶菜类多是一些两年生的蔬菜，所以叶子生长在短缩的茎上，使叶柄叶片密集丛生。

在构造上，叶片和叶柄有所不同。叶片由上表皮、下表皮和叶肉3部分构成。叶肉占比例最大。有栅栏组织和海绵组织的薄壁细胞是供食用的主要部位，叶脉含有较多的纤维素，过多则影响食用质量。叶柄由表皮和皮层构成，皮层又有厚角组织、维管束和薄壁细胞，而供食用的主要是薄壁细胞，厚角组织增多则叶柄嫩度降低，食用质量差。

叶菜类按照产品的形态特点可分为普通叶菜、结球叶菜、鳞茎叶菜、香辛叶菜4种。

普通叶菜：以幼嫩的绿叶、叶柄和嫩茎供食用。此类菜生长期短，属于快熟菜，播种后能随时采收。普通叶菜品种多，风味各具特点，主要品种有小白菜、油菜、菠菜、芥菜、苋菜、雍菜、冬寒菜、花叶生菜、瓢菜、根刀菜、木耳菜等。

结球叶菜：叶片大而圆，叶柄肥宽，在营养生长的末期包心而形成紧实的叶球，由于产品收获后处在休眠状态而耐储藏。主要品种有大白菜、结球甘蓝。

鳞茎叶菜：其鳞茎并非真茎，而是叶的变态，由于叶鞘基部膨大形成的鳞叶，着生在短缩的鳞茎盘上，其中央有顶芽，叶腋间有腋芽，主要品种有葱头、大蒜、胡葱、百合等。鳞茎状叶菜容易发芽，这是造成储藏营养损失的主要原因。

香辛叶菜：为绿叶蔬菜，但在叶片和叶柄中含有挥发油成分，具有调味作用，如大葱、韭菜、香菜、茴香等。

4. 花菜类

花是形成果实和种子的生殖器官。花菜是以幼嫩的花器官作为食用部位的蔬菜，主要品种有花椰菜、金针菜、霸王花等。

5. 果菜类

果菜类供食用的部位是果实和幼嫩种子。果菜类是蔬菜中的一大类别，由于果实的构造特点，可将果菜类分为瓠果类、茄果类、荚果类。

瓠果类：果皮肥厚而肉质化，花托和果皮愈合，胎座为肉质并充满子房。果菜中的瓠果主要是葫芦科中的一些瓜类，如黄瓜、冬瓜、南瓜、丝瓜、苦瓜等。

茄果类：中果皮肉质化或内果皮呈浆状，主要是蔬菜中茄科植物的果实，主要品种有番茄、茄子、辣椒等。

荚果类：果实呈长刀形状，蔬菜中豆科植物的鲜嫩豆荚均属此类，主要品种有菜豆、豇豆、豌豆、刀豆、毛豆、蚕豆等。荚果类蔬菜均含有丰富的蛋白质和糖类。

二、常见的蔬菜品种

(一)萝卜

萝卜又名紫花菘、温菘、萝白、菜菔。属十字花科,一两年生草本植物,原产于我国,现已成为我国的一种主要蔬菜。

1. 品种特征

萝卜按生长季节可分为秋萝卜、春萝卜、夏萝卜和四季萝卜4类。

秋萝卜,南北方均有栽培。其中按皮色可分为青萝卜、白萝卜和红萝卜,见图3-1和图3-2。按用途又可分为:生食萝卜,其特点是木质部薄壁细胞组织直径较短,细胞间隙小,含糖分高,味甜,肉质细嫩多汁,著名的品种有北京心里美、天津卫青、山东青圆脆等;供熟食萝卜,其特点是木质部薄壁细胞直径较长,细胞间隙大,含糖低,组织松,味淡薄,肉质多为白色,代表品种有北方的大红袍、红灯笼、北京农大红、山东薛城长红、兰州冬萝卜、陕西胭脂红等;供腌渍加工的萝卜,肉质坚实而致密,质脆,含水分较少,代表品种有北京露八分、济南透顶白、北方的象牙白、浙江小长萝卜。

图 3-1　红皮萝卜

图 3-2　青皮萝卜

春萝卜,多生长在春季和夏季,个形小,多为红皮白肉,质地细嫩,适于熟食或幼嫩时带缨生食。主要品种有北京四缨萝卜、五缨萝卜、娃娃脸、天津土里鳖、杭州大缨萝卜等。

夏萝卜,个形小,耐热性强。主要品种有杭州小钩白、南京红萝卜、北方的美浓早生、象牙白等,见图3-3。

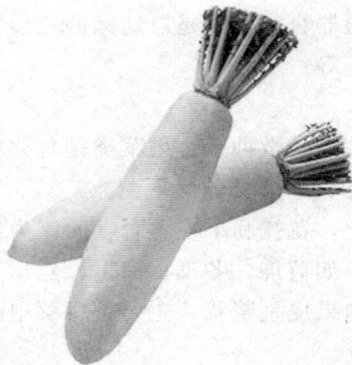

图 3-3　夏萝卜(象牙白)

四季萝卜，圆形或扁圆形小萝卜，生长期短。此类萝卜多为红皮白肉，细嫩而味甜，可熟食或带缨生食，主要品种有北京樱桃萝卜、上海小红萝卜、江津胭脂萝卜、南京扬花萝卜。

2. 加工应用

萝卜肉质脆嫩多汁，除含有较多的碳水化合物、矿物质、维生素及少量脂肪、蛋白质外，还含有活性很强的糖代谢酶类，因而生食时有助于食物的消化。此外，在萝卜的含氮物中发现有胆碱、葫芦巴碱、腺嘌呤及其他腺嘌呤碱，其香精油中有菜菔子素内脂、烯丙芥子油、甲硫醇、白芥子甙等，这些是构成萝卜风味的微量成分。含淀粉丰富的萝卜品种适合烧、炖、焖等工艺方法，形成味感醇厚、质感绵软的风味特征；富含水分的萝卜品种适合腌、泡、拌、炝等工艺方法，以形成鲜嫩、清脆的风味特点。萝卜可以加工制成腌制品，也可以加工制成干制品。

（二）胡萝卜

胡萝卜又名金笋、十香菜、丁香萝卜、红萝卜、黄萝卜等。属伞形科，胡萝卜属，两年生蔬菜。原产于北欧一带（有说中亚细亚），元代传入我国，现各地均有栽培。

1. 品种特征

胡萝卜的品种，按颜色可分为红、黄、白、紫等数种，见图3-4。我国栽培最多的是红胡萝卜和黄胡萝卜。若从其形态变异上可分为锥形和圆柱形，北方以锥形比较普遍，南方以圆柱形多见。以山东、江苏、浙江、云南、四川、陕西品种最佳。著名的品种有山东的鞭竿红、山西的二金红、北方的三寸黄等。

图 3-4　胡萝卜

2. 加工应用

胡萝卜含水量低于萝卜，但其含糖量较高。胡萝卜中含有多种维生素，其中作为维生素A原的胡萝卜素特别丰富，此外还含有各种酶、香精油以及具有杀菌作用的有机酸，这是胡萝卜具有特殊风味和耐储藏的主要原因。作为维生素A原的胡萝卜素属于脂溶性维生素，故在加工过程中要有脂肪的参与，适合于拌、炝、烧、炖以及制作馅心、加工成丸子。可以充当天然色素，给了面团艳丽的色彩，以丰富面点制品的外观。还可以加工果酱类产品、干制品、饮料等。

（三）根用芥菜

根用芥菜又名大头菜、芥疙瘩、辣疙瘩、玉根、水苏等。属十字花科，两年生草本植物。根用芥菜是芥菜的一个变种，是我国特产蔬菜之一。云南、阴川、广东、浙江、江苏、山东等地栽培较多，主要用于腌制酱菜。

1. 品种特征

根用芥菜按其肉质根的形状可分为圆锥和圆筒两种类型。圆锥形的品种有济南疙瘩菜、绍兴大头菜、北京二道眉等；圆筒形的品种有成都大头菜、昆明大头菜等，见图3-5。

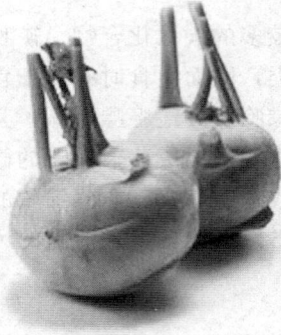

图 3-5　大头菜

2. 加工应用

根用芥菜含有大量的芥甙成分，气味独特，且纤维组织发达，在食品加工行业往往用于腌制酱菜，或发酵后食用，风味更为特别。

（四）芜菁

芜菁又名蔓菁、台菁、诸葛菁、根芥等。属十字花科，两年生草本植物。原产于我国，古时就有栽培。

1. 品种特征

主要品种有浙江温州的盘菜，华北、西北的紫顶白圆蔓菁，山东的紫蔓菁和白蔓菁等，见图3-6。

图 3-6　芜菁

2. 加工应用

芜菁肉质根的干物质中约有一半是糖，主要是葡萄糖和蔗糖，另有淀粉、果胶物质和多聚糖。抗坏血酸含量较多，并含有芜菁甙特殊成分，以及活性高的转化酶类。但不含多酚氧化酶类。芜菁可以熟食，但更多是用来加工腌制产品。

（五）芜菁甘蓝

芜菁甘蓝又名瑞典芜菁、茎蓝、洋大头菜。属十字花科，两年生草本植物。芜菁甘蓝传入我国较晚，多在高寒地区栽培，是内蒙古的主要根菜以及浙江东南沿海各地秋冬的主要根菜。芜菁甘蓝肉质根呈球形或纺锤形，有白皮和紫皮两种，除熟食外还可腌制加工，见图 3-7。

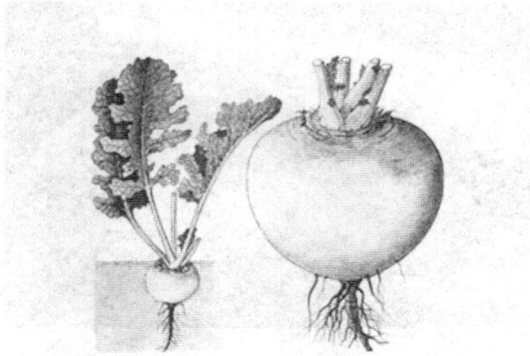

图 3-7　芜菁甘蓝

(六)根甜菜

根甜菜，又名紫萝卜头，属黎科草本植物。肉质根分为长圆形和扁圆形两种，根皮呈暗紫红色。肉质脆嫩、味甜，略带土腥味。可生食、熟食、制汤，亦可加工成罐头，见图 3-8。

根甜菜所含干物质主要是糖，其次还含有甜菜碱特有成分和较多的花青素。

图 3-8　根甜菜

(七)辣根

辣根又名山菜。属十字花科，原产于欧洲南部。供食用的根部顶端肥大，下端分若干支根。皮粗糙呈淡黄色，根肉呈白色。主要含有较多的香精油及黑芥苷，具有强烈的辣味和特殊的香味。其次还含有少量的糖和含氮物。辣根含有丰富的抗坏血酸。辣根可单独供食品调味之用，并可作为制作咖喱粉和辣酱油的原料，见图 3-9。

(八)美洲防风

美洲防风又名芹菜萝卜，属伞形科，供食用的肉质根呈长圆锥形。根皮浅黄，肉白色。其肉质根含干物质较多，其中有大量的糖，此外，含果胶物质多，并含有较多的抗坏血酸。作为香辛蔬菜，含有较多的香精油，故多用作调味料，见图 3-10。

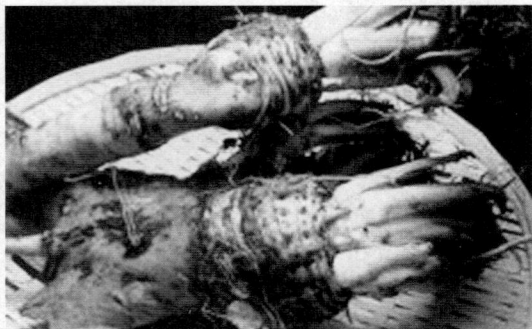

图 3-9　辣根

图 3-10　美洲防风

(九)牛蒡

牛蒡又名恶实、大力子、东洋参，又名东洋牛鞭菜，见图 3-11。主要分布于中国、西欧、克什米尔地区、欧洲等地。中国牛蒡的主要产地分布于江苏省和山东省，江苏省的徐州丰县、沛县和山东省的苍山种植历史悠久，面积规模较大。

牛蒡含菊糖、纤维素、蛋白质、钙、磷、铁等人体所需的多种维生素及矿物质，其中胡萝卜素含量比胡萝卜高 150 倍，蛋白质和钙的含量为根茎类之首。牛蒡根含有菊糖及挥发油、牛蒡酸、多种多酚物质及醛类，并富含纤维素和氨基酸。

牛蒡根含有人体必需的各种氨基酸，且含量较高，尤其是具有特殊药理作用的氨基酸，如具有健脑作用的天门冬氨酸占总氨基酸的 25%～28%，精氨酸占 18%～20%，且含有钙、镁、铁、锰、锌等人体必需的宏量元素和微量元素。牛蒡茎叶含挥发油、鞣质、黏液质、咖啡酸、绿原酸、异绿原酸等。牛蒡果实含牛蒡甙、脂肪油、甾醇、硫胺素、牛蒡酚等多种化学成分，其中脂肪油占 25%～30%，碘值为 138.83，可作工业用油。

图 3-11 牛蒡

(十)山药

山药，又名淮山药、山芋、淮山、白山药、千担苕、佛掌薯等。属薯蓣科薯蓣属植物。块根肥大，呈头小尾大的棍棒状，长可达 60 cm 以上，表面棕色，断面白色，有黏滑的汁液。茎细长，能环绕其他物。叶腋间生有肾形或卵形的零余子(山药蛋)，见图 3-12。

图 3-12 山药蛋

1. 品种特征

山药以我国中部和南部为主要产区，按形状可分为扁块、长筒和长柱 3 个变种。扁块变种，形似脚掌并有褶襞，如江西南城的脚板薯、山东安丘的脚板薯等。圆柱变种有圆柱形或不规则的团块，如浙江的"葪药"。长柱形变种主要分布在华北各地，著名的品种有河南怀山药、山东米山药、北京白货山药、麻山药等。山药以河南怀山药品质为佳，见图 3-13。

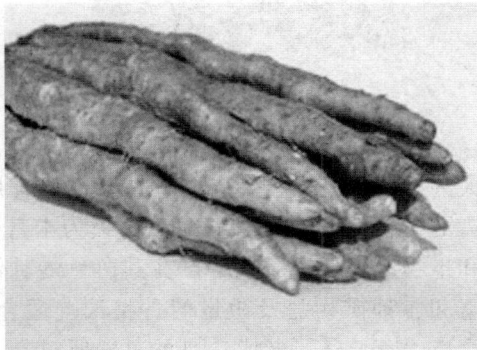

图 3-13 怀山药

2. 加工应用

山药原产于亚洲热带地区，我国为原产地之一，自古就有栽培。块根含有大量的淀粉及蛋白质，并含有胆碱、黏液质、尿囊素等。它是一种滋补品，除作为菜食外，还是良好的药材。在烹饪和食品加工中，鉴于山药的质感特点，在面点加工中可以制作皮料、馅料；在菜肴的加工中适合多种烹调技法，如蜜汁、拔丝、清炒、煮汤、白烧等；在食品加工中可以制作饮料、酿酒、山药粉及提取有效成分等。

（十一）莴笋

莴笋，又名生笋、茎用莴苣、莴筒、青笋等。为菊科莴苣属茎用种莴苣，一两年生蔬菜。原产于地中海沿岸，约在 7 世纪经由西亚传入我国。我国由"叶用莴苣"经多次选择培育而成，所以莴笋也可以说是叶用莴苣的一个变种。目前已是我国春、秋、冬季的主要蔬菜品种。

1. 品种特征

莴笋按其叶的形状分为圆叶种和尖叶种，按其颜色可分为白莴笋和青莴笋。

圆叶莴笋，叶呈倒卵形，叶面略皱，叶簇较大，节间较密，叶淡绿色，茎组大，中下部较粗，两端渐细，形似鲫瓜状，故名"鲫瓜笋"。早熟，品质好，著名品种有济南白笋、陕西圆叶白笋、山西鲫瓜笋。

尖叶莴笋，叶呈针形，叶簇较小，节间稀。叶面平滑，叶绿色或紫色，茎似棒状。下端粗而上端渐细，肉质致密、嫩脆，水分较少，品质中等。主要品种有北京紫叶莴笋、陕西尖叶白笋、尖叶青笋、杭州尖叶莴笋、上海尖叶莴笋、南京竹竿莴笋等，见图 3-14。

图 3-14　莴笋

2. 加工应用

莴笋的食用部位是肥大的嫩茎（属于花茎基部），嫩叶也可食用。其营养价值主要是为人体提供多种维生素和必需的矿物元素，尤以维生素 E 最为丰富。莴笋还含有萝科植物所特有的菊粉及苦味莴苣素和生物碱天仙子胺成分。在其白色的乳汁中含有橡胶、糖、甘露醇、树脂、蛋白质、莴苣素和各种矿物盐及微量的香精油。适合炝、拌、腌，也适合炒、烩，口感清脆中带有柔韧之感。莴笋还是艺术冷盘的可选原料。

(十二)菜薹

菜薹是以一年生或两年生叶菜生长的幼嫩花茎供作食用的，其顶端多带花蕾和梢叶。

1. 品种特征

每年 10 月种植，来年 3—5 月收获菜薹，多产于四川、浙江、广东、上海等地。主要种类有芥菜薹、油菜薹。芥菜薹，是芥菜中的薹芥菜抽出的浅绿色花茎。著名的品种有浙江的早长蕻、广东的晚长蕻。油菜薹，是油菜提供的产品，种植后于当年抽薹发生肥嫩花茎。按花茎的色泽不同又有紫菜薹和青菜薹两种。紫菜薹，花茎深紫色，叶片鲜绿带紫晕，为我国特产蔬菜，湖北、四川栽培较多的著名品种有武昌洪山的大股子红菜薹和胭脂红菜薹、成都的尖叶子红油菜薹和早子红油菜薹等，见图 3-15；青菜薹又名菜心，叶及花茎均为绿色，广东栽培较多，如广州的三月青、大茎菜心等。

图 3-15　紫菜薹

2. 加工应用

产品富含维生素和矿物质，肥嫩多汁，含粗纤维少，很适合炒食，也可凉拌。

(十三)茭白

茭白，又名茭瓜、茭笋、菰首、菰瓜、茭草、茭白子等。属禾木科缩根性水生蔬菜。原产于我国及东南亚地区，我国南方栽培较多，以江苏无锡的茭白最著名。

茭白的肉质茎是由于黑穗菌寄生茭白植株内，分泌生长素吲哚乙酸刺激花茎，膨大生长而成，因此，黑穗菌的生长发育状况影响茭白产品的形成和质量的高低。茭白以花茎膨大、无黑色孢子、肉质洁白为佳。茭白发青者质地粗糙且老，质量较差。茭肉变黑，即"灰茭"质量最差，严重者完全失去食用价值。

1. 品种特征

茭白按生长季节不同可分为一熟茭和二熟茭两类，一熟茭又名单季茭，春季栽种，当年秋季收获，主要分布在我国北方地区，主要品种有小黄苗、大青苗等。二熟茭，又名双季茭，一般春季栽种，秋季采收一次"秋茭"，第二年再采收一次"夏茭"，多在南方栽培，著名的品种有苏州的两头早、小蜡台、无锡的中芥茭等，见图 3-16。

图 3-16　茭白

2.加工应用

茭白的肉质茎(花茎)呈乳白色,含有较多的蛋白质、糖,粗纤维少,适宜炒食或做汤菜,但它含有草酸,加工不当,可影响人体对钙的吸收,使用之前,应对其进行适当的除酸处理,以提高其利用价值。

(十四)竹笋

竹类是禾木科植物,种类有一百多种,但能生产竹笋的主要有毛竹、刚竹、早竹、哺鸡竹、淡竹、石竹、刺竹、麻竹、绿竹 9 类。竹原产于东南亚地区,我国长江流域以南广大竹区均有竹笋出产,竹笋是江南和华南地区的主要蔬菜。见图 3-17。

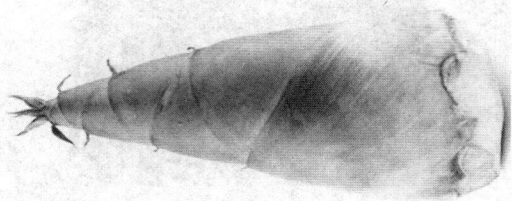

图 3-17　竹笋

1.品种特征

竹笋按照其生成季节不同可分为冬笋、春笋和夏笋 3 类。

冬笋是寒冷冬季在土中形成的嫩芽,个小,产量低,但质量和风味最佳,为竹笋的上品,主要由毛竹生成。

春笋是 4—5 月出土的嫩芽(嫩茎),个大,产量多,品质次于冬笋,主要由毛竹、刚竹、早竹、哺鸡竹、石竹等生成。其中,毛竹的笋,在竹箨上生有绒毛,故名"毛竹",重者达十余斤,一般为 4~5 斤;刚竹、哺鸡竹的笋较小,重约 1 斤。此外,毛竹在夏季出生幼嫩的根茎亦可食用,称为鞭笋。

夏笋是夏季 7—9 月出土的嫩芽,品质比较差,它是由刺竹、麻竹、绿竹等生成,其中麻竹笋较大,重者 7~8 斤,轻者 2~3 斤;刺竹、绿竹的笋比较小,重 1 斤左右。

2.加工应用

竹笋是竹的根茎所着生的尚未纤维化的嫩芽或嫩茎。竹笋组织鲜嫩,鲜食、干制、腌制和加工罐头均可,具有较高的经济价值。竹笋中亦含有较多的草酸,所以在烹调加工之前应给予适当的处理，以改善其风味和营养状况。

(十五)苤蓝

苤蓝，又名球茎甘蓝、玉蔓青、洋蔓青等。苤蓝属十字花科芸薹属的两年生草本植物，是甘蓝类蔬菜的一个变种，由羽花甘蓝变异而生。原产于地中海沿岸，后传入我国，目前以北方栽培较多，是高寒地区的主要蔬菜之一，见图 3-18。

图 3-18　苤蓝

1. 品种特征

苤蓝的品种按其成熟期不同分为早熟种和晚熟种两类。早熟种又叫小型种，球茎呈扁圆形，皮较薄为白绿色，肉白色，肉质细嫩，为苤蓝的优良种，著名品种有北京早白、天津小缨子、济南小叶子等。晚熟种又叫大型种，球茎呈高桩扁圆形，皮较厚，色青绿，肉白色质地细嫩，代表品种有北京笨苤蓝、大同的大松根、陕西大苤蓝等。

2. 加工应用

苤蓝为植物地上嫩茎，内含丰富的维生素和矿物质以及挥发油。质地脆嫩、口味清香，最适合做凉拌菜肴。

(十六)青菜头

青菜头，又名包包菜、大头芥，是芥菜的一个变种。青菜头属十字花种芸薹属茎用茎菜，一两年草本植物。主产于四川、浙江、上海等地，是我国特产蔬菜之一，见图 3-19。

图 3-19　青菜头

1. 品种特征

青菜头地上短缩茎形成肥茎是供食用部分，靠叶柄基部生长许多瘤状凸起物，呈螺旋状或球状排列，成为膨大的肉质茎。

青菜头的品种按其用途不同可分为榨菜品种群和笋子菜品种群两类。榨菜品种群其肥茎短粗，呈扁圆形、圆形或短圆形，节间生长各种形状的凸起物，主要品种有川东的草腰子、三层楼、湖北的露酒壶、昆明的四层楼等。笋子菜品种群肥茎细长，上小下大，主要品种有成都的笋子菜、羊角菜、湖南浏阳青菜等。

2. 加工应用

菜头地上肥茎含有芥菜类植物所特有的芥子甙成分，气味独特，质感脆嫩。榨菜品种群主要用于加工榨菜，笋子菜品种群内质细嫩，适合鲜食，如炒、拌、烩等。

(十七)香椿

香椿为楝科香椿属，是以嫩叶嫩梢供食用的多年生木本蔬菜。原产于中国，分布很广，以华北地区种植较多。香椿一般为陆地生长，于春季采收，现也有选择一两年生的苗木或枝条进行温室稼植栽培，于冬季上市，见图 3-20。

图 3-20 香椿

1. 品种特征

香椿每年 4—5 月萌发幼芽，叶梢初为紫红色，展开后为深绿色，叶脉着生褐色绒毛，叶柄为红色。叶互生为偶数羽状复叶，每片复叶对生 8～9 对小叶，可与苦木科的臭椿为奇数羽状复叶相区别，香椿萌发的幼芽在未木质化之前，一般可采收 3 次。初者，芽短而粗壮，呈紫红色，质嫩，香浓，品质最佳；二者，芽长，呈绿紫色，品质尚佳；三者，芽更长，呈绿色，品味下降，品质差。

2. 加工应用

香椿的香味成分来源于挥发性油，产品不仅风味独特，质感同样宜人，加工及烹饪制法多种多样，如与鸡蛋同炒、与黄豆同拌，还可以腌制，另外，北京人习惯将其当作面码，可谓气香味美。

(十八)石刁柏

石刁柏，又名芦笋、龙须菜，为百合科天门冬属多年生宿根草本植物。原产于欧洲及西亚一带，尤在地中海东岸及小亚细亚一带，中国是在 19 世纪开始引入，目前以美国生产最多，其次是西欧国家和我国台湾地区。

1. 品种特征

石刁柏按其产品颜色可分为白石刁柏和绿石刁柏两种，见图 3-21。白石刁柏，嫩茎洁白，取自埋在地下的嫩茎，是加工罐头的良好原料。绿石刁柏，嫩茎顶呈嫩绿色，是嫩茎露土光照的结果，主要供鲜食。

图 3-21　石刁柏

2. 加工应用

石刁柏具有很高的营养价值。嫩茎中除含有丰富的蛋白质、碳水化合物、脂肪、灰分、纤维素以外，还含有特殊成分天门冬酰胺、天门冬氨酸，以及甘露醇、苹果酸等，使产品具有鲜美味道。此外，在石刁柏的根茎和嫩芽中还发现有石刁柏皂甙、谷六甾醇、萨尔萨白甙元、天门冬素等药物成分，对治疗血压、心脏、肾功能等方面的疾病有很好的疗效。石刁柏是一种经济价值极高的蔬菜，值得发展，在食品加工和烹饪加工中应用广泛，做主料和配料均可，适合清炒、炝、拌等，其色彩鲜艳，还常常用于盘面的装饰。

（十九）草石蚕

草石蚕，又名甘露、地蚕、宝塔菜、螺蛳等。属唇形科多年生草本植物。草石蚕原产于中国，自古就有栽培，且分布比较广，但栽培面积小。

草石蚕供食用的部分是地下匍匐枝成熟时顶端膨大成螺旋状的肉质块茎。因其是草，枝顶端膨大有节似蚕，生于土石之上，故名草石蚕。

1. 品种特征

草石蚕块茎一般有 5～7 个环节，节部凹陷，并残存小鳞片叶，见图 3-22。根据形状和大小可分为甘露、麻露、地龙 3 种。甘露体长不过 1 寸，形似螺蛳，外皮洁白光滑，肉质细嫩，品质最佳。麻露体长不过 2 寸，表皮粗糙且厚，水分小，肉质粗，品质次之。地龙体长不过 3 寸，外形细长，肉质表皮粗糙且老，品质最差。

图 3-22　草石蚕

2. 加工应用

草石蚕形态独特，虽风味无显赫之处，但质感脆嫩，少水无筋，在食品加工中，是腌酱制品优质的食材原料。

(二十)银苗

银苗，又名银条、银根、高粱根，唇形科多年生草本植物。原产于中国，自古就有栽培。其供食用部位是地下匍匐茎顶端形成的鞭形肥大茎，长约 50 cm，最粗横茎约 1 cm，断面近方形，上有 10～18 个环节，节处着生小鳞片叶及侧芽，皮肉洁白，质细嫩，稍有纤维，味淡薄，品质仅次于草石蚕，主要用于酱制原料。

(二十一)马铃薯

马铃薯又名洋芋、土豆、山药蛋。属茄科草本植物。原产于美洲热带高原地区，约 17 世纪传入我国，目前栽培很普遍，以北方地区种植最多。

马铃薯薯块在形态上相当于缩短茎，它是由地下的匍匐茎顶端 12～16 节短缩膨大而成的，块茎为匍匐茎相连的一端称尾，另一端称顶，块茎表面分布着许多芽眼。

1. 品种特征

马铃薯栽培地区多，又各自有特点，按其色泽分为白皮种、黄皮种、红皮种。白皮种由美洲引入，为早熟品种，多为圆块形，表面光滑，为乳白色，芽眼深而少，以南方见多。黄皮种由日本引入，以北方栽培较多，薯块大，呈椭圆形，皮光滑呈暗黄色，表面芽眼浅而少，肉质疏密适中，色白，水分少而软，味美，淀粉含量高。红皮种由日本引入，东北各省栽培较多，为早熟品种薯块为圆球形，个不大，外皮呈红色，芽眼深，肉浅黄，肉质疏密适中，水分适中，品质较好，见图 3-23。

图 3-23　马铃薯

2. 加工应用

马铃薯含有大量淀粉和较多的蛋白质。含维生素种类包括维生素 B_2、维生素 C、尼克酸等。马铃薯除含 α-淀粉酶、β-淀粉酶以外，还含有较多的酪氨酸酶，块茎切开容易发生酪氨酸氧化产生酶褐变。马铃薯含有茄科植物所特有的毒性成分茄碱甙(龙葵甙)，主要分布在皮层和幼芽周围的组织中，当块茎萌芽或块茎经日照射皮层发绿时，茄碱甙含量迅速增加，而影响其品质，在原料加工时可将其绿皮打掉。马铃薯是大多数人所喜爱的食品原料，可以加工成各种各样的食物产品，如土豆泥、土豆饼、土豆条等，制作菜肴更多，丝、丁、片、块、球均可；炒、烧、炖、煎、炸、拌、烩都成；马铃薯还可以加工淀粉、全粉及制作马铃薯相关食品。

(二十二)芋头

芋头，又名芋艿，为天南星科多年生草本植物，作一年生栽培。原产于印度东南部、马来西亚等热带地区，我国栽培芋头历史悠久，主要分布于华南、西南及长江流域。

芋头的球茎形态，因其品种和质量不同，有圆形、长筒形、短筒形等。其顶端有肥大的顶芽，表面有14～15圈的轮纹状的茎节，上附着毛状的叶鞘残存物，每个茎节上着生一个休眠芽。

1. 品种特征

芋头是一种分蘖性很强的植物。在球茎生长过程中，首先在叶柄与种芋相连处，短缩茎膨大形成"母芋"，母芋环节上的腋芽又可发育成"子芋"，子芋又可生"孙芋"，一株芋头可以获得5代相连的30多个球茎。

芋头品种很多，按生态可以分为旱芋和水芋两种。一般来讲，旱芋栽培较普遍，著名的品种有广西荔浦槟榔芋、台湾槟榔芋、竹节芋、杭州白梗芋等。所谓水芋是在低洼渠沟进行栽培的，种类比较少，有湖南长沙的鸡婆芋、浏阳红芋等。按球茎分蘖性可分为多子芋和多头芋两种。多子芋分蘖性强，子芋多且与母芋分离，其母芋个小，肉质粗略，而子芋肥大，肉质细嫩，滋味好。鸡婆芋、浏阳红芋、莱阳毛芋头属于此类。多头芋分蘖性更强，子芋和母芋结合生长在一起，难于分离，球茎含水分较少，味美似栗子，晶质最佳。主要品种有四川嘉定红芋、上海狗蹄芋等，见图3-24。

图3-24　芋头

2. 加工应用

芋头主要含有多糖体及丰富的淀粉，口感香糯、滑润，可与其他原料相配加工制作面点皮料，亦可以加工制作菜肴，适合蒸、煮、烧、焖、炖，既可以充当主料，又可以作为其他原料的配料，有"入乡随俗"的风味倾向感。

(二十三)慈姑

慈姑，又名燕尾草、白地栗、剪刀草、茨姑等。为泽泻科水生多年生宿根草本植物，原产于中国，主要分布于长江以南各省，而以江浙、成都、昆明、广东较普遍。慈姑的生长过程：植株在8—9月，先是叶脉处的腋芽生长伸入泥中形成匍匐茎，再是茎端膨大形成食用球茎。球茎顶端有突出的顶芽，外皮平滑，呈黄白色或淡蓝或浓蓝色，表面有环节数条，环节上有褐色的鳞片状叶。

1. 品种特征

慈姑靠球茎无性繁殖，变异少，品种不多，优良品种有江苏的苏州慈姑和圆慈姑、广东的沙姑和肉姑，见图 3-25。

图 3-25 慈姑

2. 加工应用

慈姑为多年生水生植物，口味淡苦带涩，主要有烧、炖、焖等几种慢火熟制方法，通常与肉同烧，这样会改善慈姑的口感。

(二十四)荸荠

荸荠，又名马蹄、地栗、凫茈等，属沙草科多年生草本植物。原产于东印度，现世界各地均产，我国栽培较早，且产量较大，主要分布于长江以南各省，现北方也有少量栽培。

荸荠，地下有匍匐茎，顶端膨大为球茎，球茎为扁圆形，表面平滑呈栗色或枣红色，有环节 3～5 圈，有短鸟嘴状的顶芽和侧芽。

1. 品种特征

荸荠的品种有几种分法。商业一般划分为干荠和湿荠两种。所谓干荠是指表皮干燥的，又称马蹄，其特点是个大、汁少、肉粗、味甘，代表品种有广西马蹄、广东马蹄、福建马蹄、浙江马蹄，好者为广西马蹄。所谓湿荠是指带泥荸荠，又称地栗，特点是个小、水分大、质嫩、味淡，代表品种是浙江大红袍，见图 3-26。

图 3-26 荸荠

2. 加工应用

行业上划分一般为南荠、菜荠两种。南荠一般品质比较好，适合于作水果，皮色发浅且薄，肉质脆嫩发甜。菜荠皮厚且老，淀粉多，味淡，适合于制作菜肴。

(二十五)菊芋

菊芋，又名洋姜，属菊科多年生宿根草本植物。原产于北美洲，在我国已栽培数十年，但面积很小。菊芋供食用的器官为地下匍匐茎上形成的节上短缩茎，一般每株可采收20～25个块茎。

1. 品种特征

菊芋的品种不多，我国栽培的按其块茎的色泽可分为白菊芋和红菊芋两种。白菊芋其块茎皮、肉皆为白色，形状大而整齐产量多。红菊芋块茎的外皮是紫红色，肉白色，个小而凹凸不平，见图3-27。

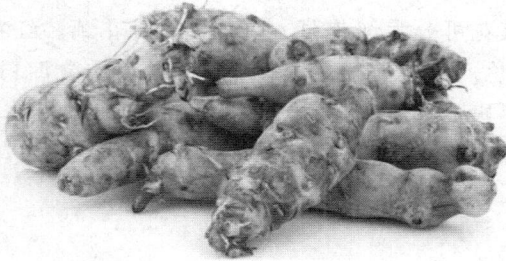

图 3-27　菊芋

2. 加工应用

菊芋属地下块茎，皮薄肉厚，质嫩，主要用于制作酱菜。

(二十六)姜

姜，又名生姜，为蘘荷科多年生宿根植物，一般作为一年生植物栽培，是重要的香辛蔬菜。原产于印度、马来西亚，我国的栽培历史悠久，分布广泛，供食用部分是地下根茎。

1. 品种特征

姜的品种繁多，可依肉色、姜芽色及产地不同划分。按颜色可分为白姜、黄姜、红姜。白姜根茎较大，呈微黄色，外皮光滑，肉黄白色，水分较大，辣味淡，纤维少。黄姜根茎中等大小，皮呈淡黄色，节间缩短，根茎嫩芽呈黄白色，肉质细密，水分小，辣味强，品质佳。红姜根茎大，节间长，皮淡黄色，嫩芽淡红色，肉色黄，纤维少，辣味强，品质佳。我国著名的生姜品种有山东莱姜、泰安片姜、安东白姜、陕西黄姜、浙江红姜和黄姜、湖北刺阳姜、遵义大白姜、广东肉姜、南雄姜等，见图3-28。

图 3-28　姜

2. 加工应用

作为香辛蔬菜的姜，其所含特殊成分是香精油，属于辛辣成分主要是姜辣素，分解生成姜酮、姜烯酮等，属于芳香成分的有姜醇、姜烯、水芹烯、柠檬醛、芳樟醇等。在食品加工中，其主要应用是用来调味，也有将其用糖腌渍，加工成糖渍食品。

(二十七)藕

藕，又名莲藕，属睡莲科多年生草本植物，根茎最初细如指，称为莲鞭，鞭上有节，节上再生鞭。节下生须根，节上抽叶和花梗，夏秋为生长期，鞭数节膨大成藕。藕原产于印度，古代传入我国，以济南、长沙、武汉、杭州、广州产的最好。

1. 品种特征

藕的品种很多，按其花可分为红花藕、白花藕、麻花藕。红花藕为晚熟种，藕瘦长，一般3～4节，外皮褐黄色，较粗糙，并带有红锈状，肉质含淀粉量大，水分小，质地较粗。白花藕为早熟种，藕块肥大，一般为2～4节，外皮细嫩光滑，呈银白色，肉质脆嫩，水分大，甜味浓，品质好，见图3-29。麻花藕为红、白藕杂交而成，形似白花藕，色似红花藕，质量介于两者之间。

图 3-29　藕

2. 加工应用

藕含有人体所需要的多种营养素，特别是维生素和矿物质以及糖类，质地脆嫩，在食品加工中用途十分广泛，包括制作藕粉、糖制品、加工酱菜、烹制菜肴等，煎、炒、烹、炸、煮均可。

(二十八)大白菜

大白菜，又名结球白菜、黄芽菜、菘、黄矮菜等。大白菜属十字花科一年或两年生草本植物。供食用部位是叶器官形成的肥嫩叶球。大白菜原产于中国，是著名的特产蔬菜，其品种资源十分丰富。从植株顶芽不发达的低级类型发展到顶芽十分发达的高级类型，形成了叶、半结球、花心和结球4个变种。

1. 品种特征

大白菜按其生长期可分为早熟、中熟、晚熟三大类。其中早熟品种的特点是叶球较小，叶肉薄，质细嫩，纤维少，汁多味浓，食用品质中等。中熟品种的特点是叶球中等大小，食用品质优于早熟品种。晚熟品种叶球大，叶肉厚组织紧密，韧性大，经储藏后，口味变甜，食用效果增强，见图3-30。

图 3-30　大白菜

2. 加工应用

大白菜为叶菜中的佼佼者，其数量大、品种多，营养极其丰富。植株质地细嫩，叶片柔软多汁，在食品加工中参与和渗透各个领域，可以制作泡菜、制作菜肴，可烧、拌、炝、腌、泡、炒、熘、蒸、做成汤菜、菜卷以及加工馅心等。

3. 白菜的变种

娃娃菜，是一种袖珍型小株白菜，属于十字花科芸薹属白菜亚种，营养价值和大白菜差不多，富含维生素和硒，叶绿素含量较高，具有丰富的营养价值。外形为长圆柱形，结球紧实，重 200 g 左右，外表绿白色或鲜黄色，其中鲜黄色为精品。娃娃菜在高山地区栽培较多，主要来自云南，目前温州已有种植，主要在春末和冬初上市。娃娃菜帮薄甜嫩，味道鲜美，因其小巧可食率高而受到市场的欢迎。

奶白菜，是十字花科芸薹属芸薹种白菜亚种的一个变种，一两年生草本植物，原产于中国南方，以广东栽培较多。奶白菜是不结球白菜或普通白菜、小白菜、青菜、油菜中的一个株型中矮肥、叶柄宽厚的一个种类。过去大多以采收长成大棵的植株上市，近年来餐饮业却盛行以棵菜烹饪，很受消费者喜爱。

(二十九)小白菜

小白菜，又名白菜，古时称"菘"。小白菜同属于白菜品种，十字花科，植株不结球，叶脉明显，叶直立稍展开，花为黄色。

1. 品种特征

小白菜原产于中国，栽培很普遍，以北京、天津出产最多，长江流域均产。小白菜共同的特点是生长期短，适应性强，质地脆嫩。常见的品种有小白口、青白口、青口 3 种。目前还有一些新培育的白菜品种，如快菜。快菜具有早熟、长势强、生长快的特点，30天左右就可以采收上市，见图 3-31。

2. 加工应用

小白菜在质感和营养特点上略同于大白菜，色泽翠绿，食用方法也与大白菜基本相同。

图 3-31　小白菜

(三十)结球甘蓝

结球甘蓝,又名洋白菜、卷心菜、茴子白等,为卜字花科芸薹属甘蓝类的一种。结球甘蓝原产地中海沿岸,明清代传入我国,并在我国南北方普遍种植,成为重要的食用蔬菜之一。

1. 品种特征

结球甘蓝按其叶球形状和颜色可分为白球甘蓝、紫球甘蓝和皱叶甘蓝 3 种,见图 3-32。白球甘蓝又名普通甘蓝,是我国种植的主要品种,而紫球甘蓝和皱叶甘蓝在我国仅有少地区种植,如广东等地,它们的营养价值比白结球甘蓝高。

白结球甘蓝按其叶球形状又可分为 3 个类型。

尖头类型:叶球较小,形似牛心形,中心柱(短缩茎)较高,产量低,品质差,多为早熟栽培品种,著名品种有上海鸡心甘蓝、大牛心甘蓝等。

圆头类型:叶球圆球形,包心紧实球形整齐,中心柱短,品质佳,产量高,成熟期集中,多为早熟或中熟品种,种植比较普遍,著名品种有金早生、迎春、北京早熟等。

平头类型:叶球旱扁圆形,个形大,结球紧实,中心柱最短,多为晚熟的大型品种或中熟品种,优良品种有黄苗、黑叶小平头、茴子白、黑平头、蘑盘甘蓝、二虎头等。

图 3-32　结球甘蓝

2. 加工应用

结球甘蓝的菜质脆嫩，除含有较多的糖分和维生素外，还含有芸薹属植物所特有的含硫葡萄糖甙，经酶作用分解为芥子油和糖分，使产品具有特殊的气味。在食品加工中其应用十分广泛，可烹制菜肴、爆炒、醋熘、炝拌，也可以加工制作馅心。

(三十一)菠菜

菠菜，又名菠棱、赤根菜等。菠菜属于黎科，一两年生草本植物，主根粗壮，变红，基部出叶，椭圆或箭头形，深绿色，叶柄长而肉质。

菠菜原产于波斯，唐代时传入我国，分布广泛，南北各地均有栽培。

1. 品种特征

菠菜的品种按叶的形状可分为尖叶和圆叶两类。尖叶类型属有刺种，在我国栽培历史悠久，又称中国菠菜。叶呈箭头形，叶片薄叶柄细长，叶面光滑，根粗壮且含有较多糖分，抗寒性强，优良品种有黑龙江的双城尖叶、青岛菠菜、广州的大乌叶菠菜等。圆叶型属无刺种。叶呈网形，叶片肥大而肉厚，多皱缩，叶柄短润，比较耐热，晚熟，优良品种有东北、西北栽培的法国菠菜、陕西的春不老菠菜，以及东北、华北栽培的美国大圆叶菠菜等。

菠菜按播种期不同可分为越冬菠菜、春菠菜、夏菠菜、秋菠菜，其中以秋菠菜的质量最好，叶片多，肉质肥厚，菜棵大，见图3-33。

图 3-33　菠菜

2. 加工应用

菠菜含有丰富的钙、磷、铁等矿物质，以及胡萝卜素和维生素C，其供食用的叶及叶柄含纤维素少，不易木质化，因而组织柔嫩易于消化。制作凉菜、热菜、面点馅料、提取天然食用色素均可。但菠菜中含有较多的草酸成分，食入体内会影响对钙的吸收，所以食用时必须做适当的处理或进行合理搭配。

(三十二)油菜

油菜，又名青菜、白菜、菘荣、芸薹等。油菜属十字花科，一两年生草本植物。植株一般都比较矮、茎短缩，叶面多数无绒毛，叶片呈匙、圆、卵、椭圆形，有浅绿、深绿、黑绿、紫红等颜色。油菜原产于中国，以南方栽培较多。

1. 品种特征

油菜按其植物性状可分为直立种、塌地种和菜薹种3个变种。直立种油菜，叶柄直立或稍展开或抱合成筒状，叶片浅绿、绿色或深绿色，叶柄有白色和浅绿色，有的肥厚呈圆形，有的扁平基部向内弯曲呈匙形，优良品种有青帮油菜、上海四月慢、南京矮脚黄、南京四月白等。塌地品种，叶片肥厚，呈深绿色或黑绿色，塌地而生，耐寒性强，菜植株经霜打后具有特殊的美味，优良品种有南京瓢菜、常州马塌菜、上海塌棵菜等，见图 3-34。

图 3-34　油菜

2. 加工应用

油菜的色彩翠绿，质感鲜嫩，营养丰富。食品加工中以炒食居多，这样可以最大限度地保持其鲜艳的色彩和降低营养物质的损失，也可以焯烫食用，其口味清淡，还可以美化盘面。

(三十三) 蕹菜

蕹菜，又名空心菜、藤菜，属施花科，一年生草本植物，茎蔓性，中空有节，节上生不定根，叶柄长，叶片心脏形，质柔嫩。

蕹菜原产于中国，主要产区是华南、华中地区，见图 3-35。

图 3-35　空心菜

1. 品种特征

蕹菜的品种不多，大致可分为白花种、紫化种、小叶种3个品种。白花种青梗、叶长、质嫩。紫花种与白花种的区别在于其茎、叶背、叶柄为紫色。小叶种特点是棵小、质嫩，主产于中国台湾和华南各省。

2. 加工应用

蕹菜除了含有一般蔬菜所具有的营养物质以外，较为明显的特点是含有比较多的纤维素，加工方法以旺火速成的技法更为常见。由于草酸的存在，烹调后鲜艳的颜色会很快消失，因此，加工的时候用淡盐水焯烫一下会使其状况改观。

(三十四)冬寒菜

冬寒菜，别名冬苋菜、马蹄菜、冬葵、滑菜、滑肠菜等，是锦葵科锦葵属两年生或一年生草本植物。冬寒菜是一种供应期较长的绿叶蔬菜，因其生长期长，产量不高，一般多只在地边或零星地栽培，而很少用菜地大面积种植。

1. 品种特征

冬寒菜大致分紫梗冬寒菜和白梗冬寒菜。紫梗冬寒菜茎绿色，节间及主蔓均紫褐色，叶脉基部的叶片亦呈紫褐色，七角心脏形，叶柄较短，叶大肥厚，叶面有皱，如湖南的糯米冬寒菜，见图3-36。白梗冬寒菜茎绿色，叶较薄较小，叶柄较长，较耐热，较早熟，适于早秋播种，如浙江丽水冬寒菜。

图 3-36　冬寒菜

2. 加工应用

冬寒菜以幼苗或嫩茎叶供食，营养丰富，可炒食、做汤，柔滑叶美、清香。冬寒菜性味甘寒，具有清热、利水、滑肠的功效，治肺热咳嗽、热毒下痢、黄疸、两便不通、丹毒等病症，脾虚肠滑者忌食，孕妇慎食。

(三十五)芹菜

芹菜，又名旱芹、药芹、蒲芹等，属伞形科，一两年生草本植物，叶为两回羽状复叶，叶柄发达，中空或实。

芹菜原产于地中海沿岸及瑞典的沼泽地带，现在我国栽培广泛，分布于南北各地，著名的产地有河北宣化、山东潍县、河南商丘、内蒙古集宁等地。

1. 品种特征

芹菜是一种脆嫩而具有特殊风味的香辛蔬菜，供食用部位是粗大肥厚的叶柄。芹菜按食用部位不同可分为根用、叶柄用、叶用 3 个类型。我国栽培的主要是叶柄用芹菜。芹菜按季节可分为春芹、夏芹、秋芹、越冬芹 4 种。我国栽培的叶柄用芹菜品种有本芹和西洋芹两种，本芹传入我国较早，由于选种和栽培方法的不同，现已形成我国单一系统，其主要特征是叶柄细长，香味浓；按叶柄颜色又可分为青芹、白芹、棒芹、春芹 4 种，其中以白芹和春芹的质量最好。白芹叶柄矮小，叶片少，叶柄光滑腹沟浅而窄，纤维少，组织充实，质地脆嫩。春芹短粗直立，叶少，叶柄光滑，腹沟浅，叶基宽，纤维少，质地脆嫩。青芹和棒芹叶柄粗糙，叶多，筋突出，腹沟深，纤维多，质老。

　　香芹，别名法国香菜、洋芫荽、荷兰芹、旱芹菜、番荽、欧芹，为伞形花科欧芹属一两年生草本植物，见图 3-37。食用嫩叶，用作香辛蔬菜。鲜根、茎汁可供药用。原产于地中海沿岸。西亚、古希腊及罗马早在公元前已开始利用，我国近年才较多栽培，主要供西餐业应用，是西餐中不可缺少的香辛调味菜及装饰用蔬菜，宜生食。

图 3-37　香芹

　　西芹又称洋芹、美芹，是从欧洲引进的芹菜品种，植株紧凑粗大，叶柄宽厚，实心。质地脆嫩，有芳香气味。可以分黄色种、绿色种和杂色种群 3 种，见图 3-38。

图 3-38　西芹

水芹又称水英、细本山芹菜、牛草、楚葵、刀芹、蜀芹、野芹菜等，伞形科水芹菜属，水生宿根植物，见图3-39。原产于亚洲东部，分布于中国长江流域、日本北海道、印度南部、缅甸、越南、马来西亚、爪哇及菲律宾等地。现在我国中部和南部栽培较多，以江西、浙江、广东、云南和贵州栽培面积较大。水芹以嫩苗、幼茎及叶柄供食用，同时又是一种具有广阔开发前景的食疗蔬菜。水芹可全部入药，对治疗小便不利、小便出血、小儿霍乱、痢疾等有明显效果。

图 3-39　水芹

2. 加工应用

质量优良的芹菜，其叶柄维管厚壁组织及厚角组织不发达，含粗纤维少，使用价值高，除含有一般蔬菜成分外，在其维管束附近的薄壁细胞中分布着油腺，能分泌挥发油，使芹菜具有芳香气味。主要成分是芹菜油内酯、芹菜油酸酐，另含有芹菜甙、谷氨酰胺、甘露醇、天门冬酰胺等。芹菜食品加工中同样适用于相当多的技法，制作凉菜、热菜、面点、馅心均可，如姜汁芹菜、红油芹菜、清炒芹菜、百合芹菜等，当然还可以用作调味。

还有一种主要食用根类的芹菜头，味道比较温和清甜、略带胡椒味。芹菜头在欧洲是很便宜的冬季蔬菜，主要用来制作高汤，也可切丝拌色拉酱生食。芹菜头在我国主要作为酱菜原料。

(三十六)香菜

香菜，又名芫荽、胡荽、松须菜，属伞形科，一两年生草本植物。香菜原产于地中海东部和叙利亚。因香菜喜凉，故主要分布在我国北方种植。

1. 品种特征

常见的香菜品种有：早春小香菜，棵细小，梗发白，根细，味比较淡；春季老香菜，根长梗粗短，色浓绿，味比较浓；秋季大香菜，棵大梗浓绿叶稍发红，味浓，见图3-40。

2. 加工应用

香菜是一种营养价值很高的蔬菜，除含有较多的钙、铁和维生素外，还含有独特的芫荽油酯，可调剂风味，对某些疾病有"发散"作用。在食品加工过程中，多作配料，也可以凉拌、做汤。

图 3-40　香菜

(三十七)茴香

茴香，又名香苗、香丝菜等。茴香属伞形科茴香属，多年生宿根草本植物。茴香原产于地中海，在栽培植物中是最古老的一种，由波斯、印度经丝绸之路在 8 世纪前传入我国，现北方较为广泛种植。

1. 品种特征

茴香的品种很多，如烤茴香、盖茴香、风障茴香、露地茴香等。

球茎茴香别名意大利茴香、甜茴香，为伞形花科茴香属茴香种的一个变种，原产于意大利南部，现主要分布在地中海沿岸地区。近些年我国一些大中型城市和沿海城市为满足涉外饭店及大型超市日益增长的市场需求，纷纷引种、栽培。球茎茴香和我国种植近 2000 年的小茴香是同一种植物，两者从叶色、叶形、花序、果实、种子等植物学性状及品质、风味等其他特征上相比，都极为相似，只是球茎茴香的叶鞘基部膨大、相互抱合形成一个扁球形或网球形的球茎。成熟时，球茎可达 250~1000 g，成为主要的食用部分，而细叶及叶柄往往是在植株较嫩的时候才食用，可做馅。种子同小茴香一样具有特殊的香气，可做调料或药用。球茎茴香膨大肥厚的叶鞘部鲜嫩质脆，味清甜，具有比小茴香略淡的清香，一般切成细丝放入调味品凉拌生食，也可配以各种肉类炒食。在欧美，球茎茴香是一种很受欢迎的蔬菜，见图 3-41。

图 3-41　茴香

2. 加工应用

茴香有特殊的芳香气味,原因是在其叶、梗及种子中均含有香精油成分,最为突出的是茴香中还含有大量的钙。在食品加工中主要用于制作馅心。

(三十八)朝鲜蓟

朝鲜蓟,别名菊蓟、菜蓟、法国百合、荷花百合,为菊科,属多年生草本植物,见图 3-42。原产地中海沿岸,以法国栽培最多。19 世纪由法国传入我国上海。目前我国主要在上海、浙江、湖南、云南等地有少量栽培。近年来,美国及西欧等发达国家对朝鲜蓟的消费和进口量不断增加,罐头制品在国际市场供不应求,为适应国际市场的需要,我国台湾地区有较大面积种植,产品供出口创汇。

图 3-42 朝鲜蓟

朝鲜蓟以花蕾供食,叶柄经软化栽培后可煮食。食用花蕾时,放入沸水中煮 25~45 分钟至萼片易拨开时取出,剥下苞片,将总花托切片,将两者放入盆内,撒入精盐腌渍片刻,捞起稍挤去水分,拌以调料,制成沙拉。或拌以鸡蛋、淀粉等制成的浆,放油锅炸至表面金黄色,捞出沥油,蘸花椒盐食用,都具独特风味。

(三十九)刺菜蓟

刺菜蓟,菊科菜蓟属,多年生草本植物,具有肥大可食的根部,直立,叶大型,羽状分裂,表面灰绿色,背面有白色绒毛,基部叶片长 1 m,边缘有刺,长叶柄,见图 3-43。

图 3-43 刺菜蓟

(四十)茼蒿

茼蒿，又名蓬蒿、春蒿、蒿秆等，属菊科，一两年生蔬菜。原产于中国，原为野生，全年栽培，以南方较多。

1. 品种特征

茼蒿依叶子的大小可分为大叶种和小叶种。以大叶种为好，叶大肥厚，产量高，质柔嫩，风味浓厚，见图3-44。

图 3-44　茼蒿

2. 加工应用

茼蒿含有极其丰富的营养物质，以及挥发性香精油，质地脆嫩，适合于清炒、凉拌，也可以涮食。

(四十一)生菜

生菜，叶用莴苣，又名千金菜、白苣、莴菜等，属菊科，一两年生草本植物。

1. 品种特征

生菜原产于地中海沿岸，约汉代传入我国，现以普遍栽培，以广东、广西出产较多。生菜按其形态可分为团生菜和花叶生菜。按其颜色不同可分为青口、白口、青自口、淡紫、赤褐等。

白口团生菜，叶片较薄，叶球顶端较凸出，结球松散，品质细嫩。花叶生菜，叶长而薄，皱纹浅大而叶散生，叶边缘有明显缺刻，呈绿色，不结球，直梗白色，品质粗糙，见图3-45。

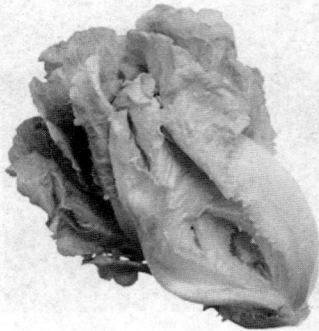

图 3-45　生菜

2. 加工应用

叶用生菜含有丰富的维生素，其食用加工方法多种多样，凉拌是最为方便简捷的技法，另外也可以加工制作热菜，如蚝油生菜、蒜蓉生菜、清炒生菜，也可以作为涮料。

(四十二)叶用芥菜

叶用芥菜，又名盖菜，属十字花科，系一两年生草本植物。其变种很多，叶形肥大，叶脉明显，叶面多皱缩，叶缘缺刻。

1. 品种特征

芥菜原产于中国，南方种植较多。常见品种有平帮芥菜和凸帮芥菜。凸帮芥菜品质好，棵体较平帮矮，叶宽，叶梗肥大，纤维较少，质地脆嫩，见图3-46。

图 3-46 盖菜

2. 加工应用

叶用芥菜在食品加工中虽然应用很广，但针对其所适应的技法不是很多，主要以炒的烹调方法制作菜肴，另外，由于其嫩叶碧绿，很多时候还可以把它加工成菜菇，用来装饰其他菜肴。

(四十三)芥蓝

又名甘蓝菜、盖蓝菜，味道带甘如芥，故称之为芥蓝。较常见的品种有白花和黄花两种。芥蓝属十字花科，一年生草本植物。原产于我国，以广东、福建等省栽培较多，产于秋末至春季。芥蓝叶柄较长，叶呈长倒卵形，色泽深绿，茎叶多白粉，气味清香，质地柔嫩，味道鲜美，是叶菜类中含维生素较多的青菜，见图3-47。

图 3-47 芥蓝

(四十四)荠菜

荠菜，又名荠、野菜、护生草等，属十字花科，一年或两年生草本植物。基部叶丛生，羽状分裂或不分裂，叶被毛绒，柄有窄翅。

荠菜原产于中国，原为野生，现已有人工栽培。

1. 品种特征

荠菜分春荠、秋荠两种。以春季采收的荠菜质量好，色绿，质嫩，气味芳香，见图 3-48。

图 3-48 荠菜

2. 加工应用

荠菜是一种很有发展的蔬菜品种，不仅含有丰富的维生素，而且质地柔嫩，气味清香，食用价值高。加工技法以凉拌居多，也可加工成馅心。

(四十五)苋菜

苋菜，又名苋、苋菜茎等。立粗壮，叶互生，卵形或菱形，食用部位是幼苗和嫩茎叶。属苋科，一年生草本植物。梗直，有绿、紫之分，另有彩苋。

苋菜原产于东印度，我国栽培历史也很悠久，主要产于江苏、江西、上海、北京、天津等地。

1. 品种特征

苋菜按栽培品种分尖叶青、红叶圆、大红叶、彩苋等。按色可分为红苋菜和绿苋菜。

红苋菜，梗直立，分枝少，叶圆形，叶端稍尖，叶面深紫色，背面稍淡，叶及叶梗稍有光泽，叶肉较薄，质柔嫩，见图 3-49。绿苋菜只其颜色与红苋菜有区别，其他类同。

图 3-49 苋菜

2. 加工应用

苋菜具有很高的营养价值，含钙、铁均比菠菜高，最为突出的是苋菜中不含有草酸，食用时不影响对钙的吸收。苋菜在食品加工中多用于加工制作汤菜，清炒、凉拌亦可。

(四十六)木耳菜

木耳菜,又名落葵、软浆叶、藤菜、胭脂菜等,属落葵科,一年生草本植物。原产于印度、缅甸和我国热带地区。供食用部位是其嫩叶。

1. 品种特征

木耳菜主要在南方种植,现北方有大量栽培。主要品种有广州青梗藤菜、红梗落葵等,见图 3-50。

图 3-50　木耳菜

2. 加工应用

木耳菜除含有一般绿叶蔬菜所含成分外,植株内含有较多的黏液质,性寒,故具有凉血、解毒润肠等作用。木耳菜以蒜蓉炒的比较多,也可以凉拌。

(四十七)蕨菜

蕨菜,又名拳菜、龙头菜,属凤尾蕨科,多年生草本植物。

蕨菜原产于中国,以东北、西北较多。植株高 80~120 cm,春天由根茎长出拳卷状的嫩叶。外披白色绒毛,长成的叶羽状分裂,全形呈三角形状,整个生长期为 5~9 个月,从不开花结果,其供食用部位是其嫩叶和嫩茎。

1. 品种特征

蕨菜是驰名中外的野生蔬菜,按其加工可分为腌蕨菜、干蕨菜、冷冻蕨菜;按产地又可分为甘肃、黑龙江、吉林、河北承德蕨菜等,以甘肃蕨菜质量好。其鲜艳翠绿,粗壮,长短整齐,无异味,见图 3-51。

图 3-51　蕨菜

2. 加工应用

蕨菜，多为野生，天然营养成分含量丰富，口感特征良好。为保持其天然姿色，在食品加工中，可以制作成干菜及罐头食品，烹饪加工中使用最多的技法是凉拌，如蒜汁蕨菜、三油蕨菜、红油蕨菜、麻酱蕨菜、芝麻蕨菜等；另可以加工成热菜，多用炒的烹调技法。

（四十八）韭菜

韭菜，又名起阳草，属百合科多年生宿根植物。原产于中国，南北各地均有种植，以北方各地更为普遍。韭菜再生力强，其根部进行分蘖。供食用部位是柔嫩的叶片及叶鞘。

1. 品种特征

韭菜的种类多，按食用部位的不同可分为根韭、叶韭、花韭和叶花兼用4种类型。以叶及叶鞘为食用的产品，可分为宽叶韭和窄叶韭两种。宽叶韭，叶片宽厚，浅绿色，质地柔嫩，香味稍淡，著名的品种有北京大白根、天津大黄苗、张家口马兰韭、汉中冬韭、山东寿光马兰等。窄叶韭，叶片窄长，颜色深绿，纤维较多，但香味较浓厚，叶稍细高，著名品种有北京铁丝苗、太原黑韭、保定红根韭菜。

韭菜按其栽培方式不同可分为盖韭、冷韭、敞韭、青韭和黄韭。盖韭为棚内盖草种植，根白、叶绿、香浓、味辣。冷韭为土洼风障种植，根粗、叶厚、味辣。敞韭，为温室种植，光照返青，根白、叶绿，稍带土腥味。青韭为温室避光栽培，柔嫩、纤维少，淡黄色，品质佳，见图3-52。

图3-52　韭菜

2. 加工应用

韭菜具有较高的营养价值，它不仅富含胡萝卜素、维生素、钙、磷、铁等矿物质，还含有较多的挥发油和有机硫化物，具有特殊的芳香和辣味，有抗菌性能。韭菜的食用方法很多，诸如鸡蛋炒韭菜、海米炒韭菜、墨鱼炒韭菜、木耳炒韭菜等，应用最多的是将其加工成馅心制作中国传统的饺子、包子、馅饼等。

(四十九)西餐常用的叶菜

1. 芝麻菜

芝麻菜又称紫花南芥，别名芸芥、德国芥菜、火箭生菜等，为十字花科芝麻菜属一年生草本植物。芝麻菜原产于欧洲南部，我国西北、华北、华东、西南等地有野生或作为油料作物栽培。部分地区多以采收芝麻菜种子供作药用和采收嫩叶供作蔬菜食用。芝麻菜具有浓烈的芝麻香味，叶片似小萝卜或芜菁，见图 3-53。

图 3-53 芝麻菜

2. 叶用甜菜

叶用甜菜又称牛皮菜、光菜，与根用甜菜、饲用甜菜、糖用甜菜为同种藜科植物。现欧洲南部、地中海沿岸尚有野生的，在我国栽培已久。叶部发达，叶片肥厚，叶柄粗长，一般生食嫩叶，见图 3-54。有叶柄特别发达的，则以食叶柄为主，可煮食、炒食或腌制。

图 3-54 叶用甜菜

3. 苦菜

苦菜为菊科植物苦苣菜、山苦荬、抱茎苦荬菜的嫩叶，又名苦荬、苦马菜，是人们喜食的一种多年生野生蔬菜。苦菜适应性很强，在田间、路旁均能生长，见图 3-55。它不但具有较高的营养价值，而且还有清热解毒等医疗作用。

图 3-55　苦菜

(五十)葱

葱，又名大葱，属百合科多年生宿根草本植物，多作一两年生栽培。叶同筒形，先端尖，中空，表面有粉状蜡脂，叶鞘层层包裹。

1. 品种特征

葱，原产于亚洲西部和我国西北高原地区，在我国栽培历史悠久且普遍。葱可分为普通大葱、分葱、胡葱和楼葱4个类型。分葱和楼葱属于普通大葱的变种。

分葱，茎细短，植株矮小，分蘖力强，辛辣味淡，以食用嫩叶为主。

楼葱，又名龙爪葱，植株直立，分蘖力强。花器官发生变异，在花茎上生长气生鳞茎，重叠如楼。葱叶短小，葱白味辣，品质次佳。

普通大葱，为我国大葱的主要种类，品种多，品质佳。有长葱白类和短葱白类。长葱白类，辣味浓厚，植株高大，北方多种此类，如章丘大葱、盖平大葱、北京多脚葱等。短葱白类，葱白粗而肥厚，著名品种有章丘鸡脚葱、河北对叶葱等，见图3-56～图3-58。

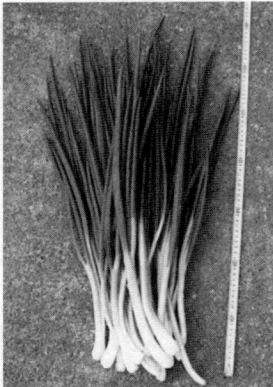

图 3-56　分葱

图 3-57　香葱

图 3-58　普通大葱

2. 加工应用

葱的芳香辛辣是由于含有挥发性香精油，其主体属于有机的硫化物。大葱的香精油多属于游离态和弱结合态，因而挥发性比较强，同时在葱的挥发物中还含有大量的碳酸、甲醇、丙硫醇，以及少量的乙酸、亚硫酸、二烯丙基、硫醚、丙醇等，所以刺激性很强。葱在烹饪过程中最主要就是用于菜肴调味，生食是部分地区和人群的习惯，在选择生食时，一般选择口感偏甜、质地脆嫩的为佳。

(五十一) 葱头

葱头，又名洋葱，红葱、圆葱等，属百合科，两年生或多年生草本植物。根浅壮，叶呈圆筒形，表面有蜡脂，叶鞘肥厚呈鳞片状，密集于短缩茎的周围，形成鳞茎叶。

1. 品种特征

葱头以其肥大的肉质鳞茎叶为食用部位。葱头可分为普通葱头、分蘖葱头、头球葱头3 个类型。我国大量栽培的是普通葱头。普通葱头按其皮色可分为黄皮、红皮、白皮 3 种。

黄皮葱头，鳞茎叶外皮黄色，肉质细嫩，味甜略辣，扁球形或圆球形，品质优良。著名品种有北方产的黄玉葱、天津的大水桃、荸荠扁等，见图 3-59。

图 3-59　黄皮葱头

红皮葱头，鳞茎叶外皮为红色，肉质微红，水分较多，辣味强。品质仅次于黄皮种，见图 3-60。

白皮葱头，鳞茎叶较小，易抽薹不耐储藏，见图 3-61。

图 3-60   红皮葱头

图 3-61   白皮葱头

2. 加工应用

葱头肉质细嫩，富含矿物质、维生素以及挥发性芳香油。发挥油中富含蒜素、硫醇、三硫化物等，具有很强的刺激性，同时具有增进食欲和抗菌作用。葱头在西餐当中多用于调味，在中餐中，不仅用于调味，很多的时候是把它当作主料或配料加工菜肴，如葱头炒肉丝、肉片；葱头还可以用来加工制作馅心，进行包子、饺子的制作。

（五十二）蒜

蒜，又名大蒜，属百合科，多年生宿根草本植物，多为一两年生栽培。地下由灰白色皮包裹，着生在短缩的茎盘上，膨大后形成假茎"蒜瓣"。

1. 品种特征

蒜，原产于亚洲西部高原，汉代引入我国，分布广泛。大蒜的品种很多，按皮色可分红皮蒜和白皮蒜；按大小可分为大瓣蒜和小瓣蒜。

红皮蒜多为大瓣蒜，外皮呈紫红色，蒜瓣大，瓣数少，辣味浓，品质佳。见图 3-62。

白皮蒜，皮呈白色，辣味淡多做糖醋蒜，见图 3-63。另有一种瓣小而多的白皮蒜，又称"狗牙蒜"，此蒜味淡发甜，适宜生食。

图 3-62   红皮蒜

图 3-63   白皮蒜

除上述品种外，还有独头蒜。它是大蒜的变种，多由 2～3 层鳞片皮质和 4～5 层鳞片肉质组合而成，除去皮质和肉质，内有蒜心一棵，蒜头球形，中无花茎，基部无须根，其味辛辣。优良品种是湖北荆州的独头蒜。

青蒜是大蒜青绿色的幼苗，以其柔嫩的蒜叶和叶鞘供食用。品质好的青蒜应该鲜嫩，株高在 35 cm 以上，叶色鲜绿，不黄不烂，毛根白色不枯萎，而且辣味较浓，见图 3-64。

图 3-64　青蒜

2. 加工应用

蒜作为调味类蔬菜主要是含有较多的香精油，这种香精油又称大蒜油，味辛辣而芳香，它是由多种硫化物组成，主体成分是二烯丙基化三硫、甲基烯丙基化三硫等活性硫化物。另外蒜中有蒜氨酸，在蒜氨酶的作用下分解成蒜素，具有强烈的杀菌作用。蒜在食品加工中主要是用做调味，即便是把蒜加工附属产品的糖蒜、泡蒜等，其功能还是调味。

(五十三)百合

百合属百合科，多年生草本植物。共地下鳞茎，由叶鞘基部膨大而成的，不是真正的茎，而基本是叶的构造，见图 3-65。百合原产于亚洲，我国各地都有分布，野生的也很多。

图 3-65　百合

1. 品种特征

百合的品种很多，但因其鳞茎形状、色泽有很大差异，可分为白、灰白、黄白等，著名的品种有卷丹、山丹、天香百合、白花百合等。兰州百合以果实肥大肉厚、色佳形美、养料优丰、风味独特而驰名中外。

2. 加工应用

百合按其加工的不同分为干品和鲜品。其应用技法上有明显不同，干品适合做馅料、汤料；鲜品则适合于炒、烧等。

(五十四)花椰菜

花椰菜，又名菜花，花菜，为十字花科芸薹属甘蓝类蔬菜的一个变种。叶片卵圆形，前端稍长，主茎顶端形成白色或乳白色肥大花球。

花椰菜起源于欧洲西部沿海温暖地带，是野生甘蓝的一个变种，17 世纪传入中国，以华南、华中、华北栽培更为普遍。

1. 品种特征

我国栽培的菜花，按生长期不同分为早熟、中熟、晚熟 3 个品种。早熟种，植株矮小，花球紧，个小。此类菜花花茎短，肉质细嫩，品质优良，著名的品种广东 45 日、福州 60 日、成都 60 日、瑞士雪球等。中熟类型，成熟期需 80～90 天，花球重量的 1000 g 左右，著名的品种有福建 80 日、上海 80 日、荷兰雪球等。晚熟类型，成熟期 90 天以上，此类品种花粗细，花球紧实色白，品质优良，著名品种有广州菜花、福州 3 号、4 号、兰州大雪球等。见图 3-66。

图 3-66 花椰菜

"宝塔"菜花又称"富贵菜""珊瑚菜花"，是花椰菜的一个变种，近两年从欧洲引进。其形状独特，口感脆嫩，用刀切开放在餐盘，高贵典雅，并且营养丰富，产品深受宾馆、饭店及中高档消费者的欢迎，见图 3-67。

图 3-67 "宝塔"菜花

2. 加工应用

花椰菜其食用部位是细嫩，紧实的花球。花球由花薹、花枝、花蕾短缩聚合而成。花椰菜为甘蓝的一个变种，其成分物质与叶用甘蓝相似，使用方法多样，诸如热炒、凉拌、腌泡等。

(五十五)绿菜花

绿菜花，又名西兰花、青菜花、茎柳菜、茎用甘蓝，是甘蓝的一个变种，属十字花科草本植物，原产于地中海沿岸，喜潮湿气候。

1. 品种特征

绿菜花食用部位是其花蕾、花茎。绿菜花在我国的普及比较晚，先前是在南方种植，现已开始在北方种植，绿菜花的开发相对比较晚，品种分化不是很明显，即品种不及白菜花，经储藏可常年供应市场，见图 3-68。

图 3-68　西兰花

2. 加工应用

绿菜花的食品加工与应用特征与白菜花相似，所不同的是其颜色鲜艳，质感尤为脆嫩，在烹饪加工中既用于菜肴制作，也用于装饰美化菜肴。

(五十六)金针菜

金针菜，属百合科，多年生草本植物。因其花蕾黄色、形似金针而得名，见图 3-69。

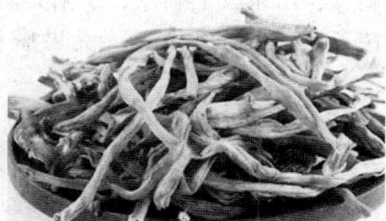

图 3-69　金针菜

金针菜原产丁亚洲及欧洲温带地区，除我国自古以来将其作蔬菜食用以外，其他国家均以观赏品栽培。

1. 品种特征

金针菜在我国南北方都有种植，主要有金针菜、萱草、黄花菜等几个品种。

金针菜：色黄，花蕾未开，形似金针。

萱草：花蕾大，呈橘红或橘黄色，没香味。

黄花菜：形与萱草午日似，色淡黄，香味浓。

著名品种是河南淮阳黄花菜，其特点是 7 根芯条粗壮，形似针，有弹性，肉肥厚，油质多，耐煮，色金黄。

2. 加工应用

金针菜含有很多的营养成分，各种纤维素和矿物质，其含量高于一般蔬菜。金针菜可以制作干制品，在烹饪加工中主要用作配料和汤料，如炒苜蓿肉、烤麸、面卤等。

(五十七)黄瓜

黄瓜，又名胡瓜、王瓜。属葫芦科，一年生草本植物。茎蔓生，卷须不分枝。果呈圆形或棒形，见图 3-70。

图 3-70　黄瓜

黄瓜原产于印度，汉武帝时从西域传入中国，现分布广泛。

1. 品种特征

黄瓜是子房下位花发育而成的果实，花托与果实紧密结合，花托部分较薄，构成黄瓜的外表皮层，供食用的部位是由子房壁形成的果肉和胎座。黄瓜的类别和品种很多，按黄瓜形态可分为刺黄瓜、鞭黄瓜、刺鞭黄瓜、短黄瓜和小黄瓜 5 种。前三种为大型种，后两种为小型种。

刺黄瓜是中国黄瓜中著名的晶种之一，特点是瓜表面有 10 条凸起的纵棱和较大的果瘤，瘤上着生白色刺毛，呈棒形，瓜把稍细，瓜瓢小，肉质脆嫩，味清香，品质最好。著名品种有北京大刺瓜、北京小刺瓜、山东纹上刺瓜、宁阳大刺瓜等。

鞭黄瓜，瓜体呈棒形，纵棱不明显，表皮光滑，无果瘤和刺毛，形似长鞭，果肉薄，心室大，品质不及刺黄瓜。

秋黄瓜，瓜面上有小棱和刺毛，瓜呈棒形，瓜皮深绿色，具有光泽，其顶部黄条明显，瓜肉厚，心室小，肉质脆，水分多，品质好。品种有唐山秋黄瓜、天津秋黄瓜。

荷兰微型黄瓜又称荷兰乳瓜，水果型，以生食为主。其瓜条顺直，无刺毛，色淡绿，果实肉厚脆嫩，口感微甜无苦涩味，深受消费者喜爱，也是适宜北方地区日光温室冬春茬栽培的良种。

2. 加工应用

黄瓜脆嫩多汁，微甜而富有清香，其含有多种维生素、矿物质，还含有抗坏血酸。其清香味取决于果实中含有的香精油，主要成分是黄瓜醇和少量的叶醛。有的黄瓜带苦味，是由于黄瓜中含有一种叫苦瓜素的成分。苦瓜素多存在于果梗肩部（瓜把），前端较少。其苦味与遗传和栽培条件有关。黄瓜在食品加工和烹饪加工中应用极其广泛，它可以加工成许多附属产品，即酱菜制品、罐头制品、干菜制品等，对其鲜品的使用有生食和熟食之分，可拌、炝、腌、泡、炒、烹、熘、爆，其外形各异，口味各有不同。

（五十八）冬瓜

冬瓜，又名白瓜、枕瓜，属葫芦科，一年生蔓性草本植物。茎上有绒毛，叶稍圆，果实大小因品种不同而异，见图 3-71。

冬瓜原产于中国南部和印度，现栽培广泛，以广东、中国台湾栽培较多。

图 3-71 冬瓜

1. 品种特征

冬瓜的品种按成熟期可分分早熟、中熟、晚熟 3 种。按皮色可分为青皮、灰皮。按其形态可分为长冬瓜、扁冬瓜、短冬瓜。

长冬瓜，又称椿冬瓜，瓜体呈圆筒形，细长而且大，生长健壮，成熟晚，皮色深，肉厚水分少，瓜瓢小，肉质结实，品质好。

扁冬瓜，又叫柿冬瓜，瓜为扁圆形，肉厚，成熟比较早，此种冬瓜晚熟者瓜瓢小，味道好。

短冬瓜，又叫小冬瓜，瓜小，肉厚，水分大，品质好。

2. 加工应用

冬瓜幼嫩或老熟的果实均可食用，供食用的瓜肉(中果皮)为大型薄膜细胞组织，含有大量的水分，约占 97%，干物质仅占 3%。冬瓜在烹饪过程中可加工成热菜，多用炒、烩、烧、煮等方法，也可以制馅；另在食品加工中还可以加工成甜品(如挂霜冬瓜条)。

(五十九)丝瓜

丝瓜，又名灭罗瓜、天丝瓜、蛮瓜、天罗，属葫芦科，一年生草本植物。见图 3-72。

图 3-72 丝瓜

丝瓜原产于印度尼西亚，元朝时传入我国，虽南北各地都产，但以南方生产较多。

1. 品种特征

丝瓜品种不是很多，大致可分为普通丝瓜、棱角丝瓜。

普通丝瓜：瓜条细长，为长棒形，瓜的表面比较粗糙，无棱角，色青绿，密生毛茸且有白状物，果的前端稍肥大，瓜肉较厚，质柔软品质良佳。

棱角丝瓜：果实有棱角，较短，种子黑色表面有网纹、凸起，瓜的表面有粉状物，色浓绿，无毛茸，上端细而尾端肥大，瓜肉较厚纤维素少，品质良佳。

2. 加工应用

丝瓜中含有蛋白质、脂肪、维生素 A 和铁，而且它含有的维生素和铁在蔬菜中是较高的。有清热、化痰、解毒、杀虫等功效。在烹饪加工中，丝瓜主要用于制作菜肴，炒、烧是应用最多的技法，另外也可以制作汤菜，口感鲜醇。

(六十)苦瓜

苦瓜，又名锦荔枝、凉瓜，属葫芦科，一年生草本植物。叶掌状深裂，浅绿色。果面有瘤状凸起，成熟时，果皮、果肉橙黄色，有苦味，瓜瓤鲜红，味甜，未成熟的果实可作蔬菜。

苦瓜原产于印度尼西亚，欧洲供观赏，我国兼作蔬菜，南方出产较多。

1. 品种特征

苦瓜分为长形、短形。长形果为纺锤形，两端尖，表面瘤皱多，外皮最初为绿色，后转为橙黄色，嫩瓜瓜肉肥厚，瓜味清香。短形果为圆锥形，梗部肥大，顶端尖，果皮表面瘤皱少，初为绿色，后转橙黄色，嫩瓜瓜肉较厚，见图 3-73。

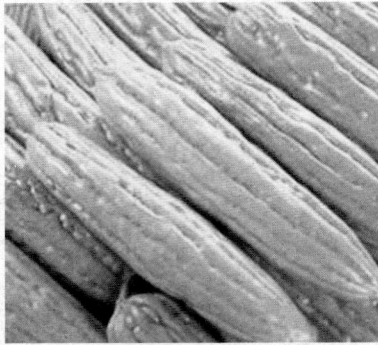

图 3-73　苦瓜

2. 加工应用

苦瓜含有丰富的蛋白质和维生素，特别是维生素 C 的含量十分突出。食品加工过程中通常使用未成熟的果实，即绿色果实为食材原料，加工制作干制品及各种菜肴。苦瓜可切成条、片、丁等形状进行烹饪加工，如炒、烹、炝、拌、煸等，也可以根据需要进行瓤馅加工，以改善风味。

(六十一)南瓜

南瓜，即中国南瓜，又名饭瓜、番瓜，属葫芦科，一年生草本植物，茎蔓性。果分长圆、扁圆、圆或瓢等形状。果面平滑或有瘤，老瓜为赤褐、黄褐色，表面有粉状物，有蛇纹、网纹或波状纹。

1. 品种特征

南瓜原产于亚洲南部，在我国栽培历史悠久，南北分布很广。主要品种有长白南瓜、长绿南瓜、自圆南瓜、黄圆南瓜、花圆南瓜、桃南瓜。其中以白圆南瓜果肉厚，质嫩为佳。各种南瓜见图 3-74、图 3-75、图 3-76 和图 3-77。

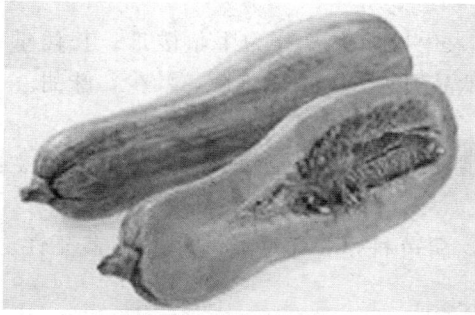

图 3-74　南瓜

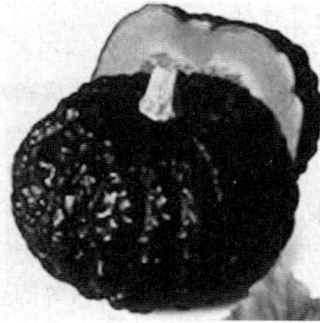

图 3-75　日本南瓜

图 3-76　小南瓜

图 3-77　特大南瓜

2. 加工应用

南瓜中含有多种营养素，如维生素、矿物质、糖等，对人体健康十分有利。南瓜可以加工成果酱、干制品、饮料等，南瓜的食用方法多样，蒸制最为简单，对其营养素的保护也最大，其次还可以烧、炖。南瓜在与其他食料相结合使用时效果更佳，如加入枣、莲子、百合等制成甜品，老少皆宜。目前，在烹饪过程中用南瓜进行食品雕刻越来越普遍，特别是它可以雕刻成瓜盅参与烹调，不仅充当了餐饮器具，而且可食用，非常有趣。

(六十二) 倭瓜

倭瓜，又名北瓜，饭瓜，同属南瓜类蔬菜，葫芦科，一年生草本植物，茎蔓性。倭瓜的瓜形较小，前端凹入，皮光滑或有瘤，有些品种带纵沟，见图 3-78。

图 3-78　倭瓜

1. 品种特征

倭瓜原产于墨西哥南部，后经日本传入中国，主要分为牛角倭瓜、长倭瓜、磨盘倭瓜、八棱倭瓜。其中以磨盘倭瓜和八棱倭瓜品质为好，肉质细腻，汁少，味甜。

2. 加工应用

倭瓜质感细腻、绵软、味甜，加工食品通常以蒸为多，有些时候甚至将其当作主食来用。

(六十三)西葫芦

西葫芦，又名英瓜、搅瓜、美洲南瓜，葫芦科，一年生草本植物，茎蔓性。果长圆、圆等形，分黑绿、黄白、绿白等颜色。

西葫芦原产于拉丁美洲，我国北方地区种植比较多。

1. 品种特征

西葫芦按植株特点可分为矮性和蔓性两种。矮性的西葫芦有一窝猴、站身、花叶西葫芦等。蔓性西葫芦有长西葫芦、秧西葫芦等，见图3-79。

图 3-79　西葫芦

2. 加工应用

西葫芦的营养成分主要是钙、磷、铁和多种维生素，它可分为嫩果和老果，并各有其特点。嫩果质脆多汁，适合炒；老果质软少汁，适合做馅，所以西葫芦是瓜类蔬菜中食用最为广泛的品种之一。

(六十四)笋瓜

笋瓜，即印度南瓜，又名番瓜、金瓜、桃南瓜、冬南瓜等，属葫芦科一年生草本植物。笋瓜瓜体大，前端突出，表面平滑，无香味，见图3-80。

图 3-80　笋瓜

1. 品种特征

按其大小可分为小型种和大型种。按成熟度可分为嫩果和老果，嫩果供食用。主要品种有扬州白皮笋瓜、镇江黄笋瓜、陕西一窝蜂笋瓜、太谷金南瓜等。

2. 加工应用

笋瓜主要用于制作酱菜。

(六十五)佛手瓜

佛手瓜，又名安南瓜、菜梨等，属葫芦科多年生蔓性植物。

1. 品种特征

佛手瓜，原产于墨西哥，现我国各地均有栽培，以南方出产较多。在我国佛手瓜的品种不多，按其颜色可分为绿、白绿、黄绿；按其大小可分大型和小型，见图3-81。

图 3-81　佛手瓜

2. 加工应用

佛手瓜质脆多汁，口味清香，生熟皆宜。

(六十六)番茄

番茄，又名洋柿子、西红柿，茄科一年生草本植物。番茄原产于南美洲热带地区，明代传入中国，作为食用蔬菜不过七八十年。但由于其风味好，营养价值高，现在我国已普遍种植，并长年供应。

1. 品种特征

番茄品种繁多，按其果实形状可分为圆形、扁圆形、梨形、樱桃形等，按其颜色可分为红色、粉红色、黄色等品种，按栽培方式可分为普通番茄、大叶番茄、直立番茄。以普通番茄更为普遍，包括红、粉红、黄等品种。

红色番茄：扁圆球形，脐小，肉厚，味甜汁多爽口，风味好，见图3-82。

粉红番茄：近圆球形，较整齐，脐小，果面光滑，味甜酸适中，品质较佳，见图3-83。

黄色番茄：果大，圆球形，整齐，果肉厚肉，质面沙，生食味淡，见图3-84。

图 3-82　红色番茄

图 3-83　粉红番茄

图 3-84　黄色番茄

2. 加工应用

番茄的营养价值高，为多汁浆果，以果实的中果皮、内果皮(呈浆状)和胚座供食用。果实中含有较多的糖、有机酸、抗坏血酸及番茄红素。食品加工产品有番茄酱、番茄汁、番茄沙司等；用于制作菜肴形式多样，生食、熟食均可，也可做汤、制馅。

(六十七)茄子

茄子，又名落苏、酪酥、昆仑瓜，为茄科一年生草本植物。在热带为多年生灌木。茄子，原产于印度，传入中国已有上千年的历史，在我国种植普遍。就分布来看，一般在东北、华北、西北地区以晚熟的大型圆茄品种为多，西南、华南、长江中下游流域以长茄品种见多。

1. 品种特征

根据茄子的果形，可将中国茄子分为圆茄、长茄和矮茄 3 个变种。

圆茄，植株高大，果形有圆、扁圆、长圆，皮色有黑紫色、紫红色、淡绿色。肉质较紧密，皮薄，口味好，品质佳。多为中、晚熟品种，主要分布在东北、华北、西北地区，著名品种有北京圆茄、济南大红袍、河南造青茄、山西短把黑等，见图 3-85。

长茄，植株中等，叶小而窄，果形细长，皮薄，肉质较松软，种子少，品质最佳。果实有紫色、青绿色、白色等。主要品种有南京紫水茄、紫长茄、北京线茄、辽宁柳条青等，见图 3-86。

图 3-85 圆茄

图 3-86 长茄

矮茄，植株低矮，果实较小，皮色呈紫红色、绿色、白色等。果形为卵形或长卵形，多为早熟品种，主要品种有千成茄、小灯泡茄、天津牛心茄等。

2. 加工应用

茄子供食用部位为果实的中果皮及胎座的海绵状薄壁细胞组织，其成分主要包括糖、果胶、纤维素、粗蛋白、脂肪、灰分、抗坏血酸、鞣质等。由于茄子含有较多的鞣质和多酚氧化酶，因而果实切开后极易发生褐变。此外，紫茄子中含有花色素，性质极不稳定，易发生酸水解。另还含有苦味物质"茄碱"，浓度为 1：3000 时，茄子会产生苦味，但一般的达不到。

茄子的加工食用方法很多，有红烧、酱烧、茄泥、瓤茄盒、做馅等。传统做法中还有凉制茄子，茄子的食用方法多种多样，有烧、焖、煮、炖等。

(六十八)辣椒

辣椒，又名番椒、大椒、擦椒、辣子、辣茄等，为茄科，一年生草本植物，在热带为多年生灌木。辣椒原产于南美洲热带地区，于明代传入我国，南北各地均有栽培，其中以甜味椒的种植面积大。

1. 品种特征

辣椒的类型和品种较多，我国栽培的主要是一年生的辣椒，按果实的形状不同，有灯笼椒、长辣椒、簇生椒、圆锥椒、樱桃椒等。

灯笼椒，果实为扁圆形或圆筒形，果形大果实基部凹陷，颜色绿，红或黄，味甜而微辣或不辣。其中按果实大小又可分为大甜椒、大柿子椒和小圆椒 3 个品种。大甜椒，果实呈圆筒形或钝圆锥形，心室有 3～4 个，外有 3～4 条纵沟，果肩大，果肉厚，味甜美。大柿子椒，果实呈扁圆形，纵沟较多，果肉厚，味甜而微辣。小圆椒，果实呈小扁网形，果皮深绿而有光泽，肉厚而微辣。

长辣椒，果实呈弯曲的长角形，辣味强烈按果实形状又可分为短羊角椒、长羊角椒和线椒 3 个品种群。短羊角椒，果实呈短角形，肉厚，味辣。长羊角椒，果实呈长羊角形，味辣。线形椒，果实呈线形，细长，稍弯曲，或果面带皱褶，辣味很强烈，见图 3-87。

簇生椒(南京)，果实簇生，辣味及强。

圆锥椒(四川)，果实小，气樱桃状，味极强。

朝天椒是对椒果朝天(朝上或斜朝上)生长这一类辣椒的统称，是按果实着生状态分类

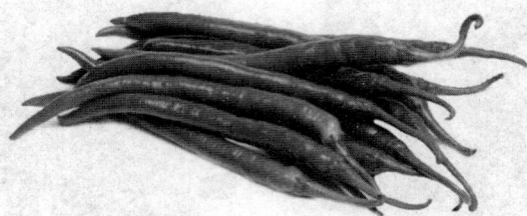

图 3-87 线形椒

的，包括植物分类学上辣椒栽培种 5 个变种中的 4 个变种：簇生椒、圆锥椒（小果型）、长辣椒（短指形）、樱桃椒。朝天椒椒果均较小，因而又称为小辣椒。朝天椒的特点是椒果小、辣度高、易干制，主要作为干椒品种利用，与羊角椒、线椒构成我国三大干椒品种系列。全国干椒栽培面积，朝天椒已跃居首位，见图 3-88。

图 3-88 朝天椒

2. 加工应用

辣椒的果实属于浆果类型，其果皮与胎座分离，形成空腔。辣椒中含有丰富的维生素 P、胡萝卜素、维生素 B_1、维生素 B_2 等，而抗坏血酸的含量居蔬菜之首，尤以辣味椒中含量更多。挥发油和辣椒素是辣味椒所具有的特殊成分，一般含量为 $0.3\%\sim0.4\%$，所含位置于中部多，基部次之，顶端最少；胎座和隔膜多，果皮次之，种子内最少。辣味椒和甜味椒的加

工应用略有不同，辣味椒分鲜食和加工成附属产品，鲜食有炒、拌、蘸酱、做配料等；附属产品包括辣椒面、辣椒干、辣椒酥、辣椒酱、辣椒油、泡辣椒、咸菜辣椒等，主要用于调味。甜味辣椒多作鲜食，炒、熘、爆、拌、炝、腌、瓤等，可作为主料，更多的用作配料。

（六十九）四季豆

四季豆，又名菜豆、芸豆、扁豆、架豆、棍豆、刀豆等。四季豆原产于南美洲热带地区，在我国种植普遍，一年四季均有出产，见图 3-89。

图 3-89　四季豆

1. 品种特征

菜豆按豆荚纤维化的程度可分为软荚和硬荚两类。菜用的菜豆属于软荚类，果皮肉质化含粗纤维少，当豆荚长大以后果皮仍然柔软可食。软荚按植株习性不同可分为矮生和蔓性两种。

矮生菜豆又名芜豆，不爬蔓，生长期短，成熟快，生长期为 50～60 天。其中品质较佳的种类有华北、西北和东北种植的嫩荚豆、北京的矮生棍豆及黑龙江、山西产的沙克沙菜豆。

蔓生菜豆爬蔓、成熟迟，一般需要 50～70 天。蔓生的菜豆产量高，品质佳。主要品种有北京丰收一号、北京棍儿豆、黑龙江翻眼白菜豆等。

2. 加工应用

四季豆是一种营养价值比较高的植物蔬菜，它含有人体所需的多种维生素和矿物质，是人们在夏季经常食用的一种蔬菜，其食用方法很多，如炒、烧、焖、炖、做馅、凉拌等。值得指出的是，在四季豆等荚果物种组织中含有一种叫蛋白酶抑制素的成分，人体摄入会引发食物中毒，但此物质不耐高温，加热充分即可分解，因此，加工四季豆必须充分加热使之完全成熟后方可食用。

(七十) 豇豆

豇豆，又名长豆、豆角、饭豆、腰豆、带豆、羹豆，属豆科豇豆属。有蔓生、半蔓生、矮生几种。豇豆原产于亚洲东部热带地区，在我国栽培历史很久且分布广泛，以南方种植较多。

1. 品种特征

豇豆可分为菜用豇豆和粮用豇豆两类，以肉质肥厚的嫩荚作为菜用。优良品种有白豆角红嘴荚、十八子、线青、红豆角、紫豆角等，见图 3-90。

图 3-90　豇豆

2. 加工应用

菜用豇豆的加工应用与四季豆基本相同，传统加工方法中有将豇豆烫煮晾晒制成干品，与肉同烧，风味独特。

(七十一)蚕豆

蚕豆，又名胡豆、塞豆、佛豆、罗汉豆，属豆科蚕豆属，一两年生草本植物。蚕豆原产于亚洲中部和东非，西汉时传入我国，现南北广为栽培，见图3-91。

图 3-91 蚕豆

1. 品种特征

蚕豆亦可分为菜用和粮用两类。其嫩豆粒和成熟的种子可作为菜用。蚕豆豆荚肥厚，长两三寸，扁圆筒形，油绿，有光。粒大，并有一层硬质外壳，呈肾状，嫩时食之清脆，老熟食之发绵。蚕豆按其豆粒大小可分为大、中、小3种。以大者品质为佳，代表品种有大扁、牛蹄扁等。

2. 加工应用

菜用蚕豆嫩者可以炒食，老者可以卤、焖，制成五香豆。

(七十二)豌豆

豌豆，又名小塞豆、荷兰豆、丝豆、青豌豆、青小豆、留豆、国豆、鲜豆等，属豆科豌豆属，一年生草本蔬菜。豌豆原产于地中海沿岸和亚洲中部，传入我国较早，且南北方均有种植。

豌豆可分为菜用和粮用两种类型。按荚果组织特点可分为硬荚和软荚两种。菜用者为软荚者，其果皮薄壁组织发达，嫩荚亦可食用。按豌豆形态又可分为圆粒和皱粒两种，以皱粒种含糖分多，品质较佳，主要品种有北京的绿珠(圆粒)、山西的解放(皱粒)等，见图3-92。

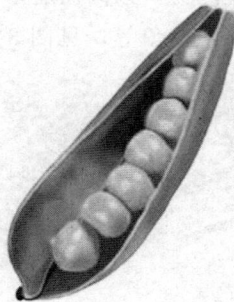

图 3-92 豌豆

(七十三)荷兰豆

荷兰豆,为豌豆的一个变种,即软荚豌豆,又叫食荚豌豆、甜荚豌豆,它的荚果宽大,薄壁组织发达,荚内无硬膜质层,内果皮柔软,纤维少。食荚豌豆产于英国,19世纪经荷兰、澳大利亚传入中国南方,故得名荷兰豆。豆荚浅绿色,豆荚嫩,爽脆、清香、甘甜,是受人喜爱的蔬菜品种,见图3-93。

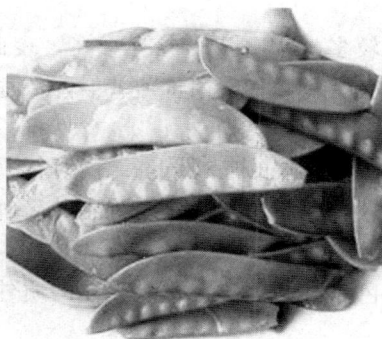

图 3-93　荷兰豆

荷兰豆的应用加工,在食品加工和烹饪领域十分广泛,且因其质地清脆、色泽翠绿获得非常好的食用效果。

(七十四)凉薯

凉薯别名沙葛、豆薯、地瓜、萝沙果,原产于中国南部、墨西哥、中北美洲,我国四川、重庆地区和台湾地区栽培较多。凉薯属豆科,凉薯属中能形成块根的栽培种,一年生或多年生缠绕性草质藤本植物。凉薯的块根肥大,肉洁白脆嫩多汁,富含糖分和蛋白质,还含丰富的维生素 C 和人体所必需的钙、铁、锌、铜、磷等多种元素,有降低血压、血脂等功效。种子及茎叶中含鱼藤酮($C_{23}H_{22}O_6$),对人畜有剧毒,可制成敌敌畏等杀虫剂。和红薯一样,凉薯也是一种高产作物,亩产可达数千斤甚至万斤以上。

因此,在我国南方,有些地方将凉薯作为一种主要的经济作物来栽种,见图3-94。

图 3-94　凉薯

凉薯可以生吃,也可以炒熟吃。生吃的味道有点像荸荠,亦可和肉一起炒着吃。

三、蔬菜的品质检验及保管

(一)蔬菜的品质检验

蔬菜的检验，主要是鉴别蔬菜的新鲜度以及收获的最佳期。蔬菜的新鲜程度主要从含水量、形态、色泽等方面来判断。

1. 含水量

蔬菜的共同特点就是含有较多的水分。水分含量高，表面润泽光亮，组织结构脆嫩；若水分流失，蒸发，则蔬菜就会变萎，其食用价值就会降低很多。

2. 形态

含水量降低，会改变蔬菜新鲜挺拔的外观形态，同时在其生长过程中，微生物、病虫害也同样会造成其形态的改变，可根据形态的改变判别其新鲜程度。

3. 色泽

每一种蔬菜都有其固有的色泽，颜色鲜艳且有光泽的质佳。色泽的改变同样可以表明其新鲜度下降。

(二)蔬菜的保管

蔬菜是鲜活原料，在保管过程中容易发生变化，引起变化的主要原因有以下两点。

1. 自身的生理变化

蔬菜是有生命的机体，收获后仍然保持着吸收作用，会引起品质的不断变化。

2. 微生物作用

蔬菜中含有较多的水分和糖分，为微生物的生长繁殖创造了良好的条件，所以蔬菜极易腐烂变质。

保管时，为了控制和阻止微生物生长，应控制储藏温度，要创造适宜的外界环境条件，以保持蔬菜正常而最微呼吸作用。

第三节　食用菌类原料

食用菌是指供人类食用的真菌的总称。风靡全球的健康食品——食用菌类是被公认的无公害的高级蔬菜，在世界上发展很快，特别是工业化国家的产销量猛增。

我国的食用菌资源十分丰富，已知的食用菌就有 300 多种，如：内蒙古草原上著名的口蘑；云南的鸡枞菌、牛肝菌；福建的红菇；东北的云菇、榛菇、榆黄菇、猴头菇等。目前较为广泛食用的有口蘑、香菇、平菇、草菇、凤尾菇、猴头蘑、榛蘑、松蘑、黑木耳、银耳、竹荪等十余种。所有的食用菌，都具有鲜美的滋味、脆嫩的质地和丰富的营养，因而早已成为餐桌上的珍品佳肴。食用菌的营养价值很高，据分析，蘑菇所含矿物质成分比牛肉、羊肉还高，几乎是蔬菜的 2 倍，其蛋白质的含量是芦笋、白菜、马铃薯的 2 倍，是番茄、胡萝卜的 4 倍，此外还含有丰富的维生素 B 族、维生素 C、叶酸、各种酶以及其他生理活性物质。

一、食用菌类的营养分析

第一，食用菌所含氨基酸种类为 17～18 种，以缬氨酸较为突出。

第二，食用菌含有维持人体正常生理活动的维生素 D、维生素 B_1、维生素 B_2、维生素 B_{12}、烟酸等。特别难得的是，食用菌中含有维生素 D 及维生素 D 原，可弥补人体维生素 D 的不足。

第三，食用菌中的腺嘌呤，可抑制血液中胆固醇含量的增加，对心血管病有防治作用。

第四，食用菌含热量成分低，且含有多种酶能治疗消化过程中的失常病症，调节人体的代谢功能，维持代谢平衡。

第五，食用菌中含有具有抗癌作用的真菌多糖，其提取素对癌细胞的繁殖有明显的抑制作用。

第六，食用菌当中含有多种抗生素，具有抑制和抵抗革兰氏阳性细菌、革兰氏阴性细菌、分枝杆菌、噬菌体和丝状真菌生长繁殖的作用，所提取的抗生素有消炎作用。

从营养分析来看，食用菌类是当之无愧的健康食品。当代心血管病、癌瘤死亡率增多，这与环境污染和不合理的膳食有关，主张肉食、素食、菌食三者并举是非常有道理的。

二、食用菌的形态结构

食用菌的种类繁多，形态多样，但无论哪一种食用菌，其最基本的组成部分是菌丝体和子实体两部分。

(一)菌丝体

菌丝体呈须状，存在于土壤、粪草、树干等基物中，是食用菌的营养器官，主要功能是分解基物，吸取养分。菌丝体是由许多分枝的纤丝所组成，菌丝体中每一根细丝叫菌丝。菌丝呈管状，食用菌的菌丝是多细胞的，每个细胞都有细胞壁、细胞膜、细胞质、细胞核。细胞核是生物的遗传性状，其代代相传绵延不绝。食用菌菌丝中细胞核的数目不同，通常子囊菌的菌丝细胞含一个或多个核，担子菌纲的菌丝细胞大多含两个核，叫双核菌丝，大多数食用菌的基本形态就是双核菌丝。菌丝由孢子萌发而形成。孢子在适宜的条件下，吸收水分，长出芽管，芽管延伸并分支，形成菌丝体。菌丝片段也能进行繁殖，发展成菌丝体。

孢子萌发成的菌丝称初生菌丝，比较纤细，初期为多核，后产生隔膜，每个细胞只含有一个细胞核，为"单核菌丝"。初生菌丝经过配对后，菌丝中的细胞核由一个变为两个，此时菌丝为次生菌丝，也称"双核菌丝"。根据初生菌丝接合成双核菌丝方式的不同，分为同宗结合和异宗结合。

所谓同宗结合是指从同一孢子所萌发的两条菌丝之间能进行结合而形成双核菌丝的现象，由同宗结合发育成子实体称为自交亲和。草菇、双孢蘑菇是同宗结合的代表。

所谓异宗结合是指菌丝体在形态上相同，但性别上不同，常用"雌""雄"(或"＋""－")表示，同性别菌丝不能结合，必须同异性菌丝才能配合形成双核菌的现象。大多数食用菌为异宗结合，香菇、木耳、平菇、大肥菇等为异宗结合代表。

菌丝体生长初期是散生的，随着它们在基质中蔓延生长，逐步形成一定排列，有一定结构的菌丝体。只要条件适宜，它们就可以一边吸收基质中的养分，一边繁殖向四方扩展，并产生出繁殖器官——子实体。

(二)子实体

子实体是食用菌的"繁殖器官"，主要功能是产生孢子，繁殖后代，也是供给食用的部位。食用菌子实体的形态多样，有头状的(猴头菇)、花朵状的(银耳)、球状的(双孢菇)、伞状的(蘑菇)，尤以伞状的最多。

1. 伞菌子实体

伞菌的地上部分即子实体，像一把插在地上的伞，故名伞菌。它的子实体由菌盖、子实体层和菌柄等几个部分组成。伞菌的地下部分为菌丝体，呈白色丝状，在基物中到处蔓延，吸收养分，在一定温度和湿度条件下，菌丝体取得足够养分后，便形成子实体。子实体初生像个鸡蛋，外有苞包着，很快发育成成熟的子实体，有菌盖、菌柄、菌球和菌托等几部分。

菌盖是子实体最明显的部位，是食用的主要部分。菌盖的形状多种多样，常见的有钟形(草菇)、斗笠形(灰口蘑)、半球形(蘑菇)、漏斗形(鸡油蘑)、贝壳形(侧耳)等。其表面有的干燥，有的湿润，有的光滑，有的粗糙，有的发黏，有的还带有不同的附属物，如茸毛、环纹、鳞片等。菌盖边缘形状也不一样，幼小时与成熟后的形状可以完全不同，成熟后一般可分为内卷、反卷、上翘、延伸等。周边有全缘整齐的，也有呈波状或撕裂的。菌盖的表层称皮层，在皮层菌丝里含有不同的色素，因而使菌盖呈现出不同的色泽，如双孢蘑菇的白色、草菇的灰色、红菇的红色、香菇的黄褐色。皮层下面是菌肉，菌肉是最有食用价值的部分，绝大多数食用菌的菌肉是肉质，由丝状的菌丝所组成；还有一些食用菌的菌肉，除少数丝状菌丝外，大部分菌丝膨大成泡囊从而失去再生能力(如红菇和乳菇)。

子实层体，子实层体位于菌盖的下面，是生子实层的部分，有的是针状，称菌褶；有的呈管状，称菌管。子实层就排列在菌褶两侧，或菌管里面的周围。

菌褶，通常是刀片状，由菌柄向外到菌盖边缘，呈放射状排列。菌褶的中部是菌髓细胞，两面是子实层。菌褶所显示的颜色，一般是孢子的颜色，幼嫩时白色，老熟后变成各种不同颜色。菌褶的形状有宽的，窄的，三角形的；有等长的，有长短不一的，有分叉的。菌褶与菌柄的连接方式分离生、孪生、直生、延生等。

菌管，呈管状，菌管有长有短，管口有粗有细。牛肝菌、灵芝菌的子实层呈管状。

子实层，是产生孢子的表面，它由无数栅状排列的担子和囊状体组成。担子通常呈棒状，有4个小梗，其上各生一个孢子，有些食用菌如双孢蘑菇，担子上只有两个小梗产生两个担孢子。担孢子简称孢子，其形状有圆形、卵圆形、多角形、星状等。孢子表面有光滑的，粗糙的，有小疣、小刺、网纹、稻纹等。囊状体位于担子间，是一类不孕细胞，它们通常没有颜色，仍有形状，如棒形、纺锤形、菱形、瓶状、洋梨状等，一般比担子粗而长，超出子实层外。

菌柄是菌盖的支持部分，其质地有肉质、腊质、草质等。有的与菌盖不易分离，有的极易分离。菌柄的颜色多种多样，形状也不尽相同，有圆柱状、棒状、纺锤状、杆状等。菌柄表面有的有纵行稻纹，有的有网纹，有的光滑，有的带鳞片、碎片、茸毛等附属物。菌柄有空心，有实心，有的填塞，这些变化一般随生长阶段而发生。菌柄与菌盖的着生位置一般分为中央生(蘑菇、草菇)、偏生(香菇)、侧生(侧耳)等。

菌环。有些菌伞在子实体幼年期，菌盖边缘是菌柄连接处，有一层膜叫内菌幕。当子实体成长后内菌幕破裂，常在菌柄上留下一个环状物，这就是菌环，部分内菌幕残留在菌盖边缘。

　　菌托。有些伞菌子实体在发育早期，外面有一层膜包着，这层膜叫外菌幕，在子实体发育过程中，外菌幕薄的常常失掉，不留明显痕迹，外菌幕厚的常全部或部分遗留在菌柄的幕部，形成一个袋状物或环状物，这就是菌托。菌托的上缘有的边缘整齐，有的呈波形，有的开裂，有的呈几圈残片环绕在菌柄的基部。

　　2. 耳类子实体

　　耳类子实体(黑木耳、银耳、毛木耳)，其形态结构比较简单，整体部由胶质化的菌丝组成。不同的胶质菌有不同的形态，有的呈耳状，有的呈花瓣状，形状的不同是识别各种耳类的依据。

三、食用菌的主要品种

(一)双孢蘑菇

　　双孢蘑菇，又称白蘑菇、洋蘑菇、洋菇、蘑菇等，属于担子菌纲，伞菌目，伞菌科，蘑菇属。子实体由菌盖和菌柄组成，菌盖白色，幼菇呈半球形，成熟时菌盖平展。菌盖直径一般在 4 cm 左右，色白，中实，柄短而粗洁，肉厚脆嫩，香味浓郁，品质最佳，见图 3-95。

图 3-95　双孢蘑菇

　　双孢蘑菇人工栽培已有 500 多年的历史，最早是在法国，目前世界上已有 80 多个国家进行人工栽培。

　　双孢蘑菇可以加工成罐头或制成干品，是人们十分喜爱的上等蔬菜，食用最广的食用菌。罐藏蘑菇以菇色淡黄、大小均匀一致、味道鲜美、质地嫩脆、汤汁清澈者为上品。干制蘑菇以菇色黄、大小均匀一致、制品干燥、无碎渣、无虫蛀为好。

(二)口蘑

　　口蘑，又称白蘑菇、张家口蘑菇等，是内蒙古等地所产的几种蘑菇的总称，属于担子菌纲，伞菌目，伞菌科，口蘑属。子实体色白，半球形，后渐平展，边缘内卷，光滑肉质肥厚有茶褐色细鳞片，菌肉白色或淡黄色，干燥后表面呈回纹状。菌柄粗壮，底部膨大，其菌盖 5～12 cm。

　　口蘑为草腐菌，主产于内蒙古、河北张家口一带，菌丝体形呈特有的"蘑菇圈"，至今未能人工栽培。日常食用多为干制品。它品种很多，各地名称不一，大致分为白蘑、青蘑、黑蘑和杂蘑四大类。

白蘑是口蘑中最名贵的一个品种。生长在草原上，菌高 4～8 cm，菌盖直径 4～10 cm，顶部凸出，肉厚，色洁白；菌裙细而浅，黄色；菌柄短粗，白色，具有清香味。干制后又分庙丁、庙中、庙大、黑中、黑大等品种。优质白蘑肉细，色白，短粗，干燥硬实，泡出的汤呈茶色，香味浓厚，见图 3-96。

图 3-96　白蘑

青蘑生长在草原上，菌高 4～10 cm，肉厚，白色微呈浅绿色；菌裙较粗而深，黑色或黄色；菌柄长，金黄色；香味浓，质量较白蘑差，泡出的汤呈红色，见图 3-97。

图 3-97　青蘑

黑蘑：生长在潮湿的松林里，菌高 4～10 cm，中间部分稍下凹，像漏斗状，黄色；菌裙、菌柄部呈淡黄色，带黑色斑点，菌柄较长。泡出的汤呈黑色，香味淡。

杂蘑：包括榛蘑、榆蘑、黄蘑、肉蘑等，生长在榛林和榆树林里，菌高 4～8 cm，菌盖直径 4～8 cm，边缘呈波状，汤黄色；菌裙橙黄色，菌柄淡黄色；具有香味。

口蘑的品质要求：个体均匀，分量轻，肉质厚，菌伞直径 3 cm 左右。伞面凸起，边缘整齐紧卷，菌柄短壮者为上品。干品质坚实，不霉，不碎，无泥沙，气味清香浓郁的质量好。

(三)香菇

香菇，又称香蕈，属担子菌纲，伞菌目，伞菌科，香菇属，是世界上著名的食用菌之一，它含有一种特有的香味物质——香菇精，形成独特的菇香，所以称为香菇。

香菇是由菌盖和菌柄组成的子实体。菌盖直径为 4～5 cm，大的可达 10 cm。早期为淡褐色，后渐渐变为紫褐色或黑褐色。菌裙为白色，菌柄黄色，并生有棉花状的白磷片，干燥后不明显。

香菇按生产季节分为秋菇、冬菇、春菇；按外形和质量分为花菇、厚菇、薄菇和菇丁 4 种。

花菇是香菇中最好的品种。菇质肥厚，鲜嫩，鲜味浓郁，菌盖完整，有色带微黄的裂纹，形如菊花瓣，这是菇面冻伤后，经日光照射后弥合而成的，所以又称菊花菇。菌边内卷，菌裙白细干净，菌柄短，见图 3-98。

图 3-98 花菇(干)

厚菇产于冬季，又称冬菇。其菇质厚实，菌盖比花菇略大，背面隆起，边缘下卷，菌面呈黄褐色，无花纹，菌裙密，色白带黄，香味浓，品质仅次于花菇，见图 3-99。

图 3-99 冬菇

薄菇亦称平菇。菌面平而薄，边缘不内卷，平展，菌裙粗疏，肉质较老，香味淡，品质较差。

菇丁指不符合花菇、厚菇规格的小香菇，其个虽小，但仍嫩滑清香。

中国是世界上最早栽培香菇的国家，已有 800 多年的历史，但目前栽培面积最大的是日本，被视为"救生特效药"。

据分析，香菇含有大量的维生素 D 原，受日光照射即为维生素 D，能防治佝偻病。含有多种氨基酸，并含有双链核糖酸，可以增强人体抗病毒的能力。在香菇子实体内还含有葡萄糖苷酶，有抗癌的功能。另还有一种香菇腺嘌呤，有降低血压，降低胆固醇的作用。

香菇的品质要求：以菇香浓，菇肉厚实，菇面平滑，大小均匀，色泽黄褐色或黑褐色，菇面稍带白霜，菇裙紧实细白，菇柄短而粗壮，干燥，不霉，不碎的为优良品种。

(四)草菇

草菇，又称兰花菇、麻菇、苞脚菇，属于担子菌纲，伞菌目，鹅膏菌科，苞脚菇属。子实体丛生白色，胶质化，呈半透明瓣片组成脑形。

草菇幼嫩时，形如鸟雀的卵，顶端略带黑褐色，向下颜色渐淡，基着生发育，顶端的薄膜被突破，露出菌柄、菌托。菌盖初期为伞形完全展开呈圆形，菌托肉质，淡褐色，没有菌环，见图 3-100 和图 3-101。

图 3-100　草菇(幼)

图 3-101　草菇

据分析，草菇子实体内含有 17 种氨基酸，人体所必需的 8 种氨基酸都有。其口味鲜美，肉质细嫩，适口性极好。

草菇的品质要求：无论是罐头制品还是干制品，菇身粗壮均匀，质嫩，菇伞未开或开展小的质量好，干制品还应干燥，色泽淡黄艳明，无霉变和杂质。

(五)金针菇

金针菇，又称朴菇、构菇、毛柄金钱菌、冬菇等，属于担子菌纲，伞菌目，口蘑科，金钱菌属。丛生，菌柄细长。

金针菇的菌盖，初为淡黄色的半球形，随着逐渐长大，变成微有弧度的扁平块，直径 1.5～7 cm；菌肉白色，较薄，菌柄长 3～7 cm，粗 0.2～1 cm，上部为黄褐色肉质，下部为生有黑褐色绒毛的纤维质，子实体含有黏胶质，可以增加食用味感，见图 3-102。

图 3-102　金针菇

金针菇含脂肪和蛋白质较高，并含有胡萝卜素及钾盐。其胶质是氨基酸和核酸的组合物，对于人体血液的酸碱度调整及增强人的思考能力，均有特殊功能。

金针菇的品质以盖嫩根脆，味道鲜美，香味扑鼻为佳。

(六)平菇

平菇，又称侧耳、虫毛菌、鲍鱼菌、北风菌、无泥菌、元蘑以及所谓"人造口蘑"等，属担子菌纲，伞菌目，伞菌科，侧耳属。

平菇菌柄侧生或偏生，子实体幼年灰黑色，发育过程中逐渐变淡。菌盖呈扇形或贝壳状，直径一般在 5～15 cm。距地约 4 cm，色泽较暗，肉质肥厚，菌柄短或无菌柄者为佳，见图 3-103。

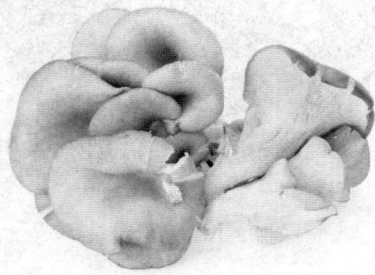

图 3-103　平菇

我国古代早已食用平菇，由于平菇栽培容易，原料广，周期短，产量高，近年来国内外人工栽培发展很快，产量大。

平菇以鲜食为主，其品质要求：以色白，肉厚质嫩，味道鲜美者为佳。

(七)白木耳

白木耳，又称银耳，属担子菌纲，异隔担子菌亚纲，银耳目，银耳科，银耳属。子实体白色，胶质状，呈半透明瓣片组成脑形。直径 5～10 cm，肉较洁白，干燥后强烈收缩呈角质状，硬而脆，呈白色或米黄色，当吸收水分后恢复原状，见图 3-104。

图 3-104　银耳

银耳是一种食用和药用价值都很高的食用菌，含有丰富的胶质具有 17 种氨基酸，具有润肺、补肾、止咳、强身、健脑、嫩肤等功能。近年来从银耳分离得到菌聚多糖，对小鼠肉瘤有抑制作用，尤其是用碱性溶液提取的多糖物质，更具有抗癌作用。

银耳的品质要求：以色泽黄白，鲜洁发亮，瓣大形似梅花，气味清香，带韧性，胀性好，无斑点杂色，无渣者为佳品。

(八)黑木耳

黑木耳，又称木耳，属担子菌纲，异隔担子菌亚纲，银木耳，木耳科，木耳属。子实体薄而有弹性，胶质半透明，常呈耳朵状，呈红褐色、黑褐色或茶褐色，直径 5～12 cm 左右。腹面平滑下凹，边缘略上卷，背面凸起，并有极细的绒毛。干燥后收缩为角质状，硬而脆，背面暗黑色或灰白色，入水后膨胀，可恢复原状，柔软而半透明，表面附有润滑的黏液，见图3-105。

图 3-105　黑木耳

黑木耳性干，味甘，能润肠、清肺热、助消化，并具有益气强身、活血、止血、止痛等功效，并含有丰富的蛋白质、甙糖和多种维生素，是传统的珍贵保健食品之一。

黑木耳的品质要求：耳片乌黑光润，背面呈灰白色，片大均匀，耳瓣舒展，体轻干燥，半透明，胀性好，无杂质，有清香气味。

（九）猴头蘑

猴头蘑，又称猴菇、猴蘑、刺猬菌，属担子菌纲，多孔菌目，齿菌科，猴头属。因子实体形似猴头而得名。子实体圆而厚，新鲜时体为白色，直径3.5～10 cm，密布肉质针状刺须，刺向上，刺长1～3 cm。干后颜色由淡黄至淡褐色，基部狭窄，或略有短柄，上部膨大，见图3-106。

图 3-106　猴头蘑(干)

试验证明，猴头蘑有抗癌作用，能抑制艾氏腹水癌细胞 DNA 和 RNA 的合成，提高机体免疫机能。

猴头蘑的品质要求：以个头均匀，色泽艳黄，质嫩肉厚，须刺完整，干燥无虫蛀，无杂质者为好。

（十）竹荪菌

竹荪菌，又称竹参菌、竹笙，属担子菌纲，鬼笔目，鬼笔科，竹荪菌属，自然生长于我国西南高原的崇山峻岭上，是稀有的优质食用菌。竹荪子实体由菌盖、菌柄、菌托、菌裙组成。菌柄高3～5 cm，白色或灰白色；菌盖钟形，高、宽各3.5～5 cm，表面有网格，具有微臭，色浓绿且有黏液；菌裙白色，从菌盖处下垂，表面有多角网眼，裙长3～5 cm为短裙竹荪，裙长10 cm以上为长裙竹荪；菌托白色或淡紫色。竹荪菌盖有毒，采取时应除去，见图 3-107。

图 3-107　竹荪菌

竹荪的品质要求：色泽米黄，体壮肉厚，长短均匀，质地细软，气味清香，无断碎者为上品。

(十一)鸡枞菌

鸡枞菌，又称伞把菇、三堆菇，属担子菌纲，伞菌科，鸡菌属。鸡菌长老后，菌盖形状极像鸡的羽毛，故名鸡枞菌。

鸡枞菌的子实体幼时呈圆锥形，菌盖展开后顶部显著凸起呈斗笠状，直径 3～20 cm，颜色为黑褐色或微黄色；菌褶呈白色，老后带黄色，肉厚；菌柄较粗壮，长 5～15 cm，呈白色或同菌盖色，见图 3-108。

图 3-108　鸡枞菌

鲜鸡枞菌按其颜色和形态分为鸡花、白片鸡枞菌、青皮鸡枞菌、黄皮鸡枞菌、花皮鸡枞菌等品种，以青皮鸡枞菌味道最为鲜美。

干鸡枞菌的品质要求：色泽淡黄或深黄，质嫩肉厚，质地干燥，不霉不烂，无断碎的质量为好。

(十二)灵芝

灵芝，又称血灵皮、灵芝草、本灵芝、瑞草等，属担子菌纲，多孔菌目，多孔菌科，灵芝属，此属约有 100 多种，中国有 50 多种，现以赤芝为代表品种。菌盖木本质，直径大的可达 20 cm，厚约 2 cm，红褐色，光泽夺目，似漆，见图 3-109。

图 3-109　灵芝

灵芝甘温无毒，主治耳聋，利关节，保神益气，坚筋骨，对心血管病者有较好的治疗效果。

灵芝的品质要求：以色赤褐、光亮，形态完整，不霉无蛀者为好。

(十三)茯苓

茯苓，又称茯灵，属担子菌纲，多孔菌目，多孔菌科，卧孔属。菌核呈球形、长圆形、卵圆形或不规则形，大小不一，直径 10～30 cm。表面皱，褐色，内部白色或淡红，粉质。见图 3-110。主要寄生于松树根下，是药用和食用并重的食用菌。其含有 90% 以上的茯苓多糖，还含有茯苓酸、麦角甾酸、卵磷脂等成分，具有较强的抗癌作用。

图 3-110　茯苓

(十四)松蘑

松蘑，又称松茸，属担子菌纲，伞菌目、伞菌科，松蘑属，主要分布于吉林、黑龙江省。松蘑初呈半球形，开伞后扁平，表面颜色淡黄有栗褐色纤维状鳞片，老化时呈黑色放射状。松蘑的菌肉厚，呈白色，有特殊的香味，菌褶密，菌柄弯曲生。菌伞的直径为 6～20 cm，柄长 1.5～3 cm，一般是上部稍细，茎部肥大，根尖部较细。菌柄上部有菌环，肉紧实，菌根体菌丝常形成蘑菇圈，单生或群生，孢子呈喇叭圆形。

松蘑营养丰富，风味独特，口感滑润，深受喜爱。松蘑干品质量要求：形态大小均匀，色赤褐，韧面干燥，不碎、无蛀，见图 3-111。

图 3-111　松蘑

(十五)牛肝菌

学名美味牛肝菌。菌盖扁半球形,光滑,不黏,淡裸色,菌肉白色,有酱香味,可入药。生于柞、栎等阔叶林及针阔混交林地上,单生或群生。其营养丰富,味道香美,是极富美味的野生食用菌之一,可出口欧美、日本等国,深受外商喜爱。该菌菌体较大,肉肥厚,柄粗壮,食味香甜可口,营养丰富,是一种世界性著名食用菌,见图 3-112。据研究证明,该菌具抗肿瘤作用,同时还具有清热解毒、养血和中、追风散寒、舒筋和血、补虚提神等功效,可抗流感病毒,防治感冒。牛肝菌类是牛肝菌科和松塔牛肝菌科等真菌的统称,其中除少数品种有毒或味苦而不能食用外,大部分品种均可食用。云南省牛肝菌类资源丰富,有不少优良的可食品种,主要有白、黄、黑牛肝菌。白牛肝菌,又称美味牛肝菌,生长于海拔 900~2200 m 的松栎混交林中或砍伐不久的林缘地带,生长期为每年 5 月底至 10 月中,雨后天晴时生长较多,易于采收。白牛肝菌味道鲜美,营养丰富。云南省各族群众喜欢采集鲜菌烹调食用。西欧各国也有广泛食用白牛肝菌的习惯,除新鲜的做菜外,大部分切片干燥,加工成各种小包装,用来配制汤料或做成酱油浸膏,也有制成盐腌品食用的。云南省从 1973 年起出口白牛肝菌,销往西欧,极受欢迎,供不应求。黄、黑牛肝菌与白牛肝菌同科,食用方法相同,味道亦近似,近年来也开始组织出口。

图 3-112　牛肝菌

牛肝菌的食用方法很多，按人们的饮食习惯不同，牛肝菌既可以作为成品的主料单独使用，煲汤、烧烩、烹炒；也可以作为成品的配料，与猪肉、牛肉、鸡肉等一起烹制，另外，还可以根据习俗在烹制的过程中加入不同的调味品，以形成更多的风味，满足口感需要。

(十六)羊肚菌

羊肚菌又称羊肚菜、美味羊肚菌。子实体较小或中等，菌盖呈不规则圆形、长圆形，表面形成许多凹坑，似羊肚状，淡黄褐色，柄白色，有浅纵沟，基部稍膨大，生长于阔叶林地上及路旁，单生或群生，见图3-113。

图 3-113　羊肚菌(干)

羊肚菌分布于我国陕西、甘肃、青海、西藏、新疆、四川、山西、吉林、江苏、云南、河北、北京等地区。

羊肚菌是一种优良食用菌，味道鲜美。羊肚菌还可药用，益肠胃，化痰理气。含有异亮氨酸、亮氨酸、赖氨酸、蛋氨酸、苯丙氨酸、苏氨酸和缬氨酸等7种人体必需氨基酸。可利用发酵罐培养菌丝体。

羊肚菌具有很高的营养价值，含抑制肿瘤的多糖和抗菌、抗病毒的活性成分，具有增强机体免疫力、抗疲劳、抗病毒等诸多作用。羊肚菌所含丰富的硒是人体红细胞谷胱甘肽过氧化酶的组成成分，可运输大量氧分子来抑制恶性肿瘤，使癌细胞失活；另外能加强维生素E的抗氧化作用。硒的抗氧化作用能改变致癌物的代谢方向，并通过结合而解毒，从而减少或消除致癌的危害。

据报道，日本科学家发现羊肚菌提取液中含有酪氨酸酶抑制剂，可以有效地抑制脂褐质的形成。

羊肚菌的食用方法与其他菌类大体相近，适用于多种加工和烹饪加工方法，为突显其地位的高贵，在食品加工和烹饪过程中，更多的是以其命名，制作美味可口的佳肴及药膳。

(十七)黑菌

黑菌是西欧特有的一种野生蘑菇，又名块菰或松露菌。黑菌有一种特殊的香味，与肥鹅肝及黑鱼子酱并称世界三大美食原料。它主要产于意大利和法国的野生森林中。除了常见的黑色黑菌外，还有一种浅色黑菌，一般称白色块菰，这两种蘑菇都具有浓郁的香味，价格非常昂贵，见图3-114。除制作菜肴外，还可以入汁调味，装饰菜肴等。

图 3-114 黑菌

(十八)鸡腿菇

鸡腿菇学名毛头鬼伞，别名鸡腿蘑、刺蘑菇，原产于云南，在黑龙江、吉林、河北、山西、内蒙古等全国很多省都有分布。

鸡腿菇因其形如鸡腿，肉质肉味似鸡丝而得名，是近年来人工开发的具有商业潜力的珍稀菌品，被称为"菌中新秀"，见图 3-115。

图 3-115 鸡腿菇

鸡腿菇子实体为中大型，群生，菇蕾期菌盖呈圆柱形，后期呈钟形。高 7~20 cm，菌盖幼时近光滑，后有平伏的鳞片或表面有裂纹。幼嫩子实体的菌盖、菌肉、菌褶、菌柄均为白色，菌柄粗达 1~2.5 cm，上有菌环。菌盖由圆柱形向钟形伸展时菌褶开始变色，由浅褐色直至黑色，子实体也随之变软变黑，完全丧失食用价值。

食用期的鸡腿菇味道鲜美，口感极好。鸡腿菇不仅营养丰富，它还是一种药用蕈菌，味甘性平，有益脾胃、清心安神、治痔等功效，经常食用可改善人体免疫力。鸡腿菇还含有抗癌活性物质和治疗糖尿病的有效成分，长期食用，对降低血糖浓度、治疗糖尿病有较好疗效，特别对治疗痔疮效果明显。20 世纪 70 年代国外已开始人工栽培，我国于 20 世纪 80 年代人工栽培成功，目前已成为我国伞菌目大宗栽培的食用菌之一。

由于鸡腿菇集营养、保健、食疗于一身，具有高蛋白、低脂肪的优良特性，同时具有色、香、味、形俱佳的感官特征，菇体洁白，美观，肉质细腻，久煮不烂，口感滑嫩，清香味美，因而备受消费者青睐。值得一提的是，鸡腿菇还可以制成馅心，以荤素搭配的形式，对应不同年龄、不同性别、不同身体状况的人群，制作出营养佳肴。

(十九)真姬菇

真姬菇又名玉蕈、斑玉蕈，属担子菌，亚门层菌纲，伞菌目，白蘑科，离褶菌族玉蕈属。真姬菇子实体丛生，每丛 15～50 株不等，有时散生，散生时数量少而菌盖大。菌盖幼时半球形，边缘内卷后逐渐平展，直径 4～15 cm，近白色至灰褐色，中央带有深色大理石状斑纹。菌褶近白色，与菌柄成圆头状直生，密集至稍稀。菌柄长 3～10 cm，粗 0.3～0.6 cm，偏生或中生。孢子阔卵形至近球形，显微镜下透明，成堆时白色。真姬菇的菌丝体为白色，棉毛状，气生菌丝不旺盛，不分泌黄色液滴，不形成菌皮。其味比平菇鲜，肉比滑菇厚，质比香菇韧，口感甚佳，还具有独特的蟹香味，所以又称蟹味菇，见图 3-116。

图 3-116　真姬菇

真姬菇的蛋白质中氨基酸种类齐全，包括 8 种人体必需的氨基酸，还含有数种多糖体。真姬菇是北温带秋季和冬季生长的食用蕈菌。

(二十)杏孢菇

杏孢菇，又名刺芹侧耳、杏味鲍鱼菇，日本称雪茸，是一种菌肉肥厚、质地脆嫩、营养丰富、味道鲜美(具有杏仁香味)、口感极佳的一种平菇，见图 3-117。杏孢菇含有大量的蛋白质、糖类和多种维生素，含有 8 种人体必需的氨基酸，并且具有抗肿瘤、抗病毒、降低胆固醇等药理作用。

图 3-117　杏孢菇

(二十一)猪肚菇

猪肚菇学名大杯蕈，又称大柄伞、大漏头菇、笋菇等，是国内近年新开发的珍稀食用菌。在我国北方地区，猪肚菇是一种较常见的野生食用菌，成群地生长在林中地上，被产区人民采集食用，见图 3-118。

图 3-118　猪肚菇

猪肚菇的风味独特，有竹笋般的清脆，猪肚般的滑腻，因而被称为"笋菇"和"猪肚菇"。其营养丰富，据分析，猪肚菇的蛋白质含量与香菇、金针菇相当或稍高；菌盖中的氨基酸含量占干物质的 16.5％以上，其中必需氨基酸占氨基酸总量的 45％，高于大多数食用菌，菌盖中粗脂肪的含量高达 11.4％，还含有人体必需的矿物质，如钼、锌等，对人体健康十分有利。

四、毒菌的鉴别

食用菌营养丰富，味道鲜美，含有多种氨基酸和维生素以及一些特殊的物质，是深受人们喜爱的食品。但应该指出的是，菌类家族中有很多是毒菌，所含有毒素不同，每年都有误食死亡的事件发生，必须引起注意。

(一)中毒症状

由于毒菌成分、食用量不同，故中毒反应各异，有单一症状，有混合症状；有急有缓，有轻有重。

第一，恶心，呕吐，腹泻。

第二，大哭大笑，狂颤不安，四肢麻木僵直。

第三，流汗，流涎，流泪，呼吸困难。

第四，全身发黄，出血，昏迷，甚至死亡。

(二)鉴别方法

第一，毒菌形状各异，色泽鲜艳，盖上生刺疣，柄上同时生有菌环和菌托。

第二，毒菌气味恶臭，味道极辣极苦，汁液混浊。

第三，毒菌鸟不食，鼠兽不食，虫不蛀。

第四，毒菌多与葱蒜、灯芯、银器、大米同煮变黑。

第五，毒菌多生于阴暗潮湿和污秽的地方。

第四节　食用藻原料

一、食用藻类的开发和利用

藻类的概念，在我国古代把水生动物统称为"藻"，至今一些水生高等植物如金鱼藻、黑藻都以"藻"称之。

藻类植物其特征是没有真正的根、茎、叶的分化，都有叶绿素和其他辅助色素，能进行光合作用，利用二氧化碳和水合成有机物，进行光能无机营养，其生殖结构多由单细胞构成，核子不在母体内发育成胚(无胚胎发育)。

藻类的分布很广，分布于地球各处，主要是水生，也有少部分是陆生。地球表面，海洋占大部分，人类食源定将面向海洋。地球上植物光合作用所产生的有机物90%以上要算在藻类头上，这不仅为人类和动物提供赖以生存的氧气，同时提供食源。目前已知藻类30000余种，仅大型食用藻类就有50～60种。

藻类作为食品，在中国已有悠久的历史，其滋味鲜美，能提高食欲，帮助消化，远在1500年前，人民就已食用海带，近代无论是食用种类还是食用方法，都是丰富多彩。海藻富含蛋白质、碳水化合物、矿物质、维生素等营养物质，褐藻中含有大量的碘，海带、鹿角菜等含有抗生素等，这对人体的新陈代谢有良好的作用。

二、藻类植物的分类及常见品种

对藻类的分类，目前尚有很大的分歧。我国藻类专家有将其分为8个门，亦有将其分为12个门，现将与食品加工食用关系较广密切的介绍如下。

(一)蓝藻门

蓝藻门植物没有真正的细胞核(属原核生物)，没有叶绿体，在细胞质四周有许多蛋白质颗粒，内含叶绿素、胡萝卜素、叶黄素及藻胆素，繁殖方法是细胞繁殖。代表种类有念珠藻，可食用，本属著名的食用三藻是发菜、葛鲜菜、发菜。

1. 发菜

又称头发藻、地毛，是一种野生的陆生藻。世界各大洲均有分布，亚洲腹地荒漠地区多产。我国西北新疆、青海、甘肃、宁夏、内蒙古以及河北坝上均出产。

发菜藻叶细长，呈丝状，无根，着生地面黑绿色，由许多单细胞个体连成长串，周围有大量的胶状物质。干燥时皱缩成黑色一团，遇水立即膨胀，成为暗褐绿色的线状体，呈半透明状，见图3-119。

图 3-119　发菜

发菜是一种自养性植物，能从空气中吸收碳和氧，从岩石、土壤中吸收矿物质，靠自身叶绿素进行光合作用，制造养分。

发菜是一种营养价值极高的食物，其蛋白质含量比鸡蛋高56%，热量是鸡蛋的两倍，碳水化合物含量则是鸡蛋的35倍，是极其珍贵的食品原料。但近代由于对发菜的大量采集，造成发菜资源的贫瘠以及沙漠化的蔓延，因此，作为饮食加工企业对发菜要给予保护性开发、利用，切不可盲从。

2. 葛仙米

细胞呈球形，由多数细胞连成含珠状群体，外包胶质，温润时呈绿色，干后卷缩呈灰黑色，附生在水中小沙石间及阴湿的泥土上。各地均有分布，但以四川所产的最为著名。

3. 皮菜

皮菜又称地耳，另有许多地方称呼，如江苏称地塌菜、滴达菜；四川称绿菜；华北称地皮菜、地见皮、野木耳、地钱、岩衣等。属葛藻门，念珠藻科，念珠藻属。皮菜靠细胞分裂繁殖，自身由多细胞连成含珠状群体，外面包被，形成木耳状，靠光合作用制造氧分。鲜食为多，干制亦可。

(二)绿藻门

绿藻为藻类最大的类群，植物体呈绿色，有叶绿素，藻体中储藏淀粉，这方面像高等植物。其繁殖方式是借助营养体直接长出新个体，或是用孢子繁殖及有性生殖（生殖细胞有鞭毛）。绿藻主要分布于淡水。代表种类有小球藻，是地球上最古老的一种藻类，它是与人体内红血球一样大小的单细胞绿藻，生殖能力很强，只要有阳光和水就能无休止地繁殖下去，因此江、河、湖、海及沼泽到处都有它的踪迹，并早已人工培养，是极其著名的高蛋白食物。本属包括水绵、礁膜、浒苔、石莼等食用藻。

1. 水绵

为淡水常见藻类，南方出产较多，以云南食用较普遍，见图3-120。

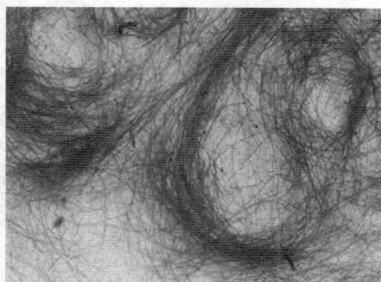

图 3-120　水绵

2. 礁膜

礁膜又称石菜、绿紫菜，晒干后可供食用，主产于浙江、福建、中国台湾和广东沿海。

3. 浒苔

浒苔也称苔涤，晒干后供给食用。此藻是一种海洋浮游植物，生长在水浒焦苔，因其色青绿，又称海青等。世界各地均有出产，我国的福建出产较多，腌制后可食用。

4. 石莼

石莼又称海白菜、纸菜、绣菜，晒干后供食用，世界各地均产。

(三)褐藻门

本门绝大多数为海产，固着生长，色素体中除含有叶绿素外，胡萝卜素、叶黄素的含量也特别多，故呈褐色。其同化产物不是淀粉，而是海带多糖和甘露醇。代表种类有海带、裙带菜、鹿角菜。

1. 海带

海带又称昆布，为海藻中褐色类物质。体形窄长如带，长 2～4 m，体分叶、柄、茎、固着器(假根)4 部分，分天然生和人造生两种，见图 3-121。中国东海、黄海、渤海沿岸均产，以辽宁、山东为主要产区。

图 3-121　海带

海带含有较多的碘、铁、钙、蛋白质、脂肪等营养物质，是重要的食用藻类。

2. 裙带菜

裙带菜又称昆布、海芥菜。一年生，黄褐色，叶绿呈羽状裂片，叶片较海带薄，外形像大破葵扇，也像裙带，以辽宁、山东为主要产区。除天然繁殖外，亦开始人工繁殖。

裙带菜营养丰富，食用价值高，主要供给食用。

3. 鹿角菜

鹿角菜主产于我国北部沿海，可供食用。

(四)红藻门

藻体除含有叶绿素、胡萝卜素外，尚含有藻红素，故藻体常呈紫红、红、褐色，少数呈蓝绿色。储藏的养分为红藻淀粉的红藻糖。代表种类有紫菜、石花菜、鹧鸪菜、仙菜、江蓠。

1. 紫菜

藻体为藻膜状，紫色、褐黄色或褐绿色。其叶片扁平，藻如蝉翼，黏滑，下部有盘状或半球形假根，分天然生和人工养殖两类，见图 3-122。中国浙江、福建、广东、山东、江苏等沿海出产十几种，常见的有甘紫菜、元紫菜、长紫菜 3 种。

图 3-122　紫菜

紫菜内含蛋白质、碘丰富，成品以形体完整，成片，干燥，紫色油壳，无泥沙杂质者为佳。

2. 石花菜

石花菜又称鹿角菜，藻体紫红色，直立丛生，高为 10～20 cm，固着器假根状，藻体上部羽状分枝，略呈圆柱形，下部枝扁平，见图 3-123。

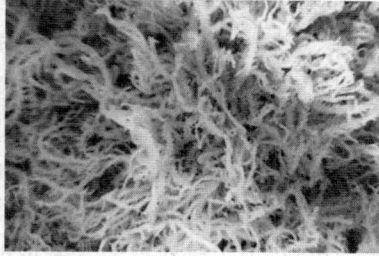

图 3-123　石花菜

石花菜含胶质多，除供制作菜肴外，还可提取琼脂，以供食用或他用。

3. 鹧鸪菜

鹧鸪菜又称美舌藻。产于暖海，福建、广东、台湾均有出产。可供食用，亦可作驱蛔虫剂。

4. 仙菜

分布于我国黄海、东海、青岛、舟山等地，含胶质多，可供食用。

5. 江蓠

江蓠又称发菜、龙须菜、线菜、牛毛菜、海冻菜。丛生，无枝叶，状如柳根须。紫褐色，有时略带绿色或黄色(干后变褐)，体软，圆柱状，长者达 10～50 cm。

第五节　果品原料

果品是鲜果、果干、干果、蜜饯的总称。果品的风味优美，香气宜人，色泽鲜艳，营养丰富，是人们喜爱的食品。果品以它的风味、营养，对维持人体正常的生理功能起着重要的作用，对促进新陈代谢、增强体质和延年益寿具有明显的功效。

一、鲜果的成分

鲜果同蔬菜一样，同属于高等植物，多数集中于种子植物中被子植物亚门，双子叶植物纲的蔷薇科中，亦有其他科属。其所含成分与蔬菜有很多相同之处，只在含量和比例上有所不同，现作简单介绍。

(一)水

水果中占最大部分，一般含量在 10%～90%，含量高的可达 90% 以上。瓜果、浆果多达 95% 以上，干果含 20% 左右，仁果含 3%～4%。保持鲜果的水分，是维持鲜果新鲜度的重要因素。

(二)糖

糖在水果的组织和生理过程中，均具有重要的作用。果品中普遍含有蔗糖、葡萄糖、果糖。糖是果品甜味的主要来源。不同的水果，含糖的种类有所不同。含糖量一般在 $10\%\sim20\%$ ，有的更高一些。果实充分成熟时，其含糖量达到最高峰。水果甜味的强弱，除与果实中糖分含量及糖的种类有关外，还受到果实中所含其他物质，如有机酸、单宁的影响。所以评定果实风味的好坏，常取决于果实中糖和酸的比例。

(三)有机酸

有机酸是影响果实风味的重要物质，它是果实酸味的主要来源。果实中的有机酸是苹果酸、柠檬酸和酒石酸。大多数果实含有苹果酸，柑橘类果实只含柠檬酸，葡萄则以酒石酸为主。果实中总酸的平均含量为 $0.1\%\sim0.5\%$ ，但有的水果柠檬酸可达 $5\%\sim6\%$ 。

(四)淀粉

成熟的果实中，一般不含有淀粉或仅含少量淀粉，在未成熟的果实则含有部分淀粉，如未成熟的香蕉含有大量淀粉，约占 18% ，随着果实的成熟，其淀粉逐渐转化为糖，增加甜味。淀粉遇碘变蓝，可以此作为判断果实成熟度的参考依据。

(五)纤维素

纤维素亦属多糖类，不溶于水，是构成果实细胞壁和输导组织的主要成分。在果实的表皮细胞中，纤维素又常与木质、果胶等结合为复合纤维素，对果实起保护作用。水果中含纤维素的多少，会直接影响果实的品质，纤维素的含量多且粗，则果实口感会粗老。分解纤维素必须有特定的酶，而在许多霉菌中含有分解纤维素的酶，所以被微生物感染而腐烂的果实，往往呈软烂松散状态。

(六)果胶物质

果胶物质是植物组织中普遍存在的多糖化合物，也是构成细胞壁的主要成分。它以原果胶、果胶和果胶酸3种不同的形态存在于水果组织中，各种形态的果胶物质具有不同特征。原果胶不溶于水，它与纤维素一起将细胞紧紧地结合起来，使组织坚实脆硬，在未成熟的果实中大多为原果胶。果胶是溶于水的物质，它与纤维素分离，进入果实细胞汁中，使组织结合变软。果胶酸溶于水且失去胶黏能力，使组织失去黏力，呈松散水烂状态。

(七)单宁物质

单宁物质是几种多酚类化合物的总称，溶于水，有涩味。许多果实中都含有单宁。单宁含量低时使人感觉有清凉味，若含量高就不能食用。一般果实含单宁 $0.02\%\sim0.33\%$ 。单宁物质可在多酶氧化酶的作用下，氧化变成褐色，遇铁变成黑色，故切开或去皮后的水果，不宜久置于空气当中，以防变色。

(八)糖苷

糖苷是糖与醇、醛、酚、单酸、含硫或含氧化合物等构成的酯类化合物，在酶或酸的作用下，可水解成糖和苷配基。果实中存在着各种苷，大多数却具有苦味，有一部分还有剧毒，在果实中值得重视的是杏仁苷，它存在于桃、杏、樱桃等核果类果肉及种仁中，而以杏仁中含量最多，约为 3.7% 。苦杏仁苷在酶的作用下分解而生成苯甲醛，可以表现出果实的芳香，同时也产生出有剧毒的氢氰酸，因此多食苦杏仁会中毒。

(九)矿物质

果实中含有许多矿物质，其中对人体有重要作用的是钙、铁和磷。这些不仅构成人体成分，同时对促进人体新陈代谢、维持体液的酸碱平衡也发挥着重要作用。

(十)酶

酶是有机生命活动中不可缺少的因素。水果中的化学物质不断地进行变化，就是因为果实中存在着各种各样的酶并在起着催化作用的结果。果实中的酶包括两类：一类是水解酶，它可促使物质合成和分解，如转化酶、果胶酶、蛋白酶等；另一类是解碳链酶，它使有机物碳链分解，产生二氧化碳和水，并放出大量的热，此类酶主要作用于呼吸过程和发酵过程，如氧化酶、脱氧酶等。

果实不同的器官，不同的成熟阶段，都与酶的作用和活动方向有关。在果实成熟初期，其化学合成大于分解，因此淀粉、蔗糖的含量高，随着果实的成熟，酶的活动逐渐趋于水解，淀粉逐渐转化为糖，果实变甜。酶的活性与温度、湿度、空气成分有着密切关系，因此，可以调节环境因素控制酶的活性，用以控制果实的成熟度，保持其新鲜度。

二、果实类型

果实类型如根据果实形成的部位不同可分为真果和假果；如根据果实的来源、结构和果质的性质不同，可分为单果、聚合果和复果(聚花果)三大类型。

(一)单果

单果：一个花中只有一个雌蕊发育成果实，包括肉果、干果。

1. 肉果

肉果，果实成熟时肉质多汁，包括以下几种。

核果：单心皮或合生心皮组成。特征是外果皮薄，中果皮肉质肥厚，内果皮木质化即果核，只有一粒种子，如桃、杏。

浆果：单心皮或合生心皮组成。特征是外果皮薄，中果皮及内果皮均肉质，多浆汁，内含一至多数种子，如番茄、葡萄。

柑果：合生心皮组成。特征是外果皮厚，甘质；具精油腔，中果皮疏松，其上有许多维管束，肉果皮呈瓣状，易分离，每瓣为一心皮肉果皮壁上着肉质多汁的囊状物，如柑、柚、橘。

瓠果：南合生心皮的下位子房与花筒发育成的假果。特征是花筒的外果皮结合成的果壁坚硬，中果皮和内果皮肉质，一室种子多数，如西瓜、甜瓜。

梨果：由合生心皮的子房与花筒愈合在一起发育成的假果。特征是花筒形成果壁，外果皮与中果皮均为肉质，肉果皮纸质或甘质化，中轴胎座，如梨、苹果。

2. 干果

干果：果实成熟后，果皮干燥，包括裂果、闭果。

裂果：果实成熟后，果皮裂开，有蓇葖果、荚果、角景、塑果。

闭果：果实成熟后，果皮不裂开，有瘦果、颖果、坚果、翅果、双悬果。

(二)聚合果

聚合果，由一朵花中多粉离生心皮组成的雌蕊发育形成的果实，每一雌蕊发育形成一个果，共同聚生在花托上，如草莓。

(三)复果(聚花果)

复果，由整个花序发育形成的果实，如桑葚、无花果、凤梨。

三、常见鲜果品种

(一)苹果

苹果，又名频婆、乎波、超凡子、天然子，属蔷薇科，落叶乔木植物苹果的果实。因品种不同而有大小之分。一般呈圆、扁圆、长圆、椭圆等形状，分青、黄、红等颜色。

西洋苹果原产于高加索南部和小亚细亚，果实汁多，脆嫩、酸甜适口，并耐储藏。中国苹果原产中国新疆一带，果实色美味香，但果肉松软，不耐储藏。苹果在中国栽培很广，以山东半岛、辽宁半岛为两大主要产区，其他各省亦有分布。

苹果按成熟时间可分为伏苹果和秋苹果。伏苹果每年6月起开始上市。此类苹果的特点是果实质地松轻，味多带酸，不耐储藏，产量较少。秋苹果分早秋和晚秋两类，早秋种大都在9月成熟，果实有软硬之分，味多甜中带酸，较耐储运。晚秋种一般于10月成熟，果实质地坚突，脆甜稍酸，储藏性很好。各类苹果见图3-124、图3-125、图3-126。

图 3-124　苹果(澳洲青苹)

图 3-125　苹果(红富士)

图 3-126　蛇果

(二)梨

梨，又名"快果""果实""生乳""山檬""玉露""密父"等。属蔷薇科，梨属落叶乔木。梨为中国原产，栽培历史悠久，大部分地区都有栽培。

梨是一种生长适应性较强的水果，其梨果球状卵形成近似球形，一端微凸，有一细短果梗，而另一端则是凹陷，果皮有黄白色、褐色、青白色或暗绿色等。果肉近白色，质地因品种而有差异，一般坚硬脆嫩而味有甜、酸、涩之别，汁有多少之分。

中国栽培梨的品种很多，主要分为四大系统。

秋子梨系统：果柄短粗，果肉中含有较多的石细胞，初熟时，皮绿，质硬，味涩，经过储藏后，皮黄，肉软，味较甜。

白梨系统：为优良梨种，果实卵圆形，初熟时皮绿色，成熟时皮黄白色，果表面有细密果点，果柄较长，果肉脆嫩多汁，细腻无渣，味甜。采摘后即可食用，见图3-127。

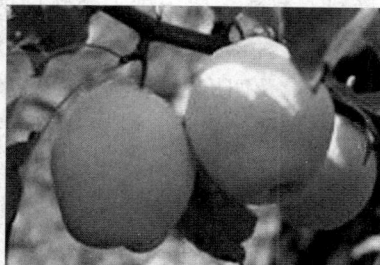

图 3-127　中华玉梨

沙梨系统：形似球形，亦有椭圆形，皮淡黄或褐色，有浅色果点，果柄较长，肉脆嫩多汁，甜酸适中，石细胞较少，不耐储藏，采摘后即可食用。

洋梨子系统：果实呈圆锥形，皮黄绿或黄色，果柄长而粗，肉质甘甜，细软多汁，香味浓，石细胞很少，多数品种需经后熟变软才能食用。不耐储藏，易腐烂，见图 3-128。

图 3-128　酥梨

香梨，维吾尔语叫"奶西姆提"。其特点是香味浓郁、皮薄、肉细、汁多甜酥、清爽可口，为新疆各种梨之上品。香梨以库尔勒香梨产量大，质量好。其种植面积达 2.4 万亩，年产量在千吨以上，见图 3-129。

图 3-129　香梨

艾宕梨是从国外引进的新品种，在山东、陕西等地有栽培。该梨具有较浓的香蕉、菠萝混合香味，质地细腻，无石细胞，汁多，维生素 C 含量高，具有降血脂、解毒、阻止致癌物质生成的作用。艾宕梨不仅是鲜食品种中的佼佼者，也是加工饮料的极品。

鳄梨又称牛油果、油梨、樟梨、酪梨，属于被子植物门的樟科。鳄梨原产于中美洲和墨西哥，全世界热带和亚热带地区均有种植，但以美国南部、危地马拉、墨西哥及古巴栽培最多。中国的广东、福建、台湾、云南及四川等地均有少量栽培。鳄梨的形状像梨，它的果皮与短吻鳄的鳄鱼皮相似，从而获得鳄梨的名称。鳄梨从树上摘下后，会继续成熟。能够食用时，果皮紧绷，颜色从黄绿变成深绿或近乎黑色。果实为核果，梨形，长 7～20 cm，果重 100～1000 g。种子很大，生长在果实的中央，直径 3～5 cm，见图 3-130。

图 3-130　鳄梨

鳄梨果肉为黄带青色，富含铁、钾、维生素 A 和 B 族维生素，蛋白质含量较高，富含脂肪，属于高脂低糖型水果，是身体虚弱和糖尿病患者较佳的食用水果。鳄梨常作为醋、酱油的调味品，也常用作沙拉或冰激凌的辅料。在墨西哥，是鳄梨调味酱的主要原料。

(三) 山楂

山楂，又名红果、山黑红、轧子、赤瓜子，属蔷薇科落叶乔木，见图 3-131。

山楂为我国原产，产地分布较广，以河南、山东、山西等省产量最多。

山楂常见的品种有大金星、圆果山楂、方果山楂、葫芦头辽红、豫北红等。

图 3-131　山楂

(四) 桃

桃，又名桃果、桃子。属蔷薇科落叶乔木。核果近球形，表面有茸毛。

桃原产于中国西部和西北部，栽培历史悠久，桃的资源丰富，分布广泛。

桃的分类有多种标准，按果实完整分黏核型和离核型；按果实肉质分溶质品种和非溶质品种；按生态条件、用途和形态特征分北方桃、南方桃、黄肉桃、蟠桃和油桃 5 个品种，见图 3-132 和图 3-133。按成熟期可分为早熟种、中熟种、晚熟种 3 种。著名的品种有山东胶城佛桃、河北深州蜜桃、上海水蜜桃、奉化玉露桃、宁夏黄甘桃、陕西黄金桃、新疆油桃、甘肃紫脂桃等。

图 3-132　蟠桃

图 3-133　油桃

(五)杏

杏，属蔷薇科落叶乔木，为中国原产，栽培历史悠久，主要分布于北方、西北、华北东北各省，以山东、山西、河北、河南、陕西、辽宁、甘肃产量较多。可分为普通杏、辽杏、西伯利亚杏 3 种。主要品种有陕西大接杏、河北大甜杏、安徽巴斗杏、兰州金妈妈杏、青岛大扁杏、北京水晶杏、新疆阿克西米西杏等，见图 3-134。

图 3-134　杏

(六)樱桃

樱桃，属蔷薇科落叶乔木。果实小，球形，鲜红色。

樱桃原产中国长江流域，古称"含桃"。

樱桃在中国主要分为四大种类：中国樱桃、甜樱桃、酸樱桃、毛樱桃。代表品种为中国樱桃中的短柄核桃、大摩紫甘桃，特点是果实大，肉皮厚，汁多，味甜酸适度，见图 3-135。

图 3-135　樱桃

(七)枇杷

枇杷,属蔷薇科常绿小乔木植物。果实球形或椭圆形,橙黄色或淡黄色,见图 3-136。枇杷为中国原产,主要分布在我国南部温带多雨地区,长江流域。

枇杷按成熟期分为早熟、中熟、晚熟;按果实颜色分为红沙和白沙;按地方习惯分为草种、白种、红种三大类,以红种和白种为好。代表品种有浙江大红袍、红沙牛奶、软条白沙、照种白沙等。

图 3-136　枇杷

(八)葡萄

葡萄,属葡萄科,葡萄属的多年生藤本落叶植物。浆果圆形或椭圆形,色泽因品种而异。

葡萄为世界上最古老的果树之一,原产于亚洲西部及非洲北部部国家。中国栽培历史较悠久,先在新疆,后遍及全国。

葡萄按产地不同,可分为欧洲、东亚、美洲类群;按经济用途可分为鲜食、干制、酿造 3 种类群。在我国代表品种有龙眼、白牛奶、马奶葡萄、无核白、巨丰、玫瑰香等。各类葡萄分别见图 3-137、图 3-138、图 3-139 和图 3-140。

图 3-137　巨丰葡萄

图 3-138　黑提

图 3-139 红提

图 3-140 无核白

(九)桂圆

桂圆，又称桂圆果、龙眼等，为亚热带乔本。桂圆栽培起源于中国，主要分布于福建、广东、广西、中国台湾、四川、云南、贵州等地，以福建的栽培最广。常见的品种有石硖、马回、福眼、六月红、普明庵、乌龙岭等，见图 3-141。

图 3-141 桂圆

(十)荔枝

荔枝，又称丹荔、丽枝，是无患子科常绿果树。果实心脏形或圆形，果皮具有多数鳞斑凸起，颜色分鲜红、紫红、青绿或白色。

荔枝为中国原产，最早产于广东，现在南方分布较广，以广东、福建最盛，广西、中国台湾、四川、云南也有。著名的代表品种有三月红、糯米糍、桂味、淮枝、黑叶、元红、兰竹、挂绿等，见图 3-142。

图 3-142 荔枝

（十一）香蕉

香蕉，又称蕉果，芭蕉科多年生树状草本植物。长圆条形，有三钝棱，熟时黄色，果皮易剥落，果肉白黄色，无种子，汁少味甘，柔软芳香。

香蕉原产于亚洲南部，中国最早在华南地区种植，后在南方各地普及栽培，以广东最多。主要包括香芽蕉、龙芽蕉、鼓槌蕉、糯米蕉、暹罗蕉等，见图 3-143 和图 3-144。

图 3-143   香蕉   图 3-144   红皮香蕉

（十二）猕猴桃

猕猴桃，又称藤梨、羊桃、杨桃、仙桃等。属猕猴桃科，猕猴桃属的落叶灌木藤本植物。

猕猴桃原产于中国，是世界上的一种新兴水果。猕猴桃果肉绿色或黄色，中间有放射性的小黄子，具有甜瓜、草莓、橘子的香味。品种有多毛扁、多毛长、光滑圆、光滑长籼米、糯米、冬瓜等，品质都在中等以上，见图 3-145。

图 3-145   猕猴桃

猕猴桃是一种营养价值很高的水果，其维生素 C 的含量为果中之首，并含有维生素 B 族、钙、磷、铁等多种营养物质。

（十三）草莓

草莓，又称杨梅，属蔷薇科，草莓属，为宿根性多年生草本植物。

草莓原产于南美洲，中国南北各地均有种植并已成为主要的产区，见图 3-146。

草莓现分布在世界的栽培品种有 7000 多种，更替频繁，新种不断育出。

草莓同样是一种营养价值高的水果，维生素 C 及钙、磷、铁的含量比一般水果都高，另外还含有蛋白质、糖、有机酸，能分解食物脂肪，助于消化。

图 3-146　草莓

(十四)柑

柑,又称"柑子",属芸香科柑橘属,常绿灌木或小乔木。它是一种特殊的浆果,中果皮细胞间有很多细胞,内含一些较大的卵圆形的芳香油腺体,内果皮肉壁上许多薄壁状腺毛,内含果汁,果实为圆球形。见图 3-147。

柑原产于中国,主要分布于华南各地,如浙江、江西、福建、四川、广东、台湾、湖南等。著名品种有广东蕉柑、温州蜜柑等。

图 3-147　柑

(十五)橘

橘,又称橘子,属芸香科柑橘属,常绿灌木或小乔木。

橘原产于中国,主要分布华南各省,与柑同属柑橘类,其形态结构相同,果实扁圆形,果实黄色、鲜橙色或橙黄色。外果皮与中内皮较柑类易剥离。主要品种有四川红橘、浙江岩蜜橘、江西南丰蜜橘等,见图 3-148。

图 3-148　橘

(十六)橙

橙又称甜橙、橙子,属芸香科柑橘属,常绿灌木或小乔木。

橙原产于中国，主要分布在广东、广西、福建、四川等省。果实呈扁圆形，比柑、橘大，果皮紧密，不易剥离，见图3-149。主要品种有良橙、柳橙、会新橙、香水橙、雪橙、绵橙、夏橙、脐橙等。维生素C的含量比柑、橘多。

图 3-149　橙

(十七)柚

柚，又称柚子、文旦、香抛，为芸香料常绿乔木。

柚原产于中国、印度、马来西亚。在我国栽培历史悠久，主要分布于广西、福建、四川、湖北、湖南、浙江、江西等地。代表品种有福建的文旦柚、坪山柚、红猴柚、蜜柚等；广西的沙田柚、白蜜柚、砧板柚等；四川云梁山蜜柚、垫江白心柚、红心柚、长寿田柚；广东的金兰柚、桑麻柚；湖南的橘花柚；浙江的四季柚；中国台湾的葡萄柚等。其中以文旦柚、沙田柚比较著名，见图3-150和图3-151。

图 3-150　蜜柚　　　　　　　　　　　图 3-151　红柚

(十八)柠檬

柠檬，又称洋柠檬，与中国原产的黎檬同属柑橘类，为芸香科柑橘属常绿乔木。

柠檬果实长圆形，两端稍尖，脐部有乳状凸起，果皮淡黄色，油泡大。原产于热带和亚热带。在中国主要常见品种有里斯本柠檬，其果形长圆形，果皮黄色，凹凸不平，有乳状凸起，基部有半圆形钩状环纹，萼片大，果蒂微凸，果肉绿白色，味酸，香浓，是上等品种。

香柠檬是柠檬和甜橙的杂交品种，果实长椭圆或近圆形，先端微有乳突，果皮光滑，成熟时，果黄，肉厚，具芳香，此种主产于四川、浙江。四川红黎檬、白黎檬，果实小，味极酸，成熟果实淡黄色，见图3-152和图3-153。

图 3-152　柠檬(青)

图 3-153　柠檬(黄)

柠檬叶可用于提取香料，柠檬鲜果表皮可以生产柠檬香精油，柠檬香精油既是生产高级化妆品的重要原料，又是治疗结石病药物的重要成分。果胚还可生产果胶、橙皮苷，果胶既是生产高级糖果、蜜饯、果酱的重要原料，又可用于生产治疗胃病的药物；橙皮苷主要用于治疗心血管病；果胚榨取的汁液既可生产高级饮料，又可生产高级果酒；果渣可作饲料或肥料；种子可榨取高级食用油或者入药。因此柠檬全身都是宝，是加工绿色产品的重要原料。

(十)菠萝

菠萝，又称黄梨、香菠萝、露兜子。为凤梨科多年生草本植物。

菠萝原产于南美洲的巴西，16—17 世纪传入我国华南地区，主要产区在中国台湾、广东、福建、广西等地。目前世界上栽培品种已达 60～70 个品种，归纳为皇后、卡因、西班牙 3 类。夏威夷是最大的菠萝产地，中国大约种植有 20 个品种。著名的品种有卡因种、金山种、巴厘种、菲律宾种，见图 3-154。

图 3-154　菠萝

(二十)西瓜

西瓜，又称寒瓜、水瓜、夏瓜。属葫芦科一年生草本植物。

西瓜原产于非洲，系属非洲沙漠上的野生浆果，现在我国普遍栽培。西瓜品种很多，著名品种有：山东德州的刺麻瓜、河南开封的大花棱花、河北保定的三白瓜，另有内蒙古西瓜、兰州西瓜、上海枕头瓜、海南西瓜等，见图 3-155。

图 3-155　西瓜

(二十一)哈密瓜

哈密瓜,又称甜瓜。为葫芦科一年生蔓性植物。

哈密瓜原产于中亚,约 18 世纪传入我国新疆。经长期培育,品种迭出,遍及全新疆,主产于吐鲁番、鄯善、哈密一带,以鄯善的东湖瓜最著名。代表品种有密极甘、可口奇、炮台红、网纹香梨、黄金龙等,见图 3-156。

图 3-156　哈密瓜

(二十二)白兰瓜

白兰瓜又称兰州密瓜、绿瓤甜瓜。为葫芦科一年生蔓性草本植物。肉似翠玉,汁多甘甜,香气醇郁,富有风味,是我国西北地区著名瓜果。

白兰瓜原产于美洲,20 世纪 40 年代引入中国,主要产地是兰丹市郊、皋兰、武威等地。主要品种有兰州瓜、变种兰州瓜、新疆兰州瓜,见图 3-157。

图 3-157　白兰瓜

(二十三)火龙果

火龙果，又名青龙果、红龙果，其学名为 Hyloceseus。火龙果为仙人掌科三角柱属植物，原产于巴西、墨西哥等中美洲热带沙漠地区，属典型的热带植物。我国海南省及广西、广东等地有栽培。火龙果因其外表肉质鳞片似蛟龙外鳞而得名，见图3-158。因其光洁而巨大的花朵绽放时，芳香四溢，盆栽观赏使人有吉祥之感，因而也称"吉祥果"。火龙果营养丰富，功能独特，它含有一般植物少有的植物性白蛋白及花青素、丰富的维生素和水溶性膳纤维。

图 3-158　火龙果

(二十四)杧果

杧果为著名热带水果之一，又名檬果、漭果、闷果、蜜望、望果、庵波罗果等，因其果肉细腻，风味独特，深受人们喜爱，所以素有"热带果王"之誉称。杧果果实呈心脏形，主要品种有土杧果与外来杧果，未成熟前土杧果的果皮呈绿色，外来种呈暗紫色；土杧果成熟时果皮颜色不变，外来种则变成橘黄色或红色。杧果果肉多汁，味道香甜，土杧果种子大、纤维多，外来种不带纤维。果实的大小、形状、色泽、纤维多少、核大小等，是区别杧果品种的主要依据，但杧果的品种、品系很多，过去多用实生苗繁殖，产生了许多自然杂交种，新的品种又不断地被人工培育出来，现在全世界约有1000多个杧果品种，且一直都没有一个完整的品种分类系统。由于品种不同，杧果最大的重达几千克，最小的只有李子那么大，见图3-159。形状各有不同，圆的、椭圆的、心形的、肾形的、细长的、丰厚的都有；果皮颜色有青、绿、黄、红等；果肉有黄、绿、橙色等；味道有酸、甜、淡甜、酸甜等。

图 3-159　杧果

(二十五)雪莲果

雪莲果是菊科多年生草本植物，长日照作物，能开花但不结种子，以块种无性繁殖为主，植株貌似菊芋。雪莲果原产自南美洲的安第斯山脉，是当地印第安人的一种传统根茎食品。雪莲果是一种新型地下水果，果实似红薯，但口感与红薯有很大区别，甜脆且多汁，属于水果，见图 3-160。

图 3-160 雪莲果

(二十六) 枣

枣，又名红枣、美枣、良枣。枣属李科落叶灌木或小乔木植物枣树的成熟果实。我国栽培枣树范围极广，北边达到辽宁的锦州、北镇一带，以山东、河北、山西、陕西、甘肃、安徽、浙江产量最多。著名的品种有陕西绥德枣林坪的黄河滩枣，其果肉甜软润香，素称"人参果"；河北沧州的金丝小枣，无核，含糖量高，掰断可拉出丝；河北黄骅的冬枣，甜脆适合鲜食，在冬春上市；山西的大枣，果大，干制可制"脆枣"；浙江的义乌大枣等。见图 3-161。枣可以制成蜜枣、红枣、熏枣、黑枣、酒枣及牙枣等蜜饯和果脯，还可以做枣泥、枣面、枣酒、枣醋等，为食品工业原料。枣树可供雕刻、制车、造船、做乐器。中国红枣最高年产量为 36.8 万吨，每年中国的红枣及系列加工制品大量出口，发展经济增进贸易。

图 3-161 枣

(二十七) 杨桃

杨桃，学名为亚维荷，因水果薄片形状呈五角形，又称为五星果。原产地为东南亚，现分布在热带、亚热带地区。杨桃果实长 10～20 cm，直径 6～10 cm，重量为 150～500 g。果实不成熟时呈青色；成熟时呈灰黄色和深黄色，柔软的果肉被一层薄的、波浪式半透明的果皮包着，见图 3-162。果肉中含有胡萝卜素、维生素 B_1、维生素 B_2、维生素 B_5、维生素 C 以及铁等。果实有酸的、甜的。除作鲜果吃外，常用来做沙拉、糖浆和腌渍食物。同时杨桃在医学上也有多种用途。

图 3-162　杨桃

(二十八)洋姑娘

洋姑娘，又名酸浆、挂金灯、戈力、灯笼草、洛神珠等，以果实供食用。原产于中国，南北均有野生资源分布。酸浆在中国栽培历史较久，在公元前 300 年，《尔雅》中就有酸浆的记载。目前在东北地区种植较广泛，其他地区种植较少，仍属稀特水果，见图 3-163。成熟果食甜美清香，是营养较丰富的水果。浆果富含维生素 C，对治疗再生障碍性贫血有一定疗效。成熟浆果，鲜食味道甜酸适口，风味极佳，也可制蜜饯、果酱等。

图 3-163　洋姑娘

四、常见的干果品种

(一)瓜子仁

瓜子仁简称瓜仁，瓜子加工去壳后的子仁，种类有黑瓜子、白瓜子和葵花子，三者同称炒货三子。

黑瓜子仁也称西瓜子，为西瓜的种子(红色品种在内)去壳后的子仁。我国江西的信丰县、广西的贺县产的红色品种子粒肥大，肉厚清香，经久不霉，是著名的传统特产，见图 3-164。

白瓜子仁也称南瓜子、金瓜子、角瓜子，见图 3-165，为倭瓜(南瓜)、角瓜、白玉瓜和西葫芦等瓜子去壳后的子仁。我国北方广有出产，吉林、黑龙江等地产的白瓜子较著名。品种有雪白、光板、毛边、黄厚皮 4 种。其中雪白和光板质量最好，毛边次之，黄厚皮较差。

葵花子仁为菊科植物向日葵的子实去壳后的子仁，是一种经济价值很高的油料作物，见图 3-166。我国各地均有种植，以东北和内蒙古较多。葵花子以粒大、仁满、色清、味香者品质为优。

图 3-164 西瓜子

图 3-165 南瓜子

图 3-166 葵花子

瓜子仁是制作五仁馅、百果馅的原料之一，还可作为八宝饭、蛋糕等点心的配料。

(二)榄仁

榄仁为橄榄科植物乌榄的核仁，主产于福建、广东、广西、中国台湾等地。榄仁仁状如梭，外有薄衣(红色)，未褪红衣者称为榄仁。焙炒后衣皮很易脱落，仁色洁白而略带牙黄色，但肉细嫩，富有油香味，是一种名贵果仁，见图 3-167 和图 3-168。

图 3-167 橄榄

图 3-168 榄仁

榄仁是南方五仁馅原料之一，既可做糕点、馅心、配料，又可做冷、热菜肴，同时具有润肺、下气、补血、解鱼毒之功效。

(三)松子仁

松子仁为松树的种仁，主要是红松(果松、海松)和偃松(爬地松)的种子。产于黑龙江省大、小兴安岭和东部林区，集中成片，见图 3-169 和图 3-170。

图 3-169 松子

图 3-170 松子

松子一般在 9 月上旬开始成熟。由于松子素有秋分不落春分落的特性，因而采集时不能等待松子自然脱落，需人工上树采集。

松子仁含有脂肪 63.5%，蛋白质 16.7%，有滋润皮肤、健壮身心的作用。

松子仁是北方五仁馅的原料之一，它既可做点心馅，又可做热菜，同时还是休闲食品和榨油的原料，具有很高的经济价值。

（四）芝麻

芝麻为亚麻科一年生草本植物。我国除西北地区区外，广有栽培。种子按皮色分有黑、白、黄3种，均以颗粒饱满、皮色一致、无黑白间杂为好，见图3-171和图3-172。

图 3-171　黑芝麻

图 3-172　白芝麻

芝麻经加热炒熟去皮为芝麻仁，是五仁馅原料之一。可做各种点心馅心、烧饼、菜肴的原料，同时有补肝肾、润五脏之功效。

（五）白果

白果属银杏科落叶乔木，学名银杏，别名鸭掌子、公孙果，是中国特产硬壳果之一。以果仁供熟食。主产于江苏、浙江、湖北、河南等地。

白果10月果实成熟，有椭圆形、倒卵形和圆珠形。核果外有一层色泽黄绿有特殊臭味的假种皮，收获后假种皮便腐烂，露出晶莹清白的果核，敲开果核，才是玉绿色的果仁，果实每千克300～400粒，见图3-173。优质品种如下。

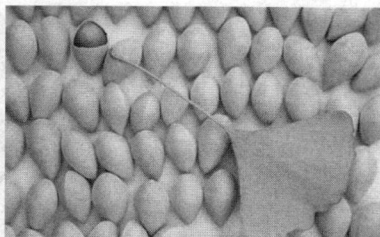

图 3-173　白果

佛指：产于江苏泰兴、浙江长兴，壳薄，仁大，两头尖似橄榄，核饱满，味甘美，为白果良种。

梅核：产于浙江长兴，俗称圆白果，形状像梅子核，颗粒较小，果仁软清甘甜，清香味美。

白果既可做各式甜、咸菜肴，又可做糕点配料。白果含白果醇、白果酸，可入药且具有杀菌功能。但是白果仁含有白果苦甙，可分解出毒素，食用不当会引起中毒，所以加工选用时应严格控制数量。

（六）花生

花生为豆科落花生属一年生草本植物的种子，学名落花生，又称长生果、万寿果、及第果等。原产于玻利维亚南部、阿根廷西北部和安第斯山山脉的拉波拉塔河流域。现我国黄河下游各地栽培最多。

花生通常为 9—10 月上市，种子（花生仁）呈长圆形、长卵圆形或短圆形，种皮有淡红色、红色等，见图 3-174。主要类型有普通型、多枝型、珍珠豆型和蜂腰型 4 类。

图 3-174　花生

花生去壳去内衣为花生仁，以子粒肥大、粒实饱满、色泽洁白、香脆可口者为佳。

花生仁既可做冷、热菜肴，又是糕点馅心、五仁馅、果子馅的主要原料，同时还可用于榨油业，具有较高的经济价值。

(七)榧子仁

榧属紫杉科植物，又称彼子、玉榧、玉山果、香榧等，是中国特产的稀有珍果，主产于东南地区，以浙江诸暨枫桥所产最为著名，品种较多，有香榧、米榧、园榧、雄榧、芝麻榧 5 种。

榧子形似枣核，但较大，去壳去衣后为榧子仁，肉为奶白至微黄色，较松脆，具有独特的香味，见图 3-175 和图 3-176。

图 3-175　榧子

图 3-176　榧子仁

榧子可做糕点配料，也可做甜、咸菜品原料，其营养丰富，含油量 51%，有润肺、清肠、止咳等功效。

(八)核桃

核桃属胡桃科植物，为世界四大干果之一，又称胡桃、羌桃、长寿果。原产于伊朗，现中国北方和西南均有种植，见图 3-177 和图 3-178。

图 3-177 核桃

图 3-78 核桃仁

核桃 7—9 月成熟，外面有木质化硬壳，里边是供食用的果仁。它的特点是含水分少，含糖类、脂肪、蛋白质和矿物质丰富，营养价值很高，耐储存。核桃的品种很多，著名品种如下。

光皮绵核桃，主要产于山西汾阳，9 月中旬成熟，果形有长有圆，粒大壳薄；表面光滑，出仁率为 59% 左右，仁含油量为 72% 左右。

露仁核桃，产于河北昌黎，外壳薄，种要微露，易脱仁，出仁率为 65%，含油量为 76%。

鸡爪绵核桃，产于山东，壳薄光滑，种仁饱满，出仁率为 40%～54%、含油量为 68%。

阳平核桃，产于河南洛阳一带，壳薄，果实大，种仁饱满，产量较高，是河南的优良品种。

核桃除可供生食或制作各种糕点、糖果等食品之外，也是榨油的原料。核桃的营养价值很高，含有较多蛋白质和脂肪，并含有多种维生素，有补血、止咳化痰、润肝、补肾、助消化等医疗功效。

（九）杏仁

杏仁为蔷薇科植物杏的核仁，又称杏扁、大扁等，为我国原产。杏仁有苦、甜两种，见图 3-179 和图 3-180。

图 3-179 杏核

图 3-180 杏仁

苦杏仁多为山杏的种子，内蒙古多产苦杏仁，这种杏仁含脂肪约 50%，并含有苦杏仁苷和苦杏仁酶。苦杏仁苷经酶的作用，可生成有杏仁香气的苯甲醛和剧毒的氢氰酸等，食用不当会引起食物中毒。食用前须反复水煮、冷水浸泡去掉苦味。苦杏仁味苦温，有小毒，能止咳去痰，宜肺平喘，常用于治疗伤风咳嗽、气喘痰多。

甜杏仁为杏的种子。这种杏仁也含有脂肪，但所含苦杏仁苷的量很少。它具有润肺滑肠的作用，多用于治疗肺燥、便秘。

中国著名的品种如下。

龙王帽杏仁，产于北京西部山区及辽宁等地。杏仁扁平肥大，含脂肪 56.7%，出仁率 18%，每 500 g 约 170 粒仁，是杏仁中颗粒最大的品种。

巴旦杏仁，产于新疆喀仁地区。巴旦杏果肉干硬不可食用，杏仁重 1～5 g 不等，有甜苦之分，甜者供食，苦者药用，有很高的营养价值。

杏仁是五仁馅原料之一，既可炒食，也可磨粉做成杏仁饼、杏仁豆腐、杏仁酪、杏仁茶，还可做成各种小菜。同时它还是榨油、制药的优质原料。

(十)腰果

腰果又称鸡腰果，属漆树科植物，是世界四大干果之一。其果实由两部分组成：上部称果梨，也称假果，肉质松软，可鲜吃，也可制果什、果干、蜜饯；下部是腰果，形、味均似花生仁，既可做糕点的馅心，也可制作各种荤、素菜的配料，见图 3-181、图 3-182。

图 3-181　腰果

图 3-182　腰果仁

(十一)榛子

榛子属桦木科植物，是世界四大干果之一，又称山板栗、平榛子、毛榛子，是一种野生的名贵干果，主产于东北大兴安岭东南部和东北部林区。

榛子的果实坚实，有 1～4 个簇生枝头，近似球形，外有种苞，结合成钟形，半包尖果。花期为 5—6 月，果期为 8—9 月，见图 3-183 和图 3-184。

图 3-183　榛子

图 3-184　榛子仁

榛子的果仁含油量达 45%～60%，高于花生和大豆，具有补气、健胃、明目的功能。果仁既是糖果、糕点的主要辅料，也是榨油的主要原料。

(十二)板栗

板栗为落叶乔木，属山毛榉科植物，为我国原产干果之一。主要产区在我国北方，各地均有栽培。9—10 月果实成熟。果外有总苞，通常是两三个果实包围于一个密生长刺的总苞内，见图 3-185 和图 3-186。栗实含丰富的蛋白质、脂肪、淀粉及多种维生素。我国著名的品种如下。

图 3-185 板栗

图 3-186 板栗仁

京东板栗，产于北京以东燕山山区，良乡镇是其集散地，因而又称良乡板栗。它个小、壳薄易剥、果肉细、含糖量高，在国内外市场上久负盛名。

黑油皮栗，产于辽宁省丹东地区。它个头大，平均重 10 g 以上，果壳色乌而有光泽，果实味醇，甘甜质细。

泰安板栗，产于山东省泰安地区。它含糖量高，淀粉含量在 70% 以上，口感绵软，甘甜香浓。

确山板栗，产于河南确山县，栗果苞皮薄，个头大（每 500 g 35 粒左右），色泽好，饱满匀实，产量高且稳，曾被评为全国优良品种，有"确栗"之称。

板栗可生食、炒食、做菜肴，也可做点心、栗羊羹等栗制食品。栗子还可以入药，具有养胃健脾、补气活血之功效。

栗子怕风干、受热。保管栗子最好的方法是在凉爽的地方沙埋。

(十三) 夏威夷果

夏威夷果，又称澳洲坚果、昆士兰栗、澳洲胡桃等。夏威夷果原产于澳大利亚昆士兰州和新南威尔州，现在主产于美国、澳大利亚、肯尼亚、南非、哥斯达黎加、危地马拉、巴西等国。我国在 1910 年引入，现分布于我国广东、广西、海南、云南、贵州、四川、福建等省。夏威夷果其外果皮青绿色，内果皮坚硬，呈褐色，单果重 15～16 g，含油量 70% 左右，蛋白质 9%，含有人体必需的 8 种氨基酸，还富含矿物质和维生素。夏威夷果果仁香酥滑嫩可口，有独特的奶油香味，是世界上品质最佳的食用干果，有"干果皇后""世界坚果之王"之美称，风味和口感都远比腰果好。夏威夷果（澳洲坚果）除了制作干果外，还可制作高级糕点、高级巧克力、高级食用油、高级化妆品等，见图 3-187。

图 3-187 夏威夷果

第六节　粮食原料

一、稻谷和稻米

稻谷属禾本科植物，原产于印度及中国南部，现世界各地广有栽培，它是我国的主要粮食作物之一。主要产区集中在长江流域和珠江流域的四川、湖南、广东、海南、江苏、湖北等省。

(一)稻谷的结构

稻谷由稻壳、稻粒两部分组成。稻壳的主要成分是纤维素，不能被人体消化，加工时要去掉。去掉稻壳后的稻粒是糙米，糙米由皮层、糊粉层、胚和胚乳几部分组成。

皮层是糙米的最外层，主要由纤维素、半纤维素和果胶构成。它影响大米的食味且不易被人体消化，要经过碾轧而除掉。

糊粉层位于皮层之下，是胚乳的最外层组织。糊粉层虽然不厚，但集中了大米的许多主要营养成分，如蛋白质、脂肪、维生素和矿物质等。

胚位于米粒腹面的下部，含有较多的营养成分，还含有一些酶类。胚部的生命活性较强，保管时不稳定，大米霉变往往先从胚部开始。

糙米除去皮层、糊粉层、胚以外，其余部分为胚乳，约占米总重量的91.6%，营养成分主要是淀粉。

(二)稻米的种类、特点和化学成分

1. 稻米的种类和特点

稻米按米粒内含淀粉的性质分为籼米、粳米和糯米。

籼米(机米)主要产于四川、湖南、广东等地。籼米米粒细而长，颜色灰白，半透明者居多。其特点是硬度中等，黏性小而胀性大，口感粗糙而干燥。

粳米(大米)主要产于东北、华北、江苏等地。粳米粒形短圆而丰满，色泽蜡白，半透明。其特点是硬度高，黏性大于籼米而胀性小于糯米。粳米又分为上白粳、中白粳等品种。上白粳色白黏性较大，中白粳色稍暗，黏性较差。

糯米(口米)主要产于江苏南部、浙江等地，糯米的特点是硬度低，黏性大，胀性小，色泽乳白不透明，但成熟后有透明感。糯米又分为籼糯和粳糯两种。粳糯米粒阔扁、呈圆形，其黏性较大，品质较佳；籼糯米粒细长，黏性较差、米质硬、不易煮烂。稻米的特点及物理性质见表3-1。

表3-1　稻米的特点及物理性质

品种	形状	色泽	透明	黏性	比重	硬度	腹白	胀性	沟纹
籼米	细长形	灰白	半透明	小	小	中	多	大	稍明显
粳米	短圆形	蜡白	透明或半透明	中	大	高	少	中	明显
糯米	长圆形	乳白	不透明	大	小	低	—	小	不明显

2. 稻米的化学成分

蛋白质。稻米中的蛋白质主要由不能生成面筋质的麦谷蛋白和麦谷蛋白组成。其中氨基酸的含量较少，但与其他谷类相比，必需氨基酸的综合价值略高，因而在植物蛋白质中，稻米的营养较高。

淀粉。稻米中的淀粉主要是支链淀粉组成。其糊化温度为 74℃，比面粉中的淀粉略高。

米的品种不同，所含支链淀粉的量有所差异，这一点决定了工艺中籼米粉能发酵而其他米粉不能发酵。面粉和米粉中支链淀粉和直链淀粉的含量表见表 3-2。

表 3-2　面粉和米粉中支链淀粉和直链淀粉含量(%)

种类	品种			
	面粉	籼米粉	粳米粉	糯米粉
直链淀粉	24	25	18	0
支链淀粉	76	75	82	100

脂肪。稻米中的脂肪主要由亚油酸、亚麻酸和软脂酸等组成。其中还含有微量的植物固醇、花生酸等。糙米中脂肪的平均含量为 2.2%，由于脂肪大部分集中于糊粉层，碾得较精的大米，脂肪含量下降，平均只有 0.77%。

灰分。稻米中的无机盐成分主要分布于糊粉层，其中钾、镁、磷的含量较多，钙、铁、锌、铜含量较少。糙米碾制成精米，灰分损失严重。

维生素。糙米中含有较为丰富的维生素 B_1、维生素 B_2、维生素 P 和维生素 E，几乎不含维生素 A、维生素 D 和维生素 C。碾得越精的米，维生素损失越严重。

(三)中国的优质稻米

1. 小站稻

小站稻原产于天津市南郊区小站一带，现已发展到天津市郊区县和北京、河北省等广大地区。小站稻主要用于碾米做饭，营养十分丰富，含有葡萄糖、淀粉、脂肪等多种成分，是大米中的佳品。小站稻子粒饱满，皮薄油性大，米质好，出米率高，其米粒呈椭圆形，晶莹透明，洁白如玉。用其做饭，香软适口；用其煮粥，精而不浊，解饥解渴。见图 3-188。

图 3-188　小站稻

2. 马坝油占米

马坝油占米产于广东曲江县马坝，因谷形细长如猫的牙齿，故又名"猫牙占"。其优良特性是色、形、味俱佳而且早熟。色，指它的谷粒色泽特别金黄，加工成大米后，光滑晶莹，表面油光发亮，无腹白；形，指它的粒体细而长，加工成大米后，两头细尖，晶莹剔透，十分好看；味，指它被煮成饭后，软滑凝香，味美可口。马坝油占米生长期只需75天，它是水稻家族里的一个著名优良稻种，见图3-189。

图 3-189　马坝油占米

3. 桃花米

桃花米产于四川宜汉县峰城区桃花乡。桃花米属带粳性的籼型稻米，品质精良，色泽白中显青，晶莹发亮。米粒形状细长，腹白小。煮出的饭黏性适度，胀性强，油性适中，米不断腰，具有绢丝光泽，香气横溢，滋润芳香，富有糯性，见图3-190。

图 3-190　桃花米

4. 香粳稻

香粳稻产于上海市青浦、松江县，是水稻中的名贵品种。具有色泽漂亮、腹白小、米质糯、适口性好、香味浓等优良特性。用这种米做饭，清香扑鼻；煮粥，芳香四溢。香粳米含有丰富的蛋白质、铁、钙。它与桂圆、黑枣等同煮成粥，可作为隆冬腊月的进补食品，见图3-191。

图 3-191　香粳稻

5. 玉林优质谷

玉林优质谷是广西玉林地区生产的优良稻谷的简称。优质谷磨出的大米，米形细长，色泽如玉，米的三白（腹白、背白、心白）在10%以下或者几乎不见。玉林优质谷煮出的饭，糯性强，油分大，松软喷香，见图3-192。

图 3-192　玉林优质谷

6. 凤台仙大米

凤台仙大米出产于河南省郑州市东郊凤凰台村，见图3-193。它像碎玉，似玛瑙，堪称中州特产。凤台仙大米有五大特点：①米粒大，蒸成干饭洁白玲珑；②米质坚硬，熬稀饭米粒不坏，伏天吃剩下的饭，隔夜不坏，鲜味如初；③味道馨香醇厚，吃后留有余香；④出饭率高；⑤油性大，营养丰富。

图 3-193　凤台仙大米

7. 万年贡米

万年贡米是江西省万年县传统名贵特产，因其古时曾作为纳贡之米而得名。万年贡米的特点是：粒大体长（有"三粒寸"之称），形状如梭，色白如玉，质软不腻，味道浓香，营养丰富。可煮饭，做粥，还可酿酒，见图3-194。

图 3-194　万年贡米

(四)稻米的品质鉴定

中国餐饮业对稻米品质的鉴定,主要采用感官检验。

1. 米的粒形

每一种大米都有其典型的粒形和大小。优良的米,米粒充实饱满,均匀整齐,碎米、糙米和爆腰米的含量小,没有未熟粒、虫蚀粒、病斑粒、霉粒和其他杂质。

碎米,指米粒的体积占整粒米体积 2/3 以下的米。造成碎米的主要原因是:稻谷的成熟度不足,米的硬度低、腹白多、爆腰米多等。

糙米,指没碾过或碾得不精的稻米。

爆腰米,指米粒上有裂纹的米。造成爆腰米的原因有:阳光对稻米的暴晒、风吹、干燥或高温等。

2. 米的腹白和心白

腹白是指米粒的腹部有白色粉质的部分(乳白色不透明);心白是指米粒的中心有花状白色粉质部分。籼米、粳米、糯米都可能出现腹白和心白。腹白和心白大的粉质部分多,玻璃质(即透明的、又称角质)的部分就少。含腹白和心白多的米,蛋白质含量少,吸水能力降低,出饭率小,食味欠佳,粒质疏松脆弱,易折裂,碎米多,不耐储藏。因此,这种米品质较差。

3. 米的新鲜度

新鲜的米食味好,有光泽,味清香,熟后柔韧有黏性,滋味适口。陈化的大米含水量降低,米粒重减轻,米质硬而脆,色泽暗无光,柔韧性变弱,黏度降低,吸水膨胀率增大,出饭率增高,易生杂质,香味和食味变差。稻米的陈化以糯米最快,粳米次之,籼米较慢。为了有效地延缓稻米的陈化,一般应将稻米储于低温、干燥的条件下。

二、小麦与面粉

小麦属禾本科植物,是世界上分布最广泛的粮食作物。小麦在中国有五千多年的种植历史,主要产区分布于长江以北至长城以南的河北、山东、河南、安徽等地。

(一)小麦的市场分类

小麦按粉色可分为白麦和红麦两种,白麦粉色好,但胀力不及红麦;按粒质特性可分为硬质麦和软质麦,硬质麦的胀力适宜制作发酵食品,如面包、馒头,软质麦胀力小较宜制作松脆食品,如各类饼干;按种植期可分为春天播种、冬霜前收获的春小麦和秋天播种、初夏收获的冬小麦。

中国有冬、春小麦两大生态型,均各按粉色和粒质分为 3 类,即:白(色)硬(质)、白软、红硬、红软、混硬、混软。皮层为白色、乳白色或黄白色的麦粒达 70% 及以上者为白色;深红色、红褐色麦粒达 70% 以上者为红色;红、白色互混者为混色。硬质率达 50% 以上者为硬质,软质率达 50% 以上者为软质。对北方冬麦、南方冬麦和春麦又分别按容重、不完善粒、杂质、水分、色泽、气味等分为 5 个等级。

(二)麦粒的结构

小麦籽粒在植物学上称为颖果,它由麦毛、麸皮、胚座、胚乳和胚芽 5 部分组成。麦粒通过碾磨过筛,胚芽和麸皮与胚乳分离,由胚乳制成小麦粉。

1. 麦毛

在小麦粒的一头，与胚芽方向相反。

2. 麸皮

在 150 倍显微镜下，麸皮分为 6 层，即麦皮、外果皮、内果皮、种皮、珠心层和糊粉层。

麦皮的最外层(麦皮、外果皮)含纤维素最高，不可作食物；中层(内果皮、种皮、珠心层)纤维素较少，但含有色体成分较多，也不宜混入面粉；内层(糊粉层)纤维最少，蛋白质较多，灰分含量也最高，营养价值丰富，故在磨制面粉时，应尽量磨入，以提高出粉率和营养。但由于糊粉层含纤维素、多聚糖和很高的灰分，在磨制优质小麦粉时，不宜磨入。

3. 胚座

在麦槽中间沿麦粒长轴分布，一头接于麦梗，一头通入胚芽，麦槽部分含垢最高而不易去除，故在制粉时，此部分最易被磨碎带入面粉中。

4. 胚乳

胚乳是小麦粒的主要组成部分，含有大量的淀粉和一定数量的蛋白质、脂肪、维生素及灰分。根据小麦品种和品质的不同，胚乳中蛋白质的含量有较大差别，且直接关系到小麦粉的品质。

5. 胚芽

胚芽含大量脂肪、蛋白质、糖和维生素，磨入粉内可提高营养，但由于脂肪易变质，不利于小麦粉的储存。另外，胚芽呈黄色，且灰分含量高，故制作优质粉时不宜将胚芽磨入。现代化磨粉设备中均可将胚芽单独分离出来另作别用。

(三)面粉的化学成分

面粉由小麦粒磨制而成，制粉中一般将糊粉层以外的部分作为麸皮去掉，因而面粉的化学成份因加工精度、小麦品种、品质和面粉的等级不同有所差异。面粉化学成分见表 3-3。

表 3-3　面粉化学成分

成分	特制粉	标准粉
水分/%	13±0.5	13.0±0.5
碳水化合物/%	75～78.2	73～75.6
蛋白质/%	7.2～10.5	9.9～12.2
脂肪/%	0.9～1.3	1.5～1.8
粗纤维/%	0.06	0.79
灰分(以干物质计)/%	0.70～0.85	1.10
钙/(mg/100)	19～24	31～38
磷/(mg/100)	86～101	184～268
铁/(mg/100)	2.7～3.7	4.0～4.6
维生素 B_1/(mg/100)	0.06～0.13	0.26～0.46
维生素 B_2/(mg/100)	0.03～0.07	0.06～0.11
维生素 B_3/(mg/100)	1.1～1.5	2.2～2.5

1. 蛋白质

面粉中的蛋白质包括非面筋蛋白质和面筋蛋白质。非面筋蛋白质是盐溶性的球蛋白和水溶性的白蛋白、糖蛋白，它们的含量较少。面筋蛋白质是麦胶蛋白（麦醇溶蛋白）和麦谷蛋白，它们的含量约占面粉蛋白质含量的 80%。湿的麦胶蛋白黏力强，有良好的延伸性；湿的麦谷蛋白凝力强，无黏力，有良好的弹性。

2. 面筋

小麦粉加水和成面团，将面团中的淀粉及水溶性和溶于稀盐液的蛋白质洗去后剩下的有弹性和黏性的胶皮状物质，称为面筋。其中 75%～85% 是麦胶蛋白质和麦谷蛋白，此外还含有少量的淀粉、纤维素、脂肪和矿物质。

面筋具有弹性、延伸性、比延伸性、流变性和可塑性。

面筋的弹性：指面筋拉长或压缩后，能恢复其固有状态的性能。

面筋的延伸性：指面筋拉长到某种程度而不至于断裂的性能。

面的比延伸性（比延性）：指面筋拉长时所表现的抵抗力。它以面筋每分钟自动延伸的厘米数来表示。

面筋的流变性：指面筋在一定的温度和湿度条件下，每单位时间流散、变化的程度。

面筋的生成率与小麦的品质、面粉的等级、水的温度、环境温度和饧面的时间有关。不同品质的小麦粉，面筋的生成率不同。我国小麦粉面筋平均含量见表 3-4。

表 3-4　我国小麦粉面筋平均含量

种类	湿面筋平均含量/%	变幅/%
北方冬小麦	30	15～17
商品小麦	24.3	13.1～34.5

不同等级的小麦粉，面筋的生成率不同。高筋粉为 30%，中筋粉为 26%～30%；中下筋粉为 20%～25%；低筋粉为 20%。

温度不同，面筋的生成率不同。在低温条件下，面筋蛋白质的吸水胀润过程迟缓，面筋的生成率低；在高温条件下，蛋白质发生热变性而凝固，不能生成面筋。面筋吸水胀润的最适宜温度为 30℃。

静置时间影响着面筋的生成率。蛋白质吸水形成面筋需要一定的时间。因此，将调好的面团静置一段时间，有利于蛋白质充分吸收水分而生成面筋。

3. 碳水化合物

小麦粉中含量最高的化学成分是碳水化合物，占总重量的 70%～80%，它包括淀粉、可溶性糖和纤维素等。

（1）淀粉。小麦粉中含有 70% 左右的淀粉，其中包括支链淀粉和直链淀粉两种。支链淀粉有增强面筋筋力的性能，直链淀粉有增强面团可塑性的性能。

（2）可溶性糖。小麦粉中约含有 11.5% 的可溶性糖，包括蔗糖、麦芽糖、葡萄糖和果糖。可溶性糖既是酵母细胞繁殖所需要的养分，又是发酵面制品色、香、味的基质。

（3）纤维素。小麦粉中纤维素的含量是鉴定其质量的一个指标，它直接影响成品的色泽和口味。

4. 酶

小麦粉中含有多种酶。对小麦粉的性能、储存以及制品有较大影响的是淀粉酶、蛋白酶和脂肪酶。

(1)淀粉酶。淀粉酶具有水解淀粉的功能。它分为 α-淀粉酶和 β-淀粉酶。

α-淀粉酶又称为糊精淀粉酶，可使淀粉水解为糊精、麦芽糖和葡萄糖。它稳定性强，最适宜的温度为 70℃～75℃，在 96℃～98℃时仍能保持一定的活性。可见，α-淀粉酶不仅在面团发酵时起作用，而且在面包入炉烘烤时仍在继续水解，这一点对提高发酵制品的质量有很大影响。

β-淀粉酶又称为糖化淀粉酶。它能将淀粉水解成大量的麦芽糖和少量的糊精。它的热稳定性差，最适宜的温度为 60℃～64℃，80℃～84℃时钝化。可见，它只能在面团发酵时起作用。

(2)蛋白酶。小麦粉中的蛋白酶能将蛋白质分解成蛋白胨、多肽、氨基酸等比较简单的物质。

用发芽或虫害侵蚀的小麦磨制的面粉，蛋白酶的活性强烈，会破坏面筋的形成，从而降低面粉的质量。

(3)脂肪酶。脂肪酶是对面粉脂肪起水解作用的水解酶。在面粉储存中，由于脂肪酶的作用，使面粉中游离脂肪酸的数量增加，面粉产生酸败，从而降低面粉的品质。

(四)面粉的品质鉴定

面粉的品质主要从含水量、颜色、新鲜度和所含面筋的数量、质量等几个方面进行鉴定。

1. 面粉含水量的鉴定

按国家标准规定，面粉厂生产的面粉含水量应在 13%～14.5%。餐饮业常采用感官鉴别法鉴定面粉的含水量。方法是：用手握少量面粉，握紧后松手，如面粉立即自然散开，说明含水量基本正常。如面粉成团状或块状，说明含水量超标。

2. 面粉色泽的鉴定

面粉的颜色与小麦的品种、加工精度、储存时间和储存条件有关。加工精度越高，颜色越白；储存时间过长或储存条件较潮湿，则颜色加深。颜色加深是面粉品质降低的表现。餐饮业感官鉴定的方法是根据标准样品对照，同一等级的面粉，颜色越白，品质越好。

3. 面粉新鲜度的鉴定

餐饮业一般采用嗅觉和味觉的方法，检验面粉的新鲜度，新鲜的面粉嗅之有正常的清香气味，咀嚼时略有甜味；凡是有腐败味、霉味、酸味的是陈旧的面粉；发霉、结块的是变质的面粉，不能食用。

4. 面筋的品质鉴定

面粉中面筋的含量和质量是影响面制品的主要因素。

(1)面筋的含量测定方法

①称取 10 g 面粉，放入研钵中，加盐水 5 mL，混合成面团。②将面团泡在清水中 30 分钟。③取出面团，用手在稀盐水流下绢筛上揉洗，直至洗液中无淀粉为止(碘试剂测定，水溶液不显蓝色)。④挤出面筋中的水分，直到面筋球表面刚一黏手时进行称量，即得湿

面筋重。⑤将湿面筋放在 100℃～105℃恒温箱中干燥 2 小时,使其干燥至恒重,在干燥器中冷却后称量,即得干面筋重。

另外,在实验室可采用化学的方法测定面筋的含量。其原理是:面粉中的含氮物,一部分是盐水可溶的酰胺化合物、球蛋白、白蛋白等;另一部分是不溶于水的蛋白质面筋。故测定面粉的总含氮量和盐水可溶物氮量,二者之差即为面筋的含氮量。此法比上述物理法测定结果的准确度高。

(2)面筋的质量测定

主要是对面筋的弹性、延伸性、比延性和流变性进行测定。

第一,面筋的弹性鉴定。将洗好的湿面筋搓成球形,用手指轻轻按压成凹穴状,当手指放开后,能迅速恢复原状者,弹性强;而不能恢复原状者,弹性弱。弹性最弱的,将其搓成球形后静置一段时间,就会变成扁平状态。一般面筋的弹性分为强、中、弱三等。

第二,面筋的延伸性鉴定。取湿面筋 4 g,先在 15℃～20℃的清水中静置 15 分钟,取出后搓成 5 cm 的长条。双手拇、食、中指捏住两端,左手放在米尺的零点,右手沿米尺在 10 秒内均匀地用力拉长,记录面筋被拉断时的长度。一般长度为 15 cm 以上者,为延伸性大;8～15 cm 者为中等;8 cm 以下为差。

第三,面筋的比延伸性鉴定。取湿面筋 5 g,置于 25℃～30℃水中浸泡 15 分钟取出,用手搓成 45 cm 的长条。将其一端固定在吊架上;另一端挂上一个上有钩子的 6 g 重砝码,然后将吊钩架、砝码及面筋一起置于盛满 30℃±1℃水的 1 L 量筒中(吊钩固定架在量筒口上方)。记下时间 T_1 和面筋的长度 B。等其在砝码重力作用下,面筋逐渐被拉长,直至断裂时为止。断裂时面筋的长度为 A,时间为 T_2。

$$面筋的比延伸性(cm/min)=(A-B)/(T_2-T_1)$$

注意:测定须在恒温下进行,一般测定一个样品可在 1 小时内完成。但对某些面筋特别强的样品,要等数小时面筋才能断裂。为简便起见,可取测定时间界限为 1 小时,这样不致影响测定结果的准确性。一般比延伸性为 0.4 cm/min 以下的为强面筋;0.4～1 cm/min 的为中面筋,1 cm/min 以上的为弱面筋。

第四,面筋的流变性鉴定。取固定量的湿面筋,揉圆后放在下面贴有坐标纸的玻璃上,然后一块放入下面有 30℃水的干燥器中,再将干燥器放在 30℃的恒温箱中观察。

每单位时间观察一次,如单位时间直径变化大(mm/h),则流变性大,弹性小。有的面筋保持 3 小时以上也不流变,说明其流变性小,而弹性大。

三、杂粮

(一)玉米

玉米属禾本科植物,学名玉蜀黍,又称苞谷、棒子。我国栽培面积较广,主要产于四川、河北、吉林、黑龙江、山东等省,是我国主要的杂粮之一,为高产作物。

玉米的种类较多,按其籽粒的特征和胚乳的性质,可分为硬粒型、马齿型、粉型、甜型;按颜色可分为黄色玉米、白色玉米和杂色玉米 3 种。东北地区多种植质量最好的硬粒型玉米,华北地区多种植适于磨粉的马齿型玉米。玉米的胚特别大,约占籽粒总体积的30%;它既可磨粉,又可制米,没有等级之分,只有粗细之别。粉可做粥、窝头、发糕、菜团等;米(玉米渣)可煮粥、焖饭。另外,玉米全粒的脂肪有 80% 左右集中在胚中,因而玉米胚还可制油。

玉米中的蛋白质缺少色氨酸，因而不是优质的蛋白质，但玉米中含有较多的纤维素、灰分、胡萝卜素（黄色玉米）和维生素 E，见图 3-195。

图 3-195　玉米

(二)高粱

高粱属禾本科植物，又称木稷、蜀黍，主要产区是东北的吉林省和辽宁省，此外，山东、河北、河南等省也有栽培，是我国主要的杂粮之一。

高粱米粒呈卵圆形，微扁。按品质可分为有黏性（糯高粱）和无黏性两种；按粒色可分为红色和白色两种，红色高粱呈褐红色，白色高粱呈粉红色，它们均坚实耐煮；按用途可分为粮用、糖用和帚用 3 种，粮用高粱米可供做饭、煮粥，还可磨成粉做糕团、饼等食品。高粱还是酿酒、制糖、酿醋和做淀粉的原料，见图 3-196。

图 3-196　高粱

高粱的皮层中含有一种特殊的成分——单宁，单宁有涩味，食用后妨碍人体对食物的消化和吸收。高粱米加工精度高时，可以消除单宁的不良影响，同时可提高蛋白质的消化吸收率。

(三)小米

小米为禾本科狗尾草属一年生草本植物。谷子去皮后为小米，又称黄米、粟米，见图 3-197。主要分布于我国黄河流域及其以北地区。小米一般分为糯性小米和粳性小米两类，通常红色、灰色者为糯性小米；白色、黄色、橘红色为粳性小米。一般浅色谷粒皮薄，出米率高，米质好；深色谷粒壳厚，出米率低，米质差，我国小米的主要品种如下。

图 3-197 小米

山东省金乡县马坡一带的金米。色金黄，粒小，油性大，含糖量高，质软味香。

山东省章丘县龙山一带的龙山米。品质与金米相似，淀粉和可溶性糖含量高于金米，黏度高，甜度大。

河北省蔚县桃花镇一带的桃花米。色黄，粒大，油润，利口，出饭率高。

山西省沁县檀山一带的沁州黄。圆润，晶莹，蜡黄，松软甜香。

小米可以熬粥、蒸饭或磨粉制饼、蒸糕，也可与其他粮食类混合食用。

小米蛋白质含量高于大米、玉米；脂肪含量、产热量高于大米和小麦粉，同时含有较为丰富的维生素。但是小米氨基酸的构成不太平衡，富含亮氨酸、色氨酸和蛋氨酸，而赖氨酸较少。

（四）黑米

黑米，属禾本科植物稻类中的一些特质米。籼稻、糯稻均有黑色种。黑籼米又称黑籼，黑糯米也分籼型、粳型两类。黑米又称紫米、墨米、血糯等，见图 3-198。我国名贵的黑米品种有以下几种。

图 3-198 黑米

广西东兰墨米，又称墨糯、药米。其特点是：米粒呈紫黑色，它煮饭糯软，味香而鲜，油分重。用它酿酒，酒色紫红，味美甜蜜，醇香浓郁。黑米中含有 19 种氨基酸以及多种维生素和矿物质元素，是优质大米中的佼佼者。

云南、西双版纳的紫米，因米色深紫而得名。分为米皮紫色胚乳白色和皮胚皆紫色两种。其特点是：做饭、煮粥后皆呈紫红色，滋味香甜，黏而不腻，营养价值较高，有补血、健脾及治疗神经衰弱等多种功能。

江苏常熟的血糯，又称鸭血糯、红血糯、血糯。呈紫红色，性糯味香腴，米中含有谷吡色素等营养成分，食用血糯有补血之功效。血糯分早血糯、晚血糯和单季血糯。前两种是籼性稻，品质较差。常熟种植的多为单季血糯。其特点是：米粒扁平，较粳米稍长，米色殷红如血。颗粒整齐，黏性适中，主要用来制作酒宴上的甜点心。

陕西洋县的黑米。陕西洋县的黑米是世界名贵的稻米品种。其特点是：外皮墨黑，质地细密。煮食味道醇香，用其煮粥，黝黑晶莹，味淡醇，为米中珍品，有"黑珍珠"的美称，是旅游饭店中畅销的食品。

黑米的营养成分比一般的稻米高，每百克约含蛋白质 11.43 g，脂肪 3.84 g，同时含有较多的必需氨基酸，是老幼病弱者理想的膳食补品。

（五）荞麦

荞麦为蓼科荞麦，属一年生或多年生草本植物，古称乌麦、花麦、三角麦等。见图 3-199。籽粒称三角米，以籽粒供食用。荞麦原产于中国和亚洲中部，主产区分布在西北、东北、华北、西南一带的高寒地区。荞麦生长期短，适宜在气候寒冷或土壤贫瘠的地方栽培。

图 3-199 荞麦

荞麦的品种较多，主要有 4 种：甜荞，又称普通荞麦，品质较好；苦荞，又称鞑靼荞麦，壳厚，果实略苦；翅荞，又称有翅荞麦，品质较差；米荞，皮易于爆裂而成荞麦米。

荞麦是我国主要的杂粮之一，用途广泛，籽粒磨粉可做面条、面片、饼干和糕点等；每百克荞麦籽粒约含糖类 70 g，蛋白质 10 g，脂肪 3 g，粗纤维 1 g，同时含有多种矿物质和维生素。

荞麦中所含的蛋白质与淀粉易于被人体消化吸收，因而它是消化不良患者的良好食品。

（六）莜麦

莜麦为禾本科燕麦属一年生草本植物，又称燕麦、裸燕麦、油麦等，见图 3-120。主要分布在内蒙古阴山南北，河北省的坝上、燕山地区；山西省的太行、吕梁山区；西南大小凉山高山地带。以山西、内蒙古一带食用较多。

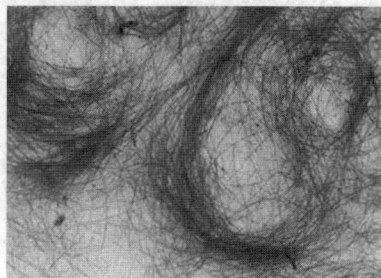

图 3-120 莜麦

莜麦有夏莜麦和秋莜麦两种，夏莜麦色淡白，小满播种，生长期 130 天；秋莜麦色淡黄，夏至播种，生长期 160 天左右。两种莜麦的籽粒都无硬壳保护，质软皮薄。

莜麦是我国主要的杂粮之一，它可以制麦片；磨粉后可制多种主食、小吃。莜麦加工须经过"三熟"：磨粉前要炒熟，和面时一般要烫熟，制坯后要蒸熟，否则不易消化，会引起腹痛或腹泻。吃时讲究冬蘸羊肉卤，夏调盐菜汤。莜麦还可用作糕点的辅料。

莜麦约含蛋白质 15％、脂肪 8.5％，莜麦中的赖氨酸、亚油酸的含量一般也高于其他各类粮食。每千克可提供热量 3960 kcal，因此属于高热量耐饥食物。

(七)甘薯

甘薯为一年生或多年生草蔓性藤本植物，又称番薯、山芋、红薯、白薯、地瓜、红苕等。见图 3-201。主要以肥硕的块根供食用，嫩茎、嫩叶也可食用。甘薯原产于南美洲，16 世纪末引入中国福建、广东沿海地区，现除青藏高寒地区外，全国各地均有种植。

图 3-201　甘薯

甘薯肉质块根有纺锤形、圆筒形、椭圆形、球形和块形等。皮色有白、淡黄、黄、黄褐、红、淡红、紫红等，肉色有白、黄、杏黄、橘红、紫红等。块根内部有大量乳汁管，受伤时可泌出白色乳汁。

甘薯是我国主要的杂粮之一，含有大量的淀粉，质地软糯，味道香甜。它既可做主食与其他粉掺和做点心，又能做菜，适宜蒸、煮、扒、烤，也可炸、炒、煎、烹。同时甘薯还可晒干储藏。

每百克甘薯鲜品可食部约含蛋白质 1.8 g、脂肪 0.2 g、糖类 29.5 g 以及丰富的矿物质、胡萝卜素、维生素 B 族和维生素 C 等。

(八)青稞

青稞为禾本科植物，学名裸大麦，又称裸麦、米麦、元麦等，见图 3-202。主产于青海、西藏以及四川、云南的西北部高寒地区。藏族人民自古栽培，并作为主食。

图 3-202　青稞

青稞磨制的粉较为粗糙，色泽灰暗，口感发黏，食用方法与小麦粉相同。整粒青稞还可以酿酒。

青稞含有蛋白质、脂肪和较丰富的 B 族维生素，营养价值较高，属高热能食品。

（九）木薯

木薯为大戟科，是生长在热带或亚热带的一年生或多年生的草本灌木，又称树薯、粉薯、南洋薯，见图 3-203。原产于南美洲，如今广西各地均有种植。木薯的种类分红茎和青茎两种。

木薯块根含有丰富的淀粉，它既可制成木薯饼充饥，又可加工成西米、木薯粉、粉丝、虾片等，同时它还是饴糖、酿酒的原料。但是木薯中含有氰苷，不可生食，必须长时间用清水浸泡并经煮熟才可食用。由于木薯胶质较多，不易消化，患肠胃病的人不宜食用。

图 3-203 木薯

（十）薏米

薏米为禾本科一年生或多年生草本植物，学名薏苡，又称苡仁，因而又称"药玉米"。薏米耐高湿，喜生长于背风向阳和雾期较长的地区，凡全年雾期在 100 天以上者，薏米就产量高，质量好。我国广西、湖北、湖南产量较高，其他地区也广有栽培。成熟后的薏米呈黑色，果皮坚硬，有光泽，颗粒沉重，果形呈三角状，出米率 40% 左右。薏米的主要优质品种如下。

广西桂林的薏米。其特点是种子纯，颗粒大。

关外米仁。产于辽宁东部山区及北部平原地区。产量虽然不高，但品质良。其特点是颗粒饱满，色白质净，入口软清，见图 3-204。

图 3-204 薏米

薏米富含蛋白质、脂肪、糖，它不仅有较高的药用价值，能利尿化湿，补脾胃，抗癌，而且还有较高的经济价值，有"世界禾本科植物之王"之称。

思考与练习

1. 解释食用菌的含义。

2. 食用菌在营养上有哪些特征？

3. 常见食用菌的品种、产地、感官特征、品质要求有哪些？

4. 简述毒菌的鉴别。

5. 如何看待对食用菌类的开发和利用？

6. 食用藻类的含义是什么？

7. 食用藻类的植物类别划分、代表品种有哪些？

8. 常见食用藻类的品种特点及食用特点是什么？

9. 谷类制品中有哪些主要产品？

10. 玉米粉在食品加工中有哪些应用？

11. 试述杂粮的营养及在食品加工中的应用。

12. 主要鲜果品种的产地、品质特点有哪些？

13. 主要干果品质特征有哪些？

14. 简述蔬菜是如何进行分类的。

15. 按食用部位划分，蔬菜分为哪几类？各包括哪些常见品种？

16. 简述蔬菜常见品种的品质要求及食用特征。

17. 举例说明蔬菜在食品加工中的作用。

第四章
食用调味品原料

【学习目标】

1. 掌握调味品在食品中的主要作用。
2. 了解调味品的分类方法。
3. 掌握单一调味品的主要品种和品种特征。
4. 了解常见复合味调味品的主要类型。
5. 掌握主要地方复合味调味品的配制及特点。

调味品原料是在食品加工过程中用于调配食物口味的原料，即在食品加工过程中，凡能突出食品口味，改善食品外观，增进食品色泽的非主、辅料，统称为调味品原料，简称调味品或调料。

第一节 基础调味品

调味品在菜肴中虽不是主料，用量也少，却有十分重要的地位和作用。各种调味品用量恰当，组合合适就能改善食品的感官性质，突出食品的色、香、味，并能促进人们的食欲。不断认识和运用调味品，对我国食品加工技术的发展及地方菜风味特色的形成将起到重要的作用。

各种调味品的味，是由具有不同性质的化学成分所形成的，它可通过人们舌头上的味蕾，或刺激口腔黏膜和其他感官而引起味觉反应。调味品品种繁多，滋味各异，但我们尝到的调味品的味道，主要有咸、甜、酸、辣、苦、香、鲜 7 种基本味，本章根据这 7 种味，将调味品分为 7 类调料，依次进行介绍。

一、咸味类调料

很多无机物都有咸味，但可食用的只有食盐一种，食盐的主要成分是氯化钠，故而咸味简单说来就是盐的味道。其他咸味调料均是含有食盐的加工制品，仍是通过氯化钠产生咸味。咸味是调味品中的主味，是一种能够独立存在的味道。

(一)食盐

我国盐源非常丰富，按产地划分，分为海盐、湖盐、井盐和矿盐 4 种，其中以海盐产量最高；海盐因加工程度不同，又分大盐、加工盐和精盐(再制盐)。

1. 大盐

大盐是我国沿海地区生产的，它的制取方法是利用自然条件(风力、阳光)晒制，使海水蒸发到饱和溶液，氯化钠结晶析出。大盐结构紧密，颗粒较大，色泽灰白，氯化钠含量在94％左右，多用于腌菜、腌肉、腌鱼等。

2. 加工盐

加工盐是以大盐磨制而成的产品，盐粒较细，易溶化，适合于一般调味。

3. 精盐（再制盐）

精盐是大盐溶化成卤水，经过除杂处理后，再经蒸发而结晶的产品。精盐呈粉末状，洁白如雪，质地纯净，氯化钠含量在96％以上，最适合于调味。

食盐的品质要求：优质食盐的色泽洁白，结晶小，疏松，不结块，咸味淳正，无苦涩味。含有涩味的食盐，是由硫酸镁、氯化镁、氯化钾等杂质含量过高造成的，质量较差。

食盐易溶于水，吸湿性强，如果环境湿度超过70％，就会使食盐发潮解；如果空气中相对湿度降低，就会产生干缩和结块现象，影响品质。因此，食盐应保存在干燥容器中，并注意保持清洁卫生。

（二）酱油

酱油是食品加工中使用范围最广的调味品之一。它以大豆、小麦、食盐和水等作为原料，经过制作和发酵，在微生物分泌的各种酶的作用下，酿造而成的一种咸、甜、鲜、酸、苦五味调和的澄清液体。酱油主要成分有含氮化合物、碳水化合物、有机酸、色素及成分复杂的呈香物质，它们使酱油具有特殊的香气和鲜味，加工食品时有着色、入味和提鲜的作用。

由于酿造酱油的方法、配料不同，形成了多种风味的酱油，按品种分有红酱油、白酱油、生抽、老抽等；按市场供应酱油的质量标准划分有特级酱油、一级酱油、二级酱油和三级酱油；按生产方法不同可分天然发酵酱油和人工发酵酱油；除此之外，因配料小同，还有许多风味酱油，如海鲜酱油、虾子酱油、香菇酱油、味精酱油等。

天然发酵酱油是我国古老的酱油生产方式，沿袭了两三千年。它是利用空气中的微生物进行发酵的产品，具有独特的风味，质量极佳。但由于天然发酵法原料消耗大，出品率低，周期长，所以只有少数著名品种才采用此法。如佛山生抽王牌酱油，具有豉香浓郁、色泽鲜艳红润、味道鲜美和谐、后味悠长的特点，不混浊，无雪花，长久不变质。

人工发酵酱油是人工培养品种，加温发酵生产的产品，它生产周期短，出品率高，但酱油的风味不及天然发酵酱油。酱油中无盐固形物含量的高低对酱油滋味影响较大，无盐固形物含量高，滋味鲜美，醇厚。所以，根据无盐固形物的含量把酱油划分为以下4个等级。

特级酱油：无盐固形物 25 g/100 mL 以上。

高级酱油：无盐固形物在 20 g/100 mL 以上。

一级酱油：无盐固形物在 15 g/100 mL 以上。

二级酱油：无盐固形物在 10 g/100 mL 以上。

在酱油原汁中添加一些辅料，还可以配制出各种独具风味的酱油，如辣酱油。辣酱油是优质酱油中加入了上等果汁、菜汁、醋、辣椒、香料等配制而成的，它不仅含有一般酱油的色、香、味，还具有酸、辣、甜、鲜味，风味独特，为西式菜肴的调味佳品。

酱油的品质要求：优质的酱油色泽棕褐，鲜艳透明，香气浓郁，滋美醇厚，浓度适宜。

保存酱油主要应防止高温霉变，霉变后的酱油表面生有一层白膜，并使原有的香气逐渐消失，味道也由微甜变为苦酸，严重影响食用。

（三）酱品

主要品种有干黄酱、稀黄酱、甜面酱、豆豉。

1. 干黄酱

干黄酱是以黄豆、面粉、食盐经发酵而成。品质以色泽红黄光润、有甜香味、不带辣味、苦味、不发酸、不黑、含有豆瓣、掰开有白茬、结实者为佳。可用于炸酱、做馅、炒等。

2. 稀黄酱

稀黄酱是用干黄酱磨碎稀制成的。它以色泽深黄、有光泽、酱香浓郁、滋味鲜美、咸淡适口、质地红腻者为佳。应用范围比干黄酱广泛，炒菜、生食均可。

3. 甜面酱

甜面酱也称面酱，是一种以面粉为主要原料的酱品，因其味咸中带甜而得名。优质甜面酱色泽金红、滋润光亮、鲜甜醇厚、细腻质稠、无霉花、无杂质，甜面酱熟制的菜别有滋味，如酱爆肉、回锅肉等。食用北京烤鸭时，甜面酱是必不可少的调味作料。

保管酱品应注意器皿清洁卫生，放置在阴凉通风处，防止高温霉变。

4. 豆豉

豆豉是用黄豆或黑豆为原料经发酵制而成的，呈深褐色或黑色，甜香鲜美，作为菜肴的调料，不仅能增加风味，也可促进食欲。

豆豉是我国南方的传统食品，目前各地均有出产。黑豆豉是以黑豆为主料，豉质色黑，香气浓郁，质量比黄豆豉好。豆豉分干、湿两种，干豆豉含水量低，比干黄酱还干，颗粒松散；湿豆豉含水量较多，光滑油润，质地红腻，清香回甜。按口味咸淡，豆豉还可有咸淡之分，咸豆豉是经发酵加食盐或酱油腌制的，咸味较重，而淡豆豉味淡且香。

豆豉的品质要求：优质的豆豉颗粒饱满，色泽黄黑油润，香味浓郁，甜中带鲜，咸淡适口，中心无白点，无霉变异味和泥沙杂质。

豆豉应放置在凉爽干燥处，防止受潮霉变。

豆豉食法简便，适宜炒、蒸、烧、拌等烹调办法。

二、甜味调味品

甜味按其用途仅次于咸味，烹调中它能提鲜、去腥、解腻，并能抑制菜肴原料的苦涩，增加菜肴鲜味。甜味调味品主要是各种糖类和蜂蜜。

（一）食糖

食糖的种类很多，根据颜色和形态划分，主要品种有白砂糖、绵白糖、赤砂糖、红糖粉和冰糖等。

1. 白砂糖

白砂糖简称砂糖。白砂糖的色泽洁白发亮，结晶如砂粒，颗粒大小均匀，糖质坚硬，水分、杂质和还原糖的含量都很少。在食糖中它是含蔗糖最多，纯度最高的一种，优质白砂糖中，蔗糖含量不低于 99.65%。白砂糖的品质要求是：洁白带有光亮，颗粒均匀，松散干燥，不含带色糖粒和糖块，溶解后的水透明度高，晶粒或水溶液味甜、无杂质、无异味。

2. 绵白糖

绵白糖简称绵糖或白糖。绵糖的纯度不如砂糖高,含有 2％左右的水分和 25％左右的还原糖,总糖分在 97％～98.5％。由于绵白糖的颗粒小,在生产过程中又配入 5％左右的转化糖浆,使它的质地变得较绵软、细腻。绵白糖的品质要求是:晶粒细小均匀,色泽洁白,质地绵软,不含有带色糖粒和杂质,能完全溶解于水成为清澈透明的水溶液,味甜、无异味。

3. 赤砂糖

赤砂糖产于盛产甘蔗的南方地区。赤砂糖为粒状晶体,晶体表面附有部分糖蜜,纯度低于白砂糖,颜色较深,一般为赤红、赤褐或黄褐色,味浓甜且留有一些甘蔗的香味。赤砂糖的品质要求是:颗粒整齐均匀,甜而略带糖蜜味,颜色赤褐或黄褐色。

4. 红糖粉

红糖粉是我国民间的传统产品。红糖粉大都是用甘蔗作为原料,采用土法制造。所以它的特点是纯度较低,蔗糖含量 70％～80％;糖色较深,晶粒细小成粉状,入口易化,香甜可口。红糖粉的品质要求是:颜色红黄,呈粉末状,干燥疏松,很少有结团现象。

5. 冰糖

冰糖是一种纯度较高的大晶粒蔗糖,是白砂糖的再制品,外形为块状的结晶,很像冰块,所以称为冰糖。冰糖是我国民间喜爱的一种糖,在我国历史悠久,除食用外,优质者可作药用。冰糖的品质要求是:纯度高,味清甜纯正,透明如冰。

食糖具有吸湿性,对外界温度变化很敏感,容易发生吸湿溶化,缩结块现象。当空气湿度较大时,食糖即开始吸潮。由于水分的增加,开始使糖粒发黏返潮,继续吸潮后,糖粒表面就会出现溶化。返潮后的糖容易感染微生物,使食糖表面产生发酵作用,造成食糖带有酸味或酒味,影响质量。食糖的吸湿溶化与糖中的还原糖、灰分等含量有密切的关系,凡含这两种成分多的食糖,它的吸湿性就强,如红糖中的还原糖和杂质含量最高,所以,红糖的吸湿性最强。绵糖次之,砂糖的吸湿性最小。

食糖的干缩结块,是食糖受潮后的另一种变化。当受潮后的食糖遇到空气骤然干燥,食糖表面的水分散失糖粒表面的糖浆达到过饱和时,又开始重新结晶,将原来松散的糖粒黏结在一起,形成坚硬的糖块,这就是食糖的结块。

食糖吸潮溶化,干缩结块,吸收异味,不仅影响外观质量,而且给食用,特别是烹调带来不便。根据食糖的这些特征,存放食糖应选择干燥防潮、通风较好的场所,并注意清洁卫生,不能与水分较大或有异味的食品混杂存放。

(二)蜂蜜

蜂蜜是蜜蜂从植物上采集的花蜜经酿造而成。成熟的蜂蜜,含有 75％左右的葡萄糖和果糖、17％～18％的水分,以及少量的蔗糖、蛋白质、矿物质、有机酸、酶、芳香物质和维生素等。

蜂蜜的品种因蜜源而异,如枣花蜜、椴树蜜、山桂花蜜等。

蜂蜜色泽白或黄,有光亮,透明、半透明或凝固如脂,无杂质,甜味纯正无酸味者为佳。

蜂蜜应放置在阴凉处保管。但温度不可过低,温度低蜂蜜中易出现黄白色结晶,并沉于底部，影响蜂蜜的食用效果。

三、酸味调味品

凡在溶液中离解出氢离子的化合物（如无机盐、有机酸、酸性盐）均有酸味。天然食品的酸味通常是各种醋的混合，食醋的酸味比较柔和，除含有 30％～6％ 的醋酸外，还含有乳酸、琥珀酸、蚁酸等。

在很多食品加工中酸味是必不可少的味道，它有解腥、去膻、去油腻、提鲜爽口的作用。酸味调味品的品种主要有醋、番茄酱、番茄沙司和柠檬酸等。

（一）醋

食醋是食品加工中常用的酸味调味品。它不仅有酸味，而且有一定的鲜味和香味，能去腥解腻，增进食欲，帮助消化，常用于熘菜、凉拌菜和腥味较浓的菜肴之中。食醋因制造方法不同，分酿造醋和人工合成醋两种。

1. 酿造醋

酿造醋是以含淀粉的粮食（高粱、黄米、糯米、籼米等）为主料，谷糠、食盐等为辅料，经发酵酿造而成。食醋因酿造方法和原料不同，可分为米醋、熏醋、陈醋等品种。

米醋：主要原料为高粱、黄米、麸皮、米糠、盐，经醋曲发酵后制成，香味浓郁，呈浅棕色，质量较好，适合蘸食和炒菜调味。

熏醋：原料除无黄米外基本与米醋相同，但它经发酵后再加花椒、桂皮等作料熏制而成，呈深褐色，有熏香味，存放越久质量越好，适合蘸食和炒菜调味。

酿造醋的品种因用料和酿造方法不同，其品质特点略有不同，但总的应以酸味纯正柔和、稍有甜口、不涩、色泽呈琥珀色或棕红色、香味浓郁、汁液清明者为佳。

食醋保存中应注意清洁，存放在阴凉处，防止生花，还需要避免高温，防止汁液混浊、香味走失、酸味淡薄、出现异味等现象。

2. 人工合成醋

人工合成醋是用含有醋酸的冰醋稀释而制成，酸味纯正，色泽透明。常见的品种有醋精和白醋。醋精含醋酸 30％，使用时应稀释或控制用量。白醋含醋酸 4％～6％，在西餐中使用较广。

（二）果酸

1. 柠檬酸

柠檬酸又称枸橼酸，为无色半透明结晶或白色颗粒，或白色结晶粉末，无臭，酸味极强。柠檬酸主要存在于柠檬、柑橘、草莓等水果中，因最初由柠檬汁中分离制取而得名，是所有有机酸中最缓和可口的酸味剂。

柠檬酸在食品加工过程中，主要对产品起保色、增香、添酸等作用，使产品产生特殊的风味，主要应用于饮料、肉制品等中。柠檬酸在使用时应注意用量，且将其水解溶化后再进行使用，使用量通常为 0.1％～0.5％。

2. 苹果酸

苹果酸是一种白色结晶或结晶粉末，无臭，有特殊的酸味，易溶于水，普遍存在于未成熟的苹果、葡萄、山楂等果实中，可从果汁液中提取。

苹果酸刺激缓慢，但其刺激性可保留较长的时间。在烹饪和食品加工中可用作酸味剂，使用量通常为 $0.05\% \sim 0.5\%$。

3. 番茄酱

番茄酱是将鲜番茄磨细后加工成的一种酱状调味品。其色泽红艳，汁液滋润，味酸鲜香，以色红亮、味淳正、质细腻、无杂质者为佳。

番茄酱在食品加工中，不仅能形成产品的风味，还能改善产品的色泽。常用于制作茄汁菊花鱼、茄汁大虾、茄汁里脊等。

四、辣味调料

辣味具有强烈的刺激性和独特的芳香。它可除腥、解腻，并能刺激胃液分泌，增进食欲。用辣味调味烹制的菜肴别具一格，在我国的川菜、湘菜中使用广泛，并以此而闻名，为人们所喜爱。

辣味调味品种类很多，表现辣的味道也不一样，主要有辣椒干、辣椒粉、辣椒油、泡辣椒、辣椒酱、芥末粉等。

(一)辣椒干

辣椒干是新鲜长形尖头辣椒干制品。干制后的辣椒干，外表呈革质，长形尖头如指状，带有小果柄，表现干瘪，颜色有鲜红、紫红或乳白色等，有光泽。椒果内空，有多粒黄色种子，扁平状，气味辛辣，刺激性强。它主要产于云南、四川、湖南、贵州、山东、陕西等地，品种有朝天椒、线形椒、七星椒、羊角椒等，其品质略有差异。辣椒干品质要求：颜色紫红鲜艳，水润有光泽，果大完整，皮肉肥厚，身干子少，辣香浓郁，无霉烂虫蛀。

辣椒干最忌潮，受潮后就会发热、霉变、生虫，所以保管时应放在干燥通风处，注意清洁卫生，保存辣椒风味。

辣椒干的食用方法，可直接洗净切碎，烹制菜肴，主要用于炒、烧、煮、炖等烹调方法，如宫爆鸡丁、炝辣青笋、水煮牛肉等。

(二)辣椒粉

辣椒粉又称辣椒面，是以尖头红辣椒干，辅以少量桂皮混合制成，桂皮总量不得超过 1%。辣椒粉以色泽红艳、质地细腻、光润有油性的为好。辣椒粉作为调味品有两种使用方法：一种是用来炸制辣椒油，另一种是直接用来炒菜。

(三)辣椒油

辣椒油是以优质植物油为主要用料，用蒸汽加热到 $150\,^{\circ}\mathrm{C}$ 以上，再把辣椒粉、食盐和香油等辅料添加进去，再经沉淀、过滤，然后提取纯油。优质辣椒油色泽鲜艳，纯净透明，味美芬芳，辛辣可口。

(四)泡辣椒

泡辣椒又称辣子、鱼辣椒，是将新鲜尖头红辣椒加入盐和香料，经腌制而成。其品质以色泽红亮、滋润柔软、肉质子少、香辣味美、兼带咸鲜、椒体完整无霉烂为佳。

泡辣椒为四川特产，是制作川菜必备的调料之一，适合炒、烧、蒸、拌等多种烹调方法。

(五)辣椒酱

辣椒酱的种类很多，如花生辣酱等。厨房中常用的有北京辣椒糊和四川郫县豆瓣酱，多用于制作干烧鱼、辣子鱼、麻婆豆腐等。

郫县豆瓣酱闻名全国，它是由 70% 的辣椒和 30% 蚕豆经发酵精制而成的。其特点是酱体呈紫红色，鲜艳有光泽，具有独特的香辣味。用郫县豆瓣烧制的豆瓣鱼是四川菜中的名菜。

（六）芥末粉

芥末粉是芥菜成熟的种子经碾磨而成。芥菜子略呈圆形，外皮呈淡棕或赤棕色，内面呈黄色。芥末粉呈深黄或淡黄，干燥时无臭，润湿后则略有香气，味极刺鼻而带辛辣如灼，多用于生冷菜肴，风味独特。

芥末粉的品质应以油性大、辣味足、有香味、无异味为佳。保管时应注意防潮，最好放在玻璃瓶中保存。芥末粉含油多，受潮后容易跑油，产生哈喇和苦味，质量下降，严重时不能食用。

五、苦味调料

苦味本是人所不喜爱的味道，但在有些菜肴中加入一些苦味的调味料，可使菜肴产生一种特殊的香鲜滋味，尤其在冷菜的卤汤中，广泛采用。常用的苦味调味品主要来源于各种药材，如苦砂仁、陈皮、杏仁等。使用这些药材烹制的菜肴有砂仁鸡关卷、太白鸭子、陈皮仔鸡等。

（一）陈皮

陈皮又称橘子皮，为芸香科植物常绿小乔木福橘、朱橘、蜜柑等多种橘柑的成熟干燥果皮，见图 4-1。

图 4-1　陈皮

陈皮呈不规则的裂片状，皮层厚约 1.5 mm，外表面为橙红色、黄棕色或棕褐色，色正光亮，以香气纯正，身干无霉者为佳。在保管中应置于通风干燥处，防止潮湿霉变。

（二）杏仁

杏仁有甜、苦两种，甜杏仁可以食用，苦杏仁多作调料使用。

苦杏仁呈扁心脏形或桃形，顶端略尖，基部偏钝圆，左右对称。种皮薄，呈黄棕色或棕色，较粗糙。断面乳白色，富油性，气微味苦。以颗粒大而饱满，均匀，无破碎泛油者为佳，见图 4-2。

图 4-2　杏仁

六、香味调料

香味调味品，就其香味本身而言，有多种类型，有的可以尝到，有的可以闻到，一般都具有增加菜肴的芳香、去掉或减少腥膻味和其他异味的作用。香味调味品品种众多，如八角、花椒、桂皮、砂仁、草果、豆蔻、香糟、桂花等。

(一) 八角

八角是八角树的果实，又称大料、大茴，为木兰科常绿乔木，具有浓郁的香气，是烹调中经常使用的调味品。它的果实含有 5% 的挥发油，其中 80%～90% 为茴香醚，香气甚烈，食之有刺激消化、兴奋神经的作用。

八角原产于我国，最早野生在广西西部山区，现广东、海南、云南等地都有栽培。

八角果实呈齿轮状，每个由 7～9 只果荚组成，多数为八只，因此得名。果荚长 1～2 cm，宽 0.5～1 cm，顶端钝尖而平直，瓣尖开裂，果皮幼时绿色，成熟时外表面红棕色，内表面淡棕色，有光泽，内含扁卵形种子一粒，光洁发达，富含脂肪，味微甜，气味芳香浓郁，见图 4-3。

图 4-3　八角

八角按收获季节分为秋八角和春八角。秋八角果实肥壮饱满，色泽红艳，瓣尖钝平，质量上乘。春八角瓣小，色带青，香气弱，瓣端略尖，质量较差。

八角以色泽棕红、鲜艳有光泽、果实肥大饱满、完整无破碎、质地干燥、香味浓、无杂质、无腐烂者为佳。保管时应放在干燥处，忌潮湿。

有一种叫莽草的野八角，也称山大茴，易和八角混淆，它有剧毒，误食会致人死亡，必须严格辨别。野八角的特征是色泽褐黄，瓣多至 11～13 只，瓣形细长，瓣尖上翘呈弯钢状，有松叶气味，口味味苦，嘴感麻木。

八角是制作酱卤制品、冷菜及炖菜中不可缺少的调味品。

(二)花椒

花椒又称秦椒、山椒，由花椒树的果实干制而成。花椒树属芸香科灌木或小乔木，在我国栽培历史悠久，古书《神农本草经注》中记载："始产于秦"，原属野生，现各地均有栽培。

花椒粒如绿豆，椒皮外表红褐色，有龟裂纹，顶端开裂，内含黑色种子一粒，圆形或中圆形，有光泽。花椒按颗粒大小分为大椒或小椒两种。大椒又称大红袍、狮子头，其果粒大，色艳红或紫红，内皮呈淡黄色，气味香。按采收季节不同，又分为伏椒和秋椒，伏椒一般比秋椒香味大，麻味浓，见图4-4。

图 4-4　花椒

花椒的品质要求是：果实干燥，大小均匀，外皮色大红或淡红，里皮色黄白，椒果裂口，果肉不含子粒，香味浓，麻味足，无杂质，无腐烂。

花椒含有花椒油香烃、水芹香烃、香味醇、香草醇等挥发性物质，具有特殊浓烈香味，味道麻辣持久。既能单独使用，也能与其他原料配制成调味品，如五香面、花椒盐、葱椒盐等，用途极广，效果甚佳。保管时要放在干燥的地方，注意防潮。

(三)桂皮

桂皮即桂树之皮，树分玉桂和菌桂两种。玉桂多作药用；菌桂皮也称官桂皮、柴桂皮，有的形如竹，卷成2～3层，薄卷如筒，也称筒桂，也有的呈片状，多作食用，这里主要介绍菌桂皮，见图4-5。

图 4-5　桂皮

菌桂树属樟科植物，主要生长在广东、广西、福建、四川等地。桂皮的品种较多，形状各异，一般呈半槽形、圆筒形、板片状等。外表面灰棕色或黑棕色，有细皱纹及小裂纹，内表面呈暗红棕色，颗粒状，质硬面脆，断面外层呈褐色，内层紫红褐色或棕红色。

桂皮的品质要求是：香味浓郁，色泽纯正，质地干燥有油质，厚薄均匀，没有杂皮混入。桂皮含有1％～2％的挥发性桂皮油，香味纯正优雅，烹调时常与八角一同用于腥膻味重的菜肴，也可以用于制作五香粉，能增加菜肴香味，促进食欲。

(四)茴香

茴香，又称小茴香，简称小茴，又名香丝或人谷茴香，各地均有出产，以山西省产量最高。

小茴香是伞形科多年生草本植物的果实。形似大麦，长5～8 mm，宽2 mm左右，外表光滑，呈青绿色或黄绿色，有浓郁的香味，见图4-6。

图4-6　茴香

茴香的香味来源于茴香酮等挥发性物质，烹调时起增香提味的作用，也是制作五香粉的原料。

(五)草果

草果又称草果仁、草果子，为姜科植物草果的干燥果实。草果主要生长在云南、贵州、广西等地。

草果长圆形或钝角三棱形，长3～4 cm，直径1.5～2.5 cm。外皮棕褐色，有凸起的纵棱和相对形成的纵沟纹。质坚硬，破开后见白色种仁，并散发出特异的味道，见图4-7。

图4-7　草果

草果的品质要求是：以个大饱满、质地干燥、表面为红棕色者为佳。保管时也应防潮湿，防霉变。

草果多作肉食调料，使用时先将其拍破，然后用纱布包扎放入汤中，用量恰当掌握。

(六)豆蔻

豆蔻又名草蔻，为姜科多年生草本植物草蔻的成熟干燥种子团，主要出产在广东、广西和海南等地。

豆蔻呈圆球形或椭圆形，直径 1.5～2.5 cm，表面灰色、白色或浅棕色。中间有白色隔膜分成子瓣，每瓣有数十粒种子集结，个体种子呈不规则的颗粒，见图 4-8。豆蔻的品质要求是：颗粒均匀，饱满坚实，气味纯正，芳香浓烈。

图 4-8　豆蔻

(七)桂花

桂花分为糖桂花和咸桂花两种，是选用桂花树的鲜花瓣为原料，分别加糖或盐腌制而成的。桂花多产于江苏、浙江等省，以色泽黄亮、香气芬芳、味甜滋润、水分少、无杂质、无异味者为佳，见图 4-9。

图 4-9　桂花

桂花香味浓郁，多做馅心，也可用于制作热菜、甜菜，如桂花八宝饭、桂花莲子、桂花三元等。

(八)玫瑰花

玫瑰花是用蔷薇科植物玫瑰的鲜花瓣做原料，经糖腌制而成的高级香味调料。糖玫瑰以色泽鲜艳、芳香扑鼻、味甜滋润、质细水少、无杂质者为佳，越陈越香，见图 4-10。可做玫瑰花茶、玫瑰饼、玫瑰豆腐等。

(九)香糟

香糟分为白糟和红糟两种。白糟产于杭州、绍光，是用糯米和小麦发酵而成，含酒精 26％～30％，属于有特殊香味的调料。放置时间久的色黄甚至微变红，香味浓郁；时间短的颜色发白，香味不浓，质量较差。红糟是福建省的特产，是用糯米做原料，添加 5％的红曲米制成的，酒精含量为 20％左右，香味强烈。红糟以色泽鲜艳、具有浓郁的酒香味为

图 4-10　玫瑰花

佳，以隔年的陈糟最好。

山东省也有专门生产的香糟，是用新鲜的墨浆米粉、黄酒、酒糟、15％～20％炒熟的麦麸及 2％～3％的五香粉制成，香味异常。

用香糟和料酒泡制的糟酒可用于烹制糟芋片、糟熘三白、香糟冬笋等菜肴。

（十）五香粉

五香粉是以桂皮、八角为主料，并配以花椒、小茴香、芫荽子、橘皮、甘草等适量芳香植物粉碎而成的干制粉状调味品。五香粉呈可可粉色，香味浓郁持久，麻辣带甜，别有风味，见图 4-11。

图 4-11　五香粉

五香粉集各科所长，风味独特，为烹调中常用的香味调味品，适用于熏制或制作红烧鱼、肉、腌制荤素食品等。

七、鲜味调料

鲜味是一种复杂的美味感，鲜味成分有核苷酸、氨基酸、三甲基胺、肽、有机酸等类物质，它们分别存在于不同的调味品中，从而构成了一类鲜味调料。鲜味能增加菜肴的鲜美，可使一些淡味或无味原料突出。鲜味调料主要是味精，还包括蚝油、虾油等。

（一）味精

味精的鲜味源于谷氨酸钠，是人工合成的调味品，溶解于 3000 倍的水中，仍能保持鲜味，故广泛用于菜肴的调味，见图 4-12。

味精按谷氨酸钠的含量，分为 99％、95％、90％、80％ 4 种规格。其中 99％规格系结晶体，呈柱状晶粒，形状整齐，色泽明亮，鲜味浓厚。结晶味精是由肌苷酸钠和鸟苷酸钠按不同比例与谷氨酸钠混合结晶而成。它的呈味能力是：肌苷酸钠的鲜味为谷氨酸钠的40 倍。鸟苷酸钠的鲜味约为谷氨酸钠的 160 倍，所以又称特鲜味精。其余 3 种规格系采用

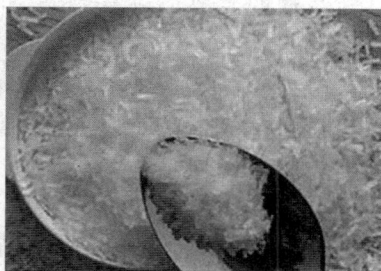

图 4-12　味精

不同量的精盐配制成的白色粉体或为混盐结晶体。

味精使用得当，才能达到应有的效果。味精中谷氨酸钠含量高，鲜味浓，使用时应少量。味精在 70℃～90℃ 的水温下溶解度最高，如在 100℃ 以上的高温中使用，不仅没有鲜味，还能产生一种对人体有害的毒性物质：焦谷氨酸钠。另外，味精还不能用于碱性制品。因为在碱性环境中，味精能起化学变化，产生有不良气味的谷氨酸二钠，失去调味作用。使用味精要适量，用量过多还会产生一种似咸非咸、似涩非涩的怪味。

味精以色洁白、有光泽、干燥、品质新鲜为好。

（二）蚝油

蚝油是我国广东省的特产，是用鲜蚝在煮熟过程中所渗出的汁液，经浓缩后调制而成的一种鲜味液体调味品，见图 4-13。

图 4-13　蚝油

蚝学名牡蛎。蚝油含有牡蛎浸出物中的各种鲜味成分。优质蚝油液体应浓醇而不浑浊，色泽棕褐而有光亮；口味鲜浓，虽非脂肪油质，但入口有润滑感；有特殊的蚝香，无异味，无杂质。

蚝油营养丰富，风味独特，蘸食或调入菜肴中别有滋味，以蚝油著称的菜肴不下数 10 种，如蚝油肉片、蚝油扒广肚等。

八、其他调味品

除上述基础调味品以外，还有一些主要用于西餐制作的调味品。西方国家对调味品很重视，一些香辛料在古代曾被视为珍品。调味品在食品加工中起着举足轻重的地位，西餐中使用的调味品很多，其中不少是西餐特有的调味品，下面着重加以介绍。

（一）辣酱油

辣酱油是西餐中使用广泛的调味品，19 世纪传入我国，因其色泽风味程度与酱油接近，所以习惯上称为辣酱油。辣酱油的主要成分有海带、西红柿、辣椒、葱头、砂糖、盐、胡椒、大蒜、陈皮、豆蔻、丁香、糖色、冰醋等。

优质的辣酱油为深棕色流体，无杂质、无沉淀物，口味浓香，酸、辣、咸、甜各味调和。目前我国主要大城市均产，其中卜海海林牌辣酱油历史最长。世界上以英国产的李派林辣酱油较为著名，各大饭店普遍使用。

(二)醋

醋也是主要的调味品之一，因其制作方法不同可分为发酵醋和人工合成醋两类，在西餐中经常使用的醋有以下几种。

葡萄醋：用葡萄或酿葡萄酒的糟渣经发酵制成，有红葡萄醋和白葡萄醋两种，口味除酸外还有芳香气味。

苹果醋：用酸性苹果、沙果、海棠等经发酵制成，色泽淡黄，口味醇香而酸。

醋精：用冰醋酸加水稀释而成。醋酸含量高达30%，口味纯酸，无香味。使用时应控制用量或加水稀释。

白醋：醋精加水稀释而成。醋酸含量不超过6%，其风味特点与醋精相似。

(三)咖喱粉

咖喱粉是由多种香辛料混合调制成的复合调味品，制作方法最早源于印度，以后逐渐传入欧洲，目前已在世界范围内普及，但仍以印度产的为佳。

制作咖喱粉的主要原料有胡椒、生姜、肉桂、豆蔻、丁香、莳萝、茴香等。

目前我国制作的咖喱调味料较少，主要原料有姜黄、白胡椒、辣椒粉、桂皮粉、茴香油等。

优质的咖喱粉香辛味浓烈，经油加热后色不变黑，色味俱佳。

(四)香叶

香叶是桂树的叶子。桂树原产于地中海沿岸，属樟科植物，为热带常绿乔木。20 世纪 60 年代初我国开始引种。目前我国广东、广西、云南、四川等省有种植。香叶一般两年采集一次，采集后经日光晒干即成。

香叶可分为两种，一种是月桂树(又称天竺桂)的叶子，形椭圆，较薄，干燥后颜色淡绿；另一种是细叶桂，形较长且厚，背面显著突出，干燥后颜色淡黄，见图4-14。

图 4-14　香叶

香叶是西餐特有的调味品，干制品、鲜叶都可使用，用途广泛。

(五)胡椒

胡椒产于马来西亚、印尼、印度等地，20 世纪 50 年代初我国开始引进并在海南岛栽培。目前在广东、广西、云南等地引种。胡椒为被子植物，多年生藤本，夏季开花，果实为黄红色的浆果。其香辣成分主要是胡椒碱、辣树脂以及少量的挥发油。

胡椒按品质及加工方法的不同又分为黑胡椒和白胡椒，见图 4-15、图 4-16。黑胡椒是用未成熟的或是自行落下的果经堆放发酵，再经暴晒，使其表皮皱缩变黑而成。白胡椒是用成熟的果实，经流水浸泡，去除外皮，洗净晒干而成。

图 4-15　黑胡椒

图 4-16　白胡椒

优质的胡椒颗粒均匀，硬实，香味强烈。白胡椒白净，含水量低于 12%。黑胡椒外皮不脱落，含水量在 15% 以下。

(六) 肉豆蔻

肉豆蔻原产于印度尼西亚乌鲁古群岛、马来西亚群岛，现我国南方已有栽培。肉豆蔻的种子果实近似球形，淡红色或黄色，成熟后剥去皮取其果仁，经浸泡烘干后即可作为调料，见图 4-17。

图 4-17　肉豆蔻

干制后的肉豆蔻表面呈灰褐色，质地坚硬，切面可见大理石花纹。肉豆蔻气味芳香而强烈，味辛而微苦。优质的肉豆蔻个大，沉重，香味明显。在烹调中主要用于调肉馅、调制大小红肠以及西点和土豆菜肴的调料。

(七) 丁香

丁香又名雄西香、支解香、丁子香，原产于马来群岛，现我国广东、广西均有栽培。丁香属桃金娘科，常绿乔木。丁香树的花蕾在每年 9 月至来年 3 月间由青逐渐转为鲜红色，这时将其采集后，除掉花柄，晒干后即成调味用的丁香，见图 4-18。

干燥后的丁香为棕红色，长 1.5～2 cm，基部渐狭小，下部呈圆柱形，萼管上端有 4 片花瓣，坚实而重，入水即沉，刀切面有油性，气味芳香微辛，以粗大、油性大者为佳

图 4-18 丁香

品。丁香是西餐中常用的调味品之一，可作为腌渍香料和烤焖香料。

(八)百里香

百里香又名麝香草，主要产于地中海沿岸，属唇形科，多年生灌木状草本植物，全株高 18～30 cm，茎四棱形，叶无柄，上有绿点，见图 4-19。茎叶富含芳香油，主要成分有百里香酚，其含量可达 0.5%。百里香的叶可用于调味，干制品和鲜叶均可使用，英、美、法式菜肴使用较普遍，主要用于汤、鱼、肉类菜肴。

图 4-19 百里香

(九)迷迭香

迷迭香原产于南欧。迷迭香属唇形科，常绿小灌木，高 1～2 m，叶对生，线形，革质。夏季开花，花唇形，紫红色，轮生于叶腋肉。其茎、叶、花都可以提取芳香油，见图 4-20。

新鲜的迷迭香的茎叶和干制品都可用于调味，常用于焖肉、肉馅、烤肉等，使用时量不宜大，否则味过浓，甚至有苦味。

图 4-20　迷迭香

(十)菌陈蒿

菌陈蒿又称龙蒿、蛇蒿，香港、广州一带习惯按其英语的译音称为他拉根香草。作为调料用的菌陈蒿与我国药用菌陈不同，主要产于南欧，其叶长扁形，干制后为绿色，可作为调味品，有浓烈香味并有薄荷似的味感，见图 4-21。

图 4-21　龙蒿

菌陈蒿用途较广，常用于禽类菜肴以及汤类、鱼类菜肴。也常泡在醋中制成他拉根醋。

(十一)鼠尾草

鼠尾草又称艾草，香港、广州一带习惯按其英语的译音称为茜子。鼠尾草世界各地均产，其中以南欧巴尔干半岛的最佳，为多年生灌木，生长很慢，其中白、绿相间，香味浓郁可用于调味，见图 4-22。

图 4-22　鼠尾草

鼠尾草主要用于鸡、鸭菜肴及肉馅类菜肴。

(十二)莳萝

莳萝又称土茴香，我国香港、广州一带习惯按其英语译音称为习草。莳萝主要产于南欧、美国及亚洲南部，属伞形科，多年生草本植物，叶羽状分裂，最终裂片成狭长线形。果实椭圆形，叶和果实都可作为香料，见图 4-23。

图 4-23　莳萝

在西餐烹调中主要用其叶调味。用途广泛，常用于海鲜、汤菜、冷菜。

(十三)番红花

番红花又称藏红花，原产于地中海地区及小亚细亚、伊朗等地，10 世纪阿拉伯人把番红花引入伊比利亚半岛，之后南欧普遍培植。我国早年常经西藏走私入境，故称藏红花。

番红花为鸢尾科，多年生草本植物，花期 11 月上旬或中旬。其花蕊干燥后即是番红花，是名贵的药材，也是名贵的调味品，既可调味又可调色，常用于汤、海鲜类、禽类等菜肴。

(十四)罗勒

罗勒产于亚洲的热带地区，我国的中部和南部均有栽培。罗勒属唇形科，一年生香草本植物，茎方形，多分枝，常带紫色，花白色而略带紫红。罗勒茎叶含有挥发油，可作为调味品，常用于番茄类、肉类菜肴及汤类等。

(十五)牛膝草

牛膝草又称马佐连，原产于地中海地区，现世界各地普遍种植。牛膝草的叶可用于调味，搓碎、整片使用均可，法国、意大利、希腊等国的菜式使用较普遍，常用于味浓的菜肴，如牛仔肉、奶油鸡、瓤白菌等。

(十六)阿里根奴

阿里根奴原产于地中海地区，现意大利、墨西哥、美国均产。阿里根奴是薄荷科芳香植物，叶子红长圆，种微小，花有一种刺鼻的芳香，与牛膝草相似，常用于烟草业，烹调中以意大利菜式使用普遍。

(十七)水瓜柳

水瓜柳也称水瓜钮、酸豆，原产于地中海沿岸及西班牙、意大利等地。水瓜柳为蔷薇科常绿灌木，其果实酸而涩，可用于调味。目前市上供应的多为瓶装腌渍制品。水瓜柳常用于海鲜类菜肴、鞑靼肉扒及沙拉等开胃小吃。

(十八)甜椒粉

甜椒粉又称红椒粉。甜椒是茄科一年生草本植物,状如一般的柿子椒,果实大,呈红色,味不辣,干后可制成粉,主要产于匈牙利。甜椒粉在烹调中广泛用于调色、调味。

第二节　酒类调味品

酒类在食品加工中是重要调味品。西方国家的酒类品种繁多,这里就部分加以介绍。

一、酒的分类

酒类按其加工方法的不同可分为蒸馏酒、酿造酒、配制酒和啤酒。

(一)蒸馏酒

用蒸馏的方法制作的酒类称为蒸馏酒。蒸馏酒一般以谷物和果品为原料,经初步加工后使之发酵,产生酒精,然后用蒸馏的方法把酒精分离出来,再经过勾兑、陈酿等工序制成。

这类酒的酒精度数一般较高。常见的蒸馏酒有白兰地、威士忌、金酒、朗姆酒等。

(二)酿造酒

酿造酒大都以各种果品为原料,经压榨出汁后,使之发酵,产生酒精,然后去除残渣,再经陈酿等工序制成。这类酒的酒精度数比蒸馏酒要低,一般不超过 20% Vol。常见的酿造酒有各种葡萄酒及一些汽酒。

(三)配制酒

配制酒出现较晚,但发展很快。配制酒一般选用蒸馏酒或酿造酒为酒基,再按照一定的比例兑入各种调料,如香料、白糖、食用色素等,配制而成。常见的配制酒有味美思、玛德拉、雪利等。

(四)啤酒

啤酒是一种古老的酒精饮料,早在六千多年前古巴比伦人就开始用大麦酿酒,如今已风靡世界。啤酒消费较大的国家有比利时、德国、荷兰、捷克、斯洛伐克、英国等。

二、常用的蒸馏酒类

(一)白兰地

白兰地的种类很多,但以法国柯涅克地区产的柯涅克酒最著名,有"白兰地之王"的美称。

柯涅克酒酒体呈琥珀色,清亮有光泽,口味精细考究,风格豪壮英烈。酒精度 43% Vol。其主要名牌有奥吉埃、比斯吉、人头马等,不下十几种。

除柯涅克酒外,法国其他地区也产一些白兰地,此外,德国、意大利、希腊、西班牙、俄罗斯、美国、中国等国也产白兰地。目前我国烟台葡萄酒厂产的金奖白兰地为全国名酒,酒精度 40% Vol。

白兰地在西餐烹调中使用非常广泛。

(二)威士忌

威士忌是一种谷物蒸馏酒,主要生产国大多是英语国家。其中英国的苏格兰威士忌还讲究把酒储存在盛过西班牙雪利酒的木桶中，以吸收一些雪利酒的余香。陈酿 5 年以上的纯麦威士忌即可饮用，陈酿 7～8 年者为成品酒，陈酿 15～20 年者为优质成品酒，储存 20 年以上的威士忌质量下降。苏格兰威士忌具有独特的风格，其酒色棕黄带红，清澈透亮，气味焦香，略有烟熏味。口感甘洌醇厚，劲足圆正绵柔，并有明显的酒香气味。威士忌的酒精度一般都在 40％ Vol 以上，但很少超过 50％ Vol。

主要名牌有格兰利非特、卡尔都、马加兰等，不下几十种。

除苏格兰威士忌外，较有名的还有爱尔兰威士忌，此外加拿大、美国也都产一些质量较好的威士忌。目前我国青岛产的威士忌，也已接近苏格兰威士忌的水平。

(三)金酒

金酒又译为毡酒或杜松子酒，始创于荷兰，现在世界上流行的金酒有荷兰式金酒和英式金酒。

荷兰式金酒是用大麦、黑麦、玉米、杜松子及香料为原料，经过 3 次蒸馏再加入杜松子进行第 4 次蒸馏而制成。荷兰式金酒色泽透明清亮，酒香和调料香气味突出，风味独特。口味微甜，酒精度 52％ Vol 左右，适于单饮。

英式金酒又称伦敦千金酒，是用食用酒和杜松子及其他香料共同蒸馏(也是将香料直接调入酒精内的)制成。英式金酒色泽透明，酒香和调料香浓郁，口感醇美甘洌。

除荷兰式和英式金酒外，欧洲其他一些国家也产金酒，但没有以上两种酒有名。

(四)朗姆酒

朗姆酒又可译成兰姆酒，是世界上消费量较大的酒品之一。主要生产地有牙买加、古巴、马提尼克岛、特立尼达和多巴哥、海地等加勒比海国家。

朗姆酒是以甘蔗为原料，经酒精发酵，蒸馏取酒后再放入橡木桶内陈酿一段时间制成。由于采用的原料和制造方法的不同，朗姆酒可分为 5 类，即朗姆白酒、朗姆老酒、淡朗姆酒、朗姆常酒、强香朗姆酒。其酒精度不等，一般为 40％～50％ Vol。

三、常用的酿造酒类

(一)葡萄酒

葡萄酒在世界酒类中占有重要地位。据不完全统计，世界各国用于酿酒的葡萄园种植面积达十几万平方公里。世界上生产葡萄酒的国家有法国、意大利、西班牙、葡萄牙、德国、瑞士、匈牙利、中国、美国等。其中最负盛名的是法国勃艮第酒系，名牌产品有吉夫海、香西丹、香菠萝、罗西尼等，不下几十种。葡萄酒是最常见的有红葡萄酒和白葡萄酒。酒精度一般在 10％～20％ Vol。

白葡萄酒是用青黄色的葡萄为原料酿造的，在酿造过程中去除果皮，所以颜色较浅。白葡萄酒干型的较多，清洌爽口，适宜吃海味类菜肴时饮用，烹调中广泛用于调味。

(二)香槟酒

香槟酒是用葡萄酿造的汽酒，也可以算是一种非常名贵的酒，有着"酒皇"的美称。

香槟酒原产于法国北部的香槟地区，是 300 年前由一个叫唐佩里尼翁的教士首先发明的，采用不同品种的葡萄为原料，经发酵、勾兑、陈酿、转瓶、换塞、填充等工序制成。

香槟酒色泽金黄透明，味微甜酸，果香大于酒香，缭绕不绝，口感清爽纯正，不冲头，不上脸，各种味觉恰到好处。酒精度为 11％ Vol 左右，有干型、半干型、甜型之分，其糖分为别为 1%～2%、4%～6%、8%～10%。

四、常用的配制酒类

(一)味美思

味美思创于意大利，主要生产国有意大利和法国。

味美思是以葡萄酒为酒基，加入多种芳香植物，根据不同的品种再加入冰糖、食用酒精、色素等，经搅匀、浸泡、冷澄、过滤、装瓶等工序制成。常用作餐前开胃酒。

主要品种有干味美思、白味美思、都灵味美思，不同的味美思的色泽、香味特点均不同。除干味美思外，另外 3 种均为甜型酒，含糖量为 10%～15% Vol，酒精度为 15～18% Vol。

意大利名牌产品有仙山露、马提尼、干霞等；法国名牌有香百丽、杜法尔等。

(二)雪利酒

又译为谢里酒，主要产于西班牙的加的斯。雪利酒以加的斯所产的葡萄酒为酒基，勾兑当地的葡萄蒸馏酒，采用逐年换桶的方式陈酿 15～20 年，其风格可达到顶点。

雪利酒常用来佐餐甜食。

雪利酒可分为菲奴和奥罗露索两大类。菲奴雪利酒色泽淡黄明亮，是雪利酒中最淡者，香味优雅清新，口味甘洌，清淡、新鲜爽快，酒精度为 15.5%～17% Vol；奥罗露索雪利酒是强香型酒品，色泽金黄棕红，透明度好，香气浓郁，有核桃的香味，口味浓烈，柔绵，酒体丰富圆润，酒精度为 18%～20% Vol，少数可达 25% Vol。

雪利酒的名牌酒有克罗夫特、多麦克、美丽都等。

(三)玛德拉

主要产于大西洋的玛德拉岛上。玛德拉酒是用当地产的葡萄酒和葡萄蒸馏酒为基本原料，经勾兑陈酿制成，酒精度多为 16%～18% Vol，既可作开胃酒，也可作甜食酒。玛德拉酒可分为三大类型。

含西亚尔：干型酒，酒色金黄或淡黄，色泽艳丽，香气卓杰，有"香魂"之称，口味醇厚浓正。在烹调中常用于调味。

弗德罗：干型酒，色金黄，光泽动人，香气优美雅正，口味甘洌、醇厚、纯正、简练。

布阿尔：半干型酒，酒色栗黄或棕黄，香气悦人，口味醇厚浓正，甜适润爽，是最好的甜食酒之一。

玛德拉主要名酒有鲍尔日、巴贝都王冠、法兰加等。

(四)茴香酒

主要产于欧洲一些国家，以法国产的最著名。茴香酒是用茴香油与食用酒精或蒸馏酒配制成的。茴香油一般从八角或茴香中提取，含有较多的苦艾素，有一定的刺激性，酒精含量一般在 25% Vol 左右。茴香酒有淡黄色和白色两种，其中较常见的有法国的培懦(淡黄色)、白羊馆(白色)。茴香酒常用于海鲜菜肴的调味，并可作为餐前的开胃酒。

(五)钵酒

钵酒又称波尔图酒，产于葡萄牙的杜罗河一带，在波尔图储存销售，故得名。

钵酒是用葡萄原汁酒与葡萄蒸馏酒勾兑而成的，在生产工艺上汲取了不少威士忌酒的酿造经验，可分为黑红、深红、宝石红、茶红 4 种类型。

钵酒可作为甜食酒饮用，烹调中常用于野味菜肴及汤类。

五、啤酒类

啤酒是以大麦为原料，经麦芽制备、原料处理、加酒花、糖化、发酵、储存、灭菌、澄清过滤等工序制成。啤酒的酒精度为 0～5% Vol。

啤酒是一个总的称呼，按其酒色和风味还可以分很多种类，按酒色可分为淡色啤酒、黑色啤酒、浓色啤酒；按传统风味可分为如下几种。

(一)拉戈啤酒

拉戈啤酒是一种彻底发酵啤酒，即在储存期中使酒液中的发酵物全部耗尽，然后充入二氧化碳，装瓶。主要生产国是美国。

(二)爱尔啤酒

传统的爱尔啤酒不使用酒花，仅作鲜酒饮，目前也已使用酒花。主要生产国是英国。

(三)司都特酒

司都特酒是一种黑啤酒，最大特点是酒花用量多，酒花香味浓。主要生产国有爱尔兰和英国。

(四)路特啤酒

与司都特酒较相似，但其味及色泽都比前者淡。这类啤酒的最大特点是泡沫浓而稠，有奶脂感。路特啤酒原为伦敦脚夫喜爱，故以路特(英文脚夫的意思)命名。

(五)多特蒙德啤酒

酒花用量少，酒精度高，苦味轻。主要生产国是德国。

(六)慕尼黑啤酒

以轻快、爽适、淡雅著称，有浓郁的焦香麦芽味，口味微苦后带甜。以德国慕尼黑产的最著名。

思考与练习

1. 调味品的含义是什么？
2. 简述食盐的种类及质量特种。
3. 酱品的种类及特点有哪些？
4. 简述食糖的种类及特点。
5. 简述食用醋的种类及特点。
6. 简述味精的使用注意事项。
7. 香味类调味品主要包括哪些品种？主要特征如何？
8. 常用调味品酒类如何划分？特征如何？

第五章

辅助食品原料

【学习目标】

1. 了解辅助食品原料的主要内容。

2. 掌握不同类别原料的主要作用，并熟悉其一般特性。

辅料是指除主配料以外，在食品加工和烹饪过程中起辅助作用的原料，主要包括食用油脂和食品添加剂。辅助性食品原料不能构成食品的主体，但它是产品加工工艺和形成产品特色的重要辅助性原料。

第一节　食用油脂

油脂是人体所需六大营养素之一，是高能量物质，其中含有多种脂溶性维生素，是人体代谢不可缺少的物质。同时又是良好的介质原料，不仅具有高效传热功能，还可以增加产品的香味，改善产品的色、形、质特征，可见，油脂对食品加工作用极其重要。

一、油脂的主要成分

油脂是从生物体内提取的脂肪，其主要成分是由多种脂肪酸形成的甘油三酯，此外还含有少量的游离脂肪、磷脂、甾醇、色素和维生素等。

(一)脂肪酸

油脂的主要成分是甘油三酯，其主要构成部分是脂肪酸，种类包括饱和脂肪酸和不饱和脂肪酸。两者有着不同的物理特征。饱和脂肪酸的熔点高，不饱和脂肪酸的熔点低。动物油脂中含饱和脂肪酸的程度高，因此，常温下通常为固态或半固态，习惯称为"脂"；植物油脂中含有丰富的不饱和脂肪酸，常温下为液态，习惯称为"油"。

(二)磷脂

磷脂是由一个分子的甘油、两个分子的脂肪酸和一个分子的磷酸相结合形成的。在未经精炼的油脂中，常含有卵磷脂、脑磷脂及其他形式的磷脂。其中卵磷脂对油脂的影响比较大，它有较好的亲水性，是很好的乳化剂。在食品加工及烹饪活动中有比较普通的应用。

(三)甾醇

甾醇是一种中性不皂化的化合物。甾醇类化合物在常温下一般为固态，按照其来源可以分为两大类，即动物固醇和植物固醇。

（四）色素

天然油脂往往带有各种颜色，这是因为油脂中含有脂溶性色素，如叶绿素、胡萝卜素等，相比较而言，动物油脂中含色素比较少，故颜色比较浅，植物油脂中含色素及色素种类比较多，呈现颜色比较深。

二、油脂的性质

食用油脂所含有的脂肪及其他非甘油类的化合物，共同决定了食用油脂的基本特性，这些特性不仅决定了食用油脂在食品加工中的重要作用，也为食用油脂的储存和保管提供了主要依据。

（一）物理性质

1. 色泽

食用油脂一般都带有不同的色泽，它是区别不同种类及质量鉴定的依据之一，如不同油脂表现出来的白、浅黄、琥珀色、深棕色等。油脂中的色素可以通过精炼除掉，使其颜色变浅。

2. 气味

食用油脂都有其固有的气味，这些气味的形成与其所含脂肪酸的种类有关，也与其所含某些特殊物质有关。即不同油脂所含脂肪酸及呈味物质种类不同，所表现出来的气味也不尽相同。我们可以依据油脂的气味区别油脂的种类，也可以通过对油脂气味的判断，鉴别油脂的食用质量。

3. 熔点和凝固点

油脂的熔点是指固体脂变成液体脂的温度。天然食用油脂是由多种物质构成的混合物，故而没有固定的熔点和凝固点，只有相对的熔点和凝固点范围值，见表 5-1。

表 5-1　几种食用油脂的熔点和凝固点范围

油脂名称	熔点范围/℃	凝固点范围/℃
豆油	$-8\sim-7$	$-18\sim-8$
花生油	$0\sim3$	—
棉籽油	$3\sim4$	—
鸡油	$33\sim44$	—
猪油	$34\sim48$	$32\sim26$
羊油	$44\sim55$	—
牛油	$42\sim50$	$38\sim27$

4. 烟点、闪点、燃点

食用油脂在加热过程中，随着加热温度的升高和加热时间的延长，食用油脂会发生一系列的变化，从视觉感官上，我们会观察到一些现象，即食用油脂加热，出现烟雾（烟点），继续加热，油面沸腾（沸点），继续加热，边缘闪火（闪点），随后边缘着火（燃点）。

油脂的发烟温度与其游离脂肪酸的含量、纯净度及具体种类密切相关。纯净度越高，发烟温度越高，植物油脂的发烟点高于动物油脂的发烟点。另外，油脂的发烟点与其酸值有关，酸值小，发烟点高；酸值大，发烟点低。在食品加工和烹饪过程中，食用油脂的发烟点直接影响食品产品的品质，特别是色彩和风味，提倡使用发烟点高的食用油脂。

5. 溶解性

精炼油脂不含有水分，相对密度比水小，能浮于水面而不溶于水，但易溶解于乙醚、丙酮等有机溶剂。

6. 黏度

食用油脂虽然不溶于水，但黏度比较高。一般情况下饱和脂肪酸的黏度大于不饱和脂肪酸的黏度，不同油脂所含脂肪酸的种类不同，其自然黏度也有不同。另外，在食品加工和烹饪活动中，由于加热温度以及反复加热的次数，使食用油脂因加热发生氧化和热聚合反应，生成高黏度物质。油脂的黏度是赋予产品色彩及其风味的有利条件。但若持久或反复高温加热，会使食用油脂的性质突变，黏度激增而变稠，从而造成食用油脂的使用价值下降。

7. 可塑性

固态油脂均有一定的可塑性。脂肪的可塑性是由数量不同的三酰甘油的混合物引起的。由于油脂分子之间有黏性，其表面张力使油脂为网络结构，并可以滑动，导致了脂肪的可塑性。

油脂的可塑性在食品加工中得到广泛的应用。在制作糕点中，它可以使产品形成特殊的外观形状，使其饱满、蓬松，还可以改善产品品质，丰富产品花色品种等。

(二)化学性质

1. 热水解作用

食用油脂在食品加工和烹饪过程中，一般性地加热（烟点以下温度），能使其部分水解出甘油和脂肪酸，以有益人体对油脂的消化和吸收。

2. 氧化聚合作用

油脂的氧化分为常温自然氧化和加热条件下的热氧化两种。无论哪一种都会造成油脂的食用质量下降或丧失。自然氧化多发生在油脂储存过程中，其反应速度比较缓慢，最终结果是生成过多的过氧化物，使油脂的气味变得酸臭，口味变苦；热氧化是油脂在加热的情况下，此氧化速度比较快，且伴随热分解，分解产物继续发生氧化聚合，因聚合物的增加，致使油脂变稠、起泡。因油脂氧化产生的二聚体，被人体吸收后，可与体内酶结合，并使酶失去活性，从而使生理出现异常现象，对人体健康有害，因此，在食品加工中，应尽量避免油脂强高温或反复性加热，防止油脂聚合产生的副作用。

三、食用油脂的作用

(一)营养健康作用

首先，作为三大热能营养素之一的油脂，不仅能提供人体所需要的热能，同时由于其内含物质的特殊性，是人体中脂肪酸的唯一来源。另外，食用油脂中自身含有多种脂溶性维生素，而且，它还可以作为溶剂，将食品原料中的脂溶性维生素进行溶解，有利于人体的吸收和利用；食用油脂中所含有的磷脂和固醇，同样是调节人体新陈代谢的重要物质。

(二)食品加工作用

1. 导热作用

食用油脂具有沸点高、传热速度快、稳定性好的特点，是食品加工中良好的传热介质。油量和火力是掌控油温的关键，不同类型的工艺方法，需要变换油量和火力，无论采用何种工艺，食用油脂都可以使原料迅速均匀受热，并能实现产品品质及温度要求。

2. 溶剂作用

油脂是一种良好的有机溶剂，它可以溶解一些维生素、香味物质、呈味物质和色素。这样，不仅可以增加营养，还可以增加产品的愉快气味，改善产品的外观色彩，使其润泽光亮。

3. 疏水作用

在食品加工制作过程中利用油水不相溶的特性，让其发挥种种作用。烹调菜肴时，油脂可避免食品原料粘连、抓锅；面点制作工艺中，防止面团黏手；水油面团叠合加热形成起酥；制作成品涂抹油脂可保鲜、防止干燥等。

4. 乳化作用

虽然油水不相溶，但由于油脂中存在的磷脂类物质，其表面活性物质具有亲水性，利用这一特性，在烹饪加工中，利用火力和外力，让油脂成为细小油滴，并稳定地悬浮在汤液中，制得鲜香白润的"奶汤"。

四、常见食用油脂的品种及特征

食用油脂的来源非常广泛，原油及加工品种也比较繁多。在食品加工中常根据原料来源及加工特点分为植物油脂、动物油脂和油脂制品三大类。

(一)植物油脂

我国油料作物种类繁多，常见的有大豆、花生、油菜子、芝麻、葵花子、棕榈、玉米胚芽等。种植面积大，产量高，在世界上占有重要位置。经机榨法或浸出法加工生产的油称毛油，将毛油脱胶、脱酸加工可制成一级油或二级油。再进一步经过脱色、脱臭、脱蜡等精加工，可制成高级烹调油、色拉油。

1. 花生油

花生油是从花生种子中提取的，主要产于我国华东、华北地区。

花生油的加工方法有冷压和热压。花生油的品质与制油的方法有关。冷压花生油色泽浅黄，有花生的香味；热压花生油色泽橙黄，有炒花生的香味。花生油依据加工工序不同又可分为毛花生油、过滤花生油和精炼花生油3种。毛花生油含杂质多，浑浊不清，沉淀物也较多。过滤花生油为黄白色，透明，含杂质少而有熟花生的香气；精炼花生油澄清透明，杂质和水分含量少，酸价低，稳定耐存，是很好的食用油。

花生油在食品加工中应用极其广泛，如煎、炒、烹、炸、爆等，既可以使产品润色，又可以使产品增香。

2. 豆油

豆油是从大豆中提取出来的植物油，主要产于我国东北各省。

豆油的颜色因制油方法不同而异，以冷榨法或浸出法制得的油颜色浅；以热榨法制得的油颜色深。豆油按加工程度可分为粗豆油、过滤豆油和精制豆油。粗豆油为黄褐色；精炼豆油为浅黄色，黏性较大。豆油有一种特殊的豆腥味，制油过程经过高温脱臭，可以除去，但经过一段时间后，这种豆腥味又可恢复，所以豆油在使用前一般要进行前期加热处理，去掉豆腥味后再使用。

豆油的营养价值比较高，不饱和脂肪酸的含量高达85％。豆油含磷脂较多，因磷脂受热会产生黑色物质，使油脂和制品表面颜色变黑，因此，在食品加工中，豆油一般不作为炸油使用，以避免影响产品外观质量。

3. 菜籽油

菜籽油又叫菜油，是从油菜和芥菜等菜籽中提炼出来的植物油。在我国除东北地区外，各地均有出产，其中长江、珠江流域较多，我国四川、江苏、浙江、江西以及西南各省习惯食用菜籽油。

粗制菜籽油为深黄色或棕色，油中常有菜籽的气味和滋味。精炼菜籽油为金黄色。菜籽油稳定性好，凝固点低，是很好的食用油脂。至于菜籽油中的芥酸气味，可以通过炸制食品去掉，在食品加工和烹饪加工中，适用于多种支法，如煎、炒、烹、炸、炝、熘、爆等。菜籽油颜色黄亮，着色感强，因此在烹制原色或白色产品时不宜使用。

4. 芝麻油

芝麻油又称麻油、香油，是用芝麻种子加工逞取的植物油，主要产于华中、华北地区。

芝麻油的颜色、味道与制油的方法有关。按加工方法不同有小磨香油和大磨香油两种。小磨香油是用炒熟的芝麻采用水代法制成的，香气浓郁，呈红褐色，品质好；大磨香油是用机械榨制的，色较浅，香气淡薄，不宜生食。

芝麻油中的主要成分是不饱和脂肪酸，占85％～90％，芝麻油中的芝麻酚是一种天然的抗氧化剂，因此稳定性较好，易于存放；用于产品过油时，无泡沫或较少泡沫；用于产品凉拌时，香气四溢，可改善菜品的风味。

5. 玉米油

玉米油是从玉米的胚芽中压榨出来的植物油。玉米油色浅黄，透明，味清香。其熔点低，易被人体消化吸收。精炼后的玉米油，有更好的稳定性，对于旺火急炒的菜肴，能最大限度地保留原料的原色和香味，是一种优质食用油。

6. 米糠油

米糠油是从大米的谷皮中提炼出来的植物油，是近年来新开辟的食用油。粗制米糠油，颜色深，带有绿色；精制米糠油，颜色略浅，即浅绿色。米糠油的营养价值比较高，其熔点低、黏度小，易于被人体消化吸收。

精炼的米糠油，对热的稳定性比较好，高温下加热不起沫，是一种非常受行业欢迎的植物油。在食品加工中，适用于原料的过油处理。

7. 葵花籽油

葵花籽油是从向日葵的种子中提炼出来的植物油。粗制葵花籽油色呈琥珀色，含有少量的磷脂和胶状物质。精炼后的葵花籽油，颜色透明，气味清香，是理想的食用油脂。

在实际应用中，葵花籽油无论是色彩和气味，都非常好，但因其内部含天然抗氧化剂较少，而且油中含有微量的加氧酸，所以，稳定性不够好，在使用和储存时，除了可以加入一些抗氧化剂以外，还要注意避光、避热等，当然最好是即开即用，不作久存。

8. 橄榄油

橄榄油是将橄榄果预榨，并将压榨的油粕用浸出法提取出的植物油脂。

优质橄榄油其外观色泽浅黄，黏度小，具有一种特殊的香味和滋味。即使是在环境温度比较低的情况下，仍能保持清澈透明的状态，是食品加工和烹饪加工理想的食用油脂之一。橄榄油中的主要成分为不饱和脂肪酸，其营养价值比较高，人体吸收率为98.4%。在食品加工和烹饪加工中，橄榄油适合于多种工艺方法和使用方法，冷食、热食均可。在使用中，可依据橄榄油的色泽判断其质量，除优质橄榄油以外，其他品型的橄榄油因压榨压力的不同，颜色会有所不同，压力越大，颜色越深，感官质量下降。在橄榄油的使用中，若发现橄榄油的气味带有刺激性时，应停止使用。

9. 茶油

茶油是我国特有的食用油脂之一。茶油来自山茶科植物油茶籽，是由油茶或小叶油茶的种子经压榨得到的植物脂肪油。茶油的营养与橄榄油相似，其主要成分是脂肪酸甘油酸酯；油液透明，呈黄褐色。茶油的熔点较低，即便是在冬天也不易凝固。

茶油在食品加工中应用与其他油脂一样，煎烤、烹炒、油炸、调味等均能发挥作用，不仅如此，油茶中含有较为丰富的维生素 A 和维生素 E，它可以有效保持原料固有的鲜艳色彩，去除原料带有的腥气。

10. 棕榈油

棕榈油是从油棕的棕果中压榨提取的。

果肉压榨出的油称为棕榈油，而果仁压榨出的油称为棕榈仁油，两种油的成分大不相同。棕榈油的饱和程度约为50%；棕榈仁油的饱和程度达80%以上。传统上所说的棕榈油仅指棕榈果肉压榨出的毛油和精炼油，不包含棕榈仁油。它被人们当成天然食品来使用，已超过5000年的历史。

棕榈油是植物油的一种，能替代部分油脂，可代替的有大豆油、花生油、葵花籽油、椰子油、猪油和牛油等。

棕榈油在世界上被广泛用于食品加工业。它被当作食油、松脆脂油和人造奶油来使用。像其他食用油一样，棕榈油容易被消化、吸收以及促进健康。棕榈油属性温和，是制作食品的好材料。从棕榈油的组合成分看来，它的高固体性质甘油含量让食品避免氢化而保持平稳，并有效地抗过氧化，它也适合炎热的气候，成为糕点和面包厂产品的良好作料。由于棕榈油具有的几种特性，它深受食品加工业和烹饪餐饮业的喜爱。

11. 色拉油

色拉油是用百分之百的大豆精制而成。色拉油，又译作"沙拉油"，是采用先进工艺，在高温、高真空的条件下，将植物油经过脱酸、脱杂、脱磷、脱色和脱臭5道工艺之后制成的食用油，特点是色泽澄清透亮，气味新鲜清淡，加热时不变色，无泡沫，很少有油烟，并且不含黄曲霉素和胆固醇。优质色拉油品质纯正，外观澄清透明，无明显沉淀或其他可见杂质。

色拉油在食品加工中的应用范围很广，如煎、炒、烹、炸、爆、熘、焓，另外也用于凉拌菜、火锅等。

(二)动物油脂

常说的动物油脂主要是指陆生动物的油脂，包括猪脂、牛脂、羊脂、鸡油、鸭油等。

动物油的油脂与一般植物油相比，有不可替代的特殊香味，可以增进人们的食欲。特别与萝卜、粉丝及豆制品相配时，可以获得用其他调料难以达到的美味。动物油中含有多种脂肪酸，饱和脂肪酸和不饱和脂肪酸的含量相当，具有一定的营养，并且能提供极高的热量。

1. 猪脂

猪脂又称猪油、大油，是由板油、网油及猪肥膘熬炼而成，猪油与一般植物油相比，饱和脂肪酸的含量较高，常温下为白色固体。在动物脂肪中，猪油是含胆固醇较低的油脂，经精制后，含量更低，正常食用有利无害。

在食品加工中，猪油同样是常用食用油脂之一，因它具有特殊的香味，本身色泽白润，品质细腻，因此是部分菜肴及面点制品的首选油脂。另外，猪脂的硬度适中，可塑性良好，并具有良好的起酥性，是构成产品特殊造型和松酥质感的可行性条件。

2. 牛脂

牛脂是从牛体脂肪中提炼出来的脂肪，精炼后得到的可食用油脂。牛脂中多含饱和脂肪酸，熔点高，室温下呈固体状，人体的消化率也比较低。在实际应用中，并不多见直接用牛脂烹制菜肴，因其所得到的口感效果不是特别好，但牛脂可以作为再制油的原料，加工人造奶油、起酥油等。

3. 羊脂

羊脂是从羊的脂肪中提取出来的动物脂肪。羊脂中的饱和脂肪酸比牛脂中的含量比例还要高，故羊脂的熔点高于牛脂，室温下呈固体状，不仅人体对其消化率极低，而且食用口感也不好，因此，在食品加工中，该油脂并不作为常用食用油脂。但羊脂在一些风味菜肴的制作中，还是必不可少的助味原料，如老北京的炒麻豆腐、风味火锅等。

4. 鸡油

鸡油是从家禽鸡腹内脂肪熬炼提取的一种动物脂肪，常温下呈固体，淡黄色，滋味鲜香。在动物脂肪中，鸡油中的不饱和脂肪酸的含量是最高的，因此它的消化率高，营养价值高，同时，也是食品加工中较为常用的辅助油脂。在本色菜、清蒸菜、重鲜菜中，鸡油的使用不仅能最大限度地实现菜品要求，同时可为菜品增添良好口感。

5. 鸭油

鸭油是从家禽鸭腹内脂肪熬炼提取的一种动物脂肪，鸭的脂肪含量适中，约为7.5%，其中主要是不饱和脂肪酸和低碳饱和脂肪酸，利于人体所需要营养的消化吸收。鸭油所含的胆固醇远低于其他动物油，属于较有利于人体健康的动物油脂。鸭油在烹饪加工中，由于经营特点和饮食习惯，其应用分布并不是十分广泛，但产品特征非常有特色，如用鸭油制作的面食，色泽嫩黄，质地酥软；用鸭油配合烹制的菜肴，色彩鲜艳，味感鲜香。

6. 奶油

动物性鲜奶油是从牛奶中提炼出的。奶油也称作稀奶油，它是在对全脂奶的分离中得到的。分离的过程中，牛奶中的脂肪因为比重的不同，质量轻的脂肪球就会浮在上层，成为奶油。奶油中的脂肪含量仅为全脂牛奶的20%～30%。通常生产厂商会在制品中加上少许的稳定剂及乳化剂来帮助打发。在食品加工及烹饪加工中，奶油较为普遍地应用在西餐产品的制作中，如奶油糕点、奶油汤等。

7. 黄油

黄油是从奶油中产生的，将奶油进一步用离心器搅拌就得到了黄油，黄油里还有一定的水分，不含乳糖，蛋白质含量也极少。

黄油中脂类的含量占到82%。黄油富含维生素 A，它不仅仅有助于视力，还有利于拥有健康的皮肤，并且是生长发育必不可少的元素。黄油同样也是生成维生素 D 的源泉，而维生素 D 有助于骨骼中钙元素的吸收，并有卵磷脂，这都是牛油、猪油和羊油等畜类的体脂所没有的。但是除了略带咸味的黄油中含有钠以外，黄油中矿物质含量并不高。

黄油在食品加工中，其应用范围和使用量日趋见大，过去比较习惯于在西式餐饮活动中使用，目前，由于文化的交流和技术的引进，黄油在中式糕点中的应用同样得到普及，而且效果非常好，品种得到丰富，口感得到改善。

(三)食用油脂制品

1. 人造黄油

人造黄油又称麦淇淋(英语音译)，它是由一种或多种动物油脂制成的黄油或奶油的代用食品。

人造黄油大都采用经过氢化或结晶化的植物油作原料，氢化或结晶化的目的是使植物油具备适当的涂抹结构。同黄油一样，人造黄油的油脂含量不得低于80%。由于天然油脂的油脂含量几乎是100%，所以要加入水(通常采用牛奶或鲜奶油)，形成符合要求的水油乳浊物，其物理特性与黄油基本相同。大豆油和棉籽油经精炼和部分氢化后便能达到理想的稠度，所以广泛用来生产人造黄油。一些特别柔软的人造黄油常含有玉米油或红花油，掺入这些油脂后，其总的不饱和脂肪酸含量要比一般人造黄油高。

人造黄油的价格要比天然黄油的价格低。有的人造黄油也添加了食盐。理论上，人造黄油是可以完全替代天然黄油的，但实际上由于人造黄油的味道不如天然黄油香醇，熔点略低，因此一般只用来做起酥的裹入油。在食品加工中，人造黄油主要用于糕点制作，也可以涂抹食用，以增加风味和口感。

2. 起酥油

起酥油是指精炼的动植物油脂、氢化油或其他油脂的混合物，经急冷捏合制造的固态油脂或不经急冷捏合加工出来的固态或游动态的油脂产品。该产品是中世纪末在美国作为猪油的替代产品出现的。我国工业生产加工起酥油始于 20 世纪 80 年代初。

起酥油具有可塑性、起酥性、酪化性、乳化性、吸水性、氧化稳定性和油炸性。其中，可塑性是最基本的特性。起酥由食品加工和烹饪活动中，主要用来制作糕点、面包等面点制品。因糕点、面包的种类很多，其原料配比和制作方法各有不同，并且对起酥的要求也各有不同，为此，生产加工出来的起酥油的种类也因用途而有不同，品种包括通用起酥油、高稳定性起酥油、乳化剂高配合型起酥油、面包用起酥油、糕点混合料起酥油等。

3. 风味油

风味油是指在精炼油脂中加入各种风味物质，使食用油脂具有各种风味的调味油。例如，在以菜籽油为基本原料的油脂中，加入姜、蒜、芝麻、辣椒等原料，调制成具有添加料风味的各种风味油，以适应食品加工业以及家庭的种种需要。

五、食用油脂的品质检验与保管

(一)食用油脂的品质检验

1. 植物油的感官检验

气味。每种油均有特有的气味，这是油料作物固有的，如豆油有豆味、花生油有花生味、菜籽油有菜籽味、芝麻油有芝麻特有的香味等。油的气味正常与否，可以说明油料的质量、油的加工技术及保管条件等的好坏。国家油品质量标准要求食用油不应有焦臭、酸败或其他异味。检验方法是将油加热至50℃，用鼻子闻其挥发出来的气味。

滋味。通过嘴尝得到的味感。除小磨芝麻油带有特有的芝麻香味外，一般食用油多无任何滋味。油脂滋味有异感，说明油料质量、加工方法、包装和保管条件等不良。新鲜度较差的食用油，可能带有不同程度的酸败味。

色泽。各种食用油由于加工方法不同，色泽有深有浅，如热压出的油常比冷压生产出的油色深。检验方法为取少量油放在50 mL比色管中，在白色背景下观察试样的颜色。

透明度。质量好的油，温度在20℃静置24小时后应呈透明。如果油质混浊，透明度低，说明油中水分多，黏蛋白和磷脂多，加工精炼程度差；有时油脂变质后，形成的高熔点物质，也能引起油脂的浑浊，透明度低；掺了假的油脂，也有混浊和透明度差的现象。

沉淀物。食用植物油在20℃静置24小时后所能下沉的物质，称为沉淀物。油脂的质量越高，沉淀物越少。沉淀物少，说明油脂加工精炼程度高，包装质量好。

2. 动物油脂的感官检验

动物油脂分生油脂和熟油脂。生油脂即来自于动物体中的脂肪部分，各种生油脂的感官状态应是以表面干燥、无霉变、无酸败味和污秽色泽为标准。熟油脂即将动物生油脂经熬炼之后，冷凝静置得到的油脂，其性状呈膏状，具有动物类别特征气味。各种动物熟油脂以不霉变、无污染、无异味或酸味、熔化后体透明、色暗黄或灰，具有动物体特有的气味和滋味为优质熟油。

(二)食用油脂的保管

1. 食用油脂在储存过程中的变化

油脂的自动氧化是指化合物和空气中的氧在室温下，未经任何直接光照，未加任何催化剂等条件下的完全自发的氧化反应，随着反应进行，其中间状态及初级产物又能加快其反应速度，故又称自动催化氧化。脂类的自动氧化是自由基的连锁反应，其酸败过程可以分为诱导期、传播期、终止期和二次产物的形成4个阶段。饲料中常常存在变价金属(铁、铜、锌等)或由光氧化所形成的自由基和酶等物质，这些物质成为氧化酸败启动的诱发剂，脂类物质和氧气在这些诱发剂的作用下发生反应，生成氧化物和新的自由基，又诱发自动氧化反应，如此循环，最后由自由基碰撞生成的聚合物形成了低分子产物醛、酮、酸和醇等物质。

油脂的氧化变质是一个链反应，具有很强的"传染性"。如果把新鲜油脂放在旧油罐中，那么新鲜油也会较快地劣变。在日常操作过程中，在大油桶中取油采用反复开启的操作，这样做容易放氧气进入，加速氧化。这些在油脂的储存中都应引起注意。

2. 食用油脂的储存方法

食用油脂在储存过程中有"四怕"，即一怕直射光，二怕空气，三怕高温，四怕进水。

除此之外，还有细菌、杂质和金属等作用也会造成油脂的氧化、酸败，因此，保存食用油要避光、密封、低温、防水。要控制好环境温度和使用温度，以减少或降低油脂的氧化、酸败程度。

第二节　食品添加剂

食品添加剂是指为改善食品品质和色、香、味以及防腐和加工工艺的需要而加入食品的化学合成或者天然物质。

食品添加剂按其来源可分为天然食品添加剂和化学合成食品添加剂两大类，目前我国使用较多的是化学合成食品添加剂。天然食品添加剂是利用动、植物或微生物的代谢产物等为原料，经提取所得的天然物质。化学合成食品添加剂是通过化学手段，使元素或化合物发生氧化、还原、缩合、聚合、成盐等合成反应所得到的物质。

食品添加剂按其用途可分为膨松剂、着色剂、香精香料、防腐剂、增稠剂、乳化剂等，常用的添加剂介绍如下。

一、膨松剂

膨松剂是面点工艺中的主要添加剂，它分为化学膨松剂和生物膨松剂。

化学膨松剂可分为两类：一类是碱性膨松剂，如碳酸氢钠和碳酸氢铵。另一类是复合膨松剂，如发酵粉等。

生物膨松剂常用的有两种，即压榨鲜酵母和活性干酵母。另外，我国传统工艺中广泛使用的面肥，因含有酵母菌，也可算作一种生物膨松剂。

(一)膨松剂必须具备的条件

膨松剂除了应具有安全性高、价格低廉等一般要求外，还须具备以下条件。

第一，能以较低的使用量产生较多的气体。

第二，在冷的面团里气体产生慢，而加热时则能均匀地产生大量的气体。

第三，加热分解后的残留物不影响成品的风味和质量。

第四，储存方便，不易在储存期间分解失效。

此外，以往曾以硼酸、硼砂(四硼酸钠)等作为膨松剂。由于这些硼化物对人体健康有害，我国已经禁止使用。

(二)常见的膨松剂的种类及性质

第一，碳酸氢钠。俗称小苏打、食粉，白色粉末，味微咸，无臭味。在潮湿或热空气中缓缓分解，放出二氧化碳，分解温度为 $60℃\sim270℃$，产气量约 $261\ mL/g$；pH 8.3，水溶液呈弱碱性(0.8%，25℃)。易溶于水，不溶于乙醇。遇热分解的反应式为

$$2NaHCO_3 \rightarrow Na_2CO_2 + CO_2 \uparrow + H_2O$$

第二，碳酸氢铵。俗称臭粉、臭起子，阿摩尼亚粉。呈白色粉状结晶，有氨臭味；对热不稳定，在空气中风化，固体58℃、水溶液70℃分解出氨气和二氧化碳，产气量约为 $700\ mL/g$；有吸湿性，易溶于水，不溶于乙醇。pH 7.8，水溶液呈碱性(0.8%，25℃)，比重1.573。遇热分解的反应式为

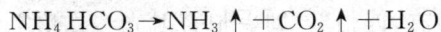

$$NH_4HCO_3 \rightarrow NH_3 \uparrow + CO_2 \uparrow + H_2O$$

第三，发酵粉。又称焙粉、泡打粉。它是酸剂、碱剂和填充剂组成的复合膨松剂。常用的碱剂为碳酸氢钠，用量为20%～40%，作用是与酸剂反应产生二氧化碳。常用的酸剂一般为酸式磷酸盐、有机酸及其盐类和明矾类，用量为35%～50%，作用是与碱剂发生中和反应或复分解反应而产生气体，同时分解碱剂产气而降低成品的碱性，若使用适当的酸剂可充分提高蓬松的效力。常用的填充剂为淀粉，用量为10%～40%，作用是增加膨松剂的保存性，防止吸潮、结块和失效，也有调节产气速度或使气泡均匀产生的作用。

发酵粉为白色粉末状，无异味；在冷水中分解，放出二氧化碳；水溶液基本呈中性，二氧化碳散失后，略显碱性。

第四，压榨鲜酵母，呈块状，色乳白或淡黄；具有酵母的特殊味道，无腐败气味、不黏，无其他杂质；含水量75%以下，较易酸败；发酵力强而均匀。

第五，活性干酵母，又称乐依士。呈小颗粒状，一般为淡褐色；含水量10%以下，不易酸败；发酵力强。

(三)膨松剂的使用和保存方法

1. 碳酸氢钠与碳酸氢铵

碳酸氢钠分解后残留碳酸钠，用量过多使成品呈碱性而影响风味，同时还会使成品表面有黄色斑点。碳酸氢铵分解后产生带强烈刺激味的氨气，虽然极易挥发，但成品中仍有残留，也影响成品的风味。

此外，食品中的维生素在碱性条件下极易被破坏，因此应控制碳酸氢钠和碳酸氢铵的用量。

2. 发酵粉

由于发酵粉在冷水中即可分解，因而使用时应避免与水过早接触。

3. 酵母

使用时一般需加入30℃的温水将其溶成酵母液，再加入少许糖或酵母营养盐，以恢复其活力。注意避免酵母液直接与食盐、高浓度糖液、油脂等物混合。

二、食用色素

食用色素是以食品着色为目的食品添加剂。按其来源和性质，可分为食用合成色素和食用天然色素。

(一)食用合成色素

是以煤焦油为原料制成的，故通称煤焦色素或苯胺色素。食用合成色素一般比天然色素色彩艳，坚牢度大，性质稳定，着色力强，且可取得任意色调，加之成本低廉，使用方便，故被广泛利用。但是，食用合成色素没有营养价值，多数对人体有害，因而必须控制使用。

1. 食用合成色素的一般性质

溶解度：影响合成色素溶解度的因素主要有温度、水的pH、食盐等盐类和水的硬度。

染着性：食品的着色可分为两种情况，一种是使之在液体或酱状的食品基质中溶解，混合成分散状态；另一种是染着在食品的表面。后者要求对基质有一定的染着性，希望能染着在蛋白质、淀粉以及其他糖类的上面。不同色素的染着性不同。

稳定性：是衡量色素品质的主要指标。影响合成色素稳定性的因素主要有热、酸、碱、氧化、日光、盐、细菌等。

2. 食用合成色素的种类

我国允许使用的合成色素主要苋菜红、柠檬黄、靛蓝、胭脂红和日落黄5种，其基本性质如下。

苋菜红：红色均匀粉末，无臭，0.01％的水溶液呈玫瑰红色，不溶于油脂。耐光、热、盐耐酸性良好。对氧化、还原作用敏感。

柠檬黄：为橙黄均匀粉末，无臭，0.01％的水溶液黄色，不溶于油脂。耐热、酸、光、盐，耐氧性差，遇碱稍变红，还原时褪色。

靛蓝：蓝色均匀粉末状，无臭，0.05％水溶液呈深蓝色，不溶于油脂。对光、酸、碱、氧化均很敏感，耐盐性、耐细菌性较弱，还原时褪色，染着性好。

3. 其他合成色素

由于世界各国对合成色素的毒理学试验结果相互矛盾，且各国的评价与规定不一样，因而各国规定可以使用的食用合成色素各不相同，且经常处于变动之中。

(二)食用天然色素

食用天然色素是从动、植物组织中提取的色素，基本上为植物色素，包括微生物色素，也有一些动物色素。

1. 食用天然色素的特点

(1)优点

天然色素多来自动植物组织，一般对人体安全性较高。有的天然色素本身就是一种维生素(如核黄素)，或具有维生素活性(如 β-胡萝卜素)，因而兼有营养的效果；有的还具有一定的药理作用。能更好地模仿天然物的颜色，着色时色调自然。

(2)缺点

较难溶解，不易染着均匀。受共存成分的影响，有时有异味、异臭。pH 不同，稳定性也不同，有时有色调变化。染着性差，某些有基质反应而变色的情况。难于配出任何色调。加工及流通中，易劣化。

2. 食用天然色素的种类

食用天然色素成分较复杂，经过纯化其作用有可能和原来不同，化学结构也可能发生变化，在加工过程中还有被污染的可能。故不能认为天然色素就一定是纯净无害的，另外个别的天然色素有毒性(如藤黄有剧毒)。

我国允许使用的天然色素有红曲米、紫胶色素、甜菜红、姜黄、红花黄、胡萝卜素、叶绿素铜钠及焦糖8种。以下我们仅对常用的食用天然色素作介绍。

红曲米：又称红曲、丹曲。将米(籼米或糯米)以水浸泡，蒸熟，加曲霉科菌种红曲霉发酵制成。红曲米为整粒米或不规则的碎米，外表呈棕紫红色或紫红色。质轻脆，断面粉红，味淡，微有酸气。溶于热水及酸、碱溶液，pH 稳定；耐热、耐光性强；几乎不受金属离子和氧化、还原剂的影响；对蛋白质的染着性好，一旦染着后经水洗也不褪色。

焦糖：又称酱色，呈液态、粉状或块状，红褐色或黑褐色。把饴糖、淀粉水解物、糖蜜及其他糖类物质在160℃～180℃的高温下加热使之焦化，最后用碱中和制得。由于使用的原料和制造温度的不同，其性质有所差异。易溶于水，色调不受 pH 在空气中过度暴露的影响；pH 大于6.0时易发霉。

三、香料和香精

香料是具有挥发性的有香物质。按其来源不同，可分为天然香料和人造香料两大类。

天然香料多含有复杂的成分，并非单一的化合物。它包括动物和植物性香料。食品生产中所用的主要是植物香料。

人造香料包括单一香料及合成香料。单一香料是从天然香料中分离出来的单体香料化合物。合成香料是以石油化工产品、煤焦油产品等为原料，经合成反应而得到的单体香料化合物。

在食品工业中，除橘子油、香兰素等少数品种外，一般均不单独使用。这种经配制而成的香料称为香精。所以香料也是香精的原料。

我国食品添加剂使用安全标准允许使用的香料有多种，现就常用的介绍如下。

(一)常用的香料

1. 甜橙油

甜橙油由芸香科植物甜橙的果皮，采用水蒸气蒸馏法、压榨法或磨橘机冷磨法提取，为天然香料。

甜橙油为黄色、橙色或深橙黄色的油状液体，有清甜的橙子果香香气和温和的芳香滋味。溶于乙醇，主要成分是柠檬烯，含量达90％以上，并含有癸醛、辛醇、芳樟醇、十一醛等成分。

类似的天然香料还有曲柑的果皮制得的橘子油、由薄荷的茎叶制得的薄荷油等。

2. 香兰素

香兰素俗称香草粉，学名 3-甲氧基-4-羟基苯甲醛。

香兰素天然存在于香荚兰豆、安息香膏、秘鲁香膏及吐鲁香膏中，经水解、缩合、萃取、分离、真空蒸馏和结晶提纯而成，为人工合成香料。

香兰素为白色或微黄色结晶体，熔点18℃，具有香荚兰豆特有的香气，易溶于乙醇、乙醚、氯仿、冰醋酸及热挥发油，在冷的植物油中溶解度不高，略溶于水，溶解于热水，1 g 可溶解于 90 mL 水中(14℃)、20 ml 水中(80℃)或 3m 170％乙醇中(25℃)。

香兰素受光照影响而变化，在空气中能缓慢氧化，遇碱或碱性物质会发生变色现象。

(二)常用的香精

用各种安全性高的香料和稀释剂调和而成并用于食品调香的物质称为食用香精。

1. 食用水溶性香精

食用水溶性香精是以蒸馏水、乙醇、丙二醇或甘油为稀释剂调和香料制成，它是将各种香料与稀释剂按一定的配比与适当的顺序互相混溶，经充分搅拌，再经过滤而成。

食用水溶性香精一般应为透明的液体，其色泽、香气、香味与澄清度符合各该型号的标样，不呈现液面分层或浑浊现象。15℃条件下，在蒸馏水中的溶解度为 0.1％～0.5％，对 20％的乙醇溶解度为 0.2％～0.3％。它易于挥发，不适合用于须高温制作的食品。

2. 食用油溶性香精

食用油溶性香精是以精炼植物油、甘油或丙二醇等为稀释剂调和香料制成。它是将各种香料与稀释剂按一定的配比与适当的顺序互相混溶，经充分搅拌，再经过滤而成。

食用油溶性香精一般应为透明的油状液体，其色泽、香气、香味与澄清度符合各型号标样，不呈现液面分层或浑浊现象。但以精炼植物油做稀释剂在低温时会呈现冻凝现象。因其稀释剂沸点较高，耐热性优于食用水溶性香精，所以宜用于经高温制作的食品。

四、防腐剂

食品防腐剂是能防止由微生物引起的腐败变质、延长食品保质期的添加剂。

1. 食品防腐剂应具备的条件

性质较稳定，加入到食品中后在一定的时期内有效，在食品中有很好的稳定性；低浓度下具有较强的抑菌作用；本身不应具有刺激气味；不应阻碍消化酶的作用，不应影响肠道内有益菌的作用；价格合理，使用较方便。

2. 食品防腐剂种类和使用范围

食品防腐剂按作用分为杀菌剂和抑菌剂。二者常因浓度、作用时间和微生物性质等的不同而不易区分。按性质也可分为有机化学防腐剂和无机化学防腐剂两类。按来源可分为化学防腐剂和天然防腐剂两大类。化学防腐剂又分为有机防腐剂与无机防腐剂。前者主要包括苯甲酸、山梨酸等，后者主要包括亚硫酸盐和亚硝酸盐等。天然防腐剂，通常是从动物、植物和微生物的代谢产物中提取。如乳酸链球菌素是从乳酸链球菌的代谢产物中提取得到的一种多肽物质，多肽可在机体内降解为各种氨基酸，世界各国对这种防腐剂的规定也不相同，我国对乳酸链球菌素有使用范围和最大许可用量的规定。

食品防腐剂使用范围如下。

苯甲酸及盐：碳酸饮料、低盐酱菜、蜜饯、葡萄酒、果酒、软糖、酱油、食醋、果酱、果汁饮料、食品工业用桶装浓果蔬汁。

山梨酸钾：除同上外，还有鱼、肉、蛋、禽类制品、果蔬保鲜、胶原蛋白肠衣、果冻、乳酸菌饮料、糕点、馅、面包、月饼等。

脱氢乙酸钠：腐竹、酱菜、原汁桔浆。

对羟基苯甲酸丙酯：果蔬保鲜、果汁饮料、果酱、糕点陷、蛋黄陷、碳酸饮料、食醋、酱油。

丙酸钙：生湿面制品（切面、馄饨皮）、面包、食醋、酱油、糕点、豆制食品。

双乙酸钠：各种酱菜、面粉和面团。

乳酸钠：烤肉、火腿、香肠、鸡鸭类产品和酱卤制品等。

乳酸链球菌：素罐头食品、植物蛋白饮料、乳制品、肉制品等。

纳他霉素：奶酪、肉制品、葡萄酒、果汁饮料、茶饮料等。

过氧化氢：生牛乳保鲜、袋装豆腐干。

3. 食品防腐剂使用注意事项

防腐剂的效果并不是绝对的，它只对某些食品具有在一定限度内延长储藏期的作用，并且其防腐效果根据环境 pH 的变化有所差别；另外，防腐剂必须按添加标准使用，不得任意滥用。

与各类食品添加剂一样，防腐剂必须严格按中国《食品添加剂食品安全国家标准》规定添加，不能超标使用。防腐剂在实际应用中存在很多问题，如达不到防腐效果、影响食品的风味和品质等。例如，茶多酚作为防腐剂使用时，浓度过高会使人感到苦涩味，还会由于氧化而使食品变色。

在食品的生产加工过程中，由于防腐剂种类、性质、使用范围、价格和毒性的不同，应注意以下几点，再合理使用。

（1）在添加防腐剂之前，应保证食品灭菌完全，不应有大量的生物存在，否则防腐剂的加入将不会起到理想的效果。如山梨酸钾不但不会起到防腐的作用，反而会成为微生物繁殖的营养源。

（2）应了解各类防腐剂的毒性和使用范围，按照安全使用量和使用范围进行添加。如苯甲酸钠，因其毒性较强，在有些国家已被禁用，而中国也严格确定了其只能在酱类、果酱类、酱菜类、罐头类和一些酒类中使用。

（3）应了解各类防腐剂的有效使用环境，酸性防腐剂只在酸性环境中使用才有强有效的防腐作用，但用在中性或偏碱性的环境中却没有多少作用，如山梨酸钾、苯甲酸钠等；而酯型防腐剂中的尼泊金酯类却也能在 pH4～8 之间使用，且效果也还不错。

（4）应了解各类防腐剂所能抑制的微生物种类，有些防腐剂对霉菌有效果，有的对酵母有效果，只有掌握好防腐剂的这一特性，就可对症下药，一般以复配形式来进行综合防腐保鲜的较多，如健鹰抗腐王和防霉保鲜剂等产品。

（5）根据各类食品加工工艺的不同，应考虑到防腐剂的价格和溶解性，以及对食品风味是否有影响等因素，综合其优缺点，再灵活添加使用。

五、增稠剂

食品增稠剂通常指能溶解于水中，并在一定条件下充分水化形成黏稠、滑腻溶液的大分子物质，又称食品胶。常用的增稠剂有明胶、酪蛋白酸钠、阿拉伯胶、罗望子多糖胶、田菁胶、琼脂、海藻酸钠（褐藻酸钠、藻胶）、卡拉胶、果胶、黄原胶、β-环状糊精、羧甲基纤维素钠（CMC—Na）、淀粉磷酸酯钠（磷酸淀粉钠）、羧甲基淀粉钠、羟丙基淀粉和藻酸丙二醇酯（PGA）。它是在食品工业中有广泛用途的一类重要的食品添加剂，被用于充当胶凝剂，改善食品的物理性质或组织状态，可使食品黏滑适口。增稠剂也可起乳化、稳定作用。

1. 分类

迄今世界上用于食品工业的食品增稠剂已有 40 余种，根据其来源，大致可分为 4 类：（1）由植物渗出液制取的增稠剂，由不同植物表皮损伤的渗出液制得的增稠剂的功能是人工合成产品所达不到的；（2）由植物种子、海藻制取的增稠剂，由陆地、海洋植物及其种子制取的增稠剂，在许多情况下，其中的水溶性多糖相似于植物受刺激后的渗出液；（3）由含蛋白质的动物原料制取的增稠剂，这类增稠剂是从动物的皮、骨、筋、乳等原料中提取的，其主要成分是蛋白质；（4）以天然物质为基础的半合成增稠剂，这类增稠剂按其加工工艺又可分为两类：以纤维素、淀粉为原料，在酸、碱、盐等化学原料作用下，经过水解、缩合、提纯等工艺制得，其代表的品种有羧甲基纤维素钠、变性淀粉、海藻酸丙二醇酯等；真菌或细菌（特别是由它们产生的酶）与淀粉类物质作用时产生的另一类用途广泛的食品增稠剂，如黄原胶等。

2. 功能

食品增稠剂对保持流态食品和胶冻食品的色、香、味、结构和稳定性起相当重要的作用。

增稠剂在食品中主要是赋予食品所要求的流变特性，改变食品的质构和外观，将液体、浆状食品形成特定形态，并使其稳定、均匀，提高食品质量，以使食品具有黏滑适口的感觉。例如，冰淇淋和冰点心的质量很大程度取决于冰晶的形成状态，加入增稠剂可以防止结成过大的冰晶，以免感到组织粗糙有渣。

增稠剂具有溶水和稳定的特性，能使食品在冻结过程中生成的冰晶细微化，并包含大量微小气泡，使其结构细腻均匀，口感光滑，外观整洁。当增稠剂用于果酱、颗粒状食品、各种罐头、软饮料及人造奶油时，可使制品具有令人满意的稠度。当有机酸加到牛奶或发酵乳中时，会引起乳蛋白的凝聚与沉淀，这是酸奶饮料中的严重问题，但加入增稠剂后，则能使制品均匀稳定。

增稠剂的凝胶作用，是利用它的胶凝性，当体系中溶有特定分子结构的增稠剂，浓度达到一定值，而体系的组成也达到一定要求时，体系可形成凝胶。凝胶是空间三维的网络结构，这些大分子链之间的互相交联与螯合及增稠剂分子与溶剂的强亲和性，都利于这种空间网络结构的形成，利于形成凝胶。

六、乳化剂

食品乳化剂是指能改善乳化体系中各种构成相之间的表面张力，形成均匀分散体或乳化体的物质，也称为表面活性剂。或是使互补相溶的液质转为均匀分散相（乳浊液）的物质，添加少量即可显著降低油水两相界面张力，产生乳化效果的食品添加剂。

面包用品质改良剂使用最多的乳化剂有硬脂酰乳酸钠（ssl）、硬脂酰乳酸钙（csl）、双乙酰酒石酸单甘油酯（datem）、蔗糖脂肪酯（se）、蒸馏单甘酯（dmg）等。各种乳化剂通过面粉中的淀粉和蛋白质相互作用，形成复杂的复合体，起到增强面筋、提高加工性能、改善面包组织、延长保鲜期等作用，添加量一般为 $0.2\%\sim0.5\%$（对面粉计）。

（1）硬脂酰乳酸钠/钙（ssl/csl）

具有强筋的保鲜作用。一方面，与蛋白质发生强烈的相互作用，形成面筋蛋白复合物，使面筋网络更加细致而有弹性，改善酵母发酵面团持气性，使烘烤出来的面包体积增大；另一方面，与直链淀粉相互作用，形成不溶性复合物，从而抑制直链淀粉的老化，保持烘烤面包的新鲜度。ssl/csl 在增大面包体积的同时，能提高面包的柔软度，但与其他乳化剂复配使用，其优良作用效果会减弱。

（2）双乙酰酒石酸单甘油酯（datem）

能与蛋白质发生强烈的相互作用，改进发酵面团的持气性，从而增大面包的体积和弹性，这种作用在调制软质面粉时更为明显。如果单从增大面包体积的角度考虑，datem 在众多的乳化剂当中的效果是最好的，也是溴酸钾替代物的一种理想途径。

（3）蔗糖脂肪酸酯（se）

在面包品质改良剂中使用最多的是蔗糖单脂肪酸酯，它能提高面包的酥脆性、改善淀粉糊黏度以及面包体积和蜂窝结构，并有防止老化的作用。采用冷藏面团制作面包时，添加蔗糖酯可以有效防止面团冷藏变性。

（4）蒸馏单甘酯（dmg）

主要功能是作为面包组织软化剂，对面包起抗老化保鲜的作用，并且常与其他乳化剂复配使用，起协同增效的作用。

思考与练习

1. 油脂有哪些特性和作用？

2. 常见植物性油脂的主要品种及品质特征有哪些？

3. 动物性油脂有哪些应用特征？

4. 改良性油脂包括哪些？有什么优点？

5. 试述食用油脂在食品加工中的发展趋势。

6. 什么是食品添加剂？包括哪几大类？

7. 膨松剂应具备哪些条件？

8. 简述主要食品添加剂的性能、应用。

9. 简述各类食品添加剂在食品加工中的具体应用。

第六章

食品发展趋势

【学习目标】
1. 了解食品工业发展趋势。
2. 了解食品安全发展趋势。
3. 了解食品检测发展趋势。
4. 了解食品机械发展趋势。

第一节　食品工业发展趋势

《中国食品产业发展报告（2012—2017）》全面总结分析了食品产业砥砺奋进的五年与未来趋势及展望。食品工业将呈现出以下发展趋势。

一、大规模，发展最稳定

受益于国家扩大内需政策的推进、城乡居民收入水平持续增加、食品需求刚性以及供给侧结构性改革红利的逐步释放，未来食品工业仍将平稳增长，产业规模稳步扩大，继续在全国工业体系中保持"底盘最大、发展最稳"的基本态势。据估测，2000 万规模以上食品工业企业主营业务收入预期年增长 7％左右，到 2020 年，主营业务收入有可能突破 15 万亿元，在全国工业体系中保持最高占比。

二、大业态，融合一体化

第一、第二、第三产业融合发展是食品工业特有的优势，产业链纵向延伸和横向拓展的速度加快，大业态发展趋势日益明显。纵向延伸方面，完整食品产业链加快形成，"产、购、储、加、销"一体化全产业链经营成为更加普及的业态模式；横向拓展方面，食品工业与旅游产业、文化产业、健康养生产业的融合日益加深，食品工业独有的文化内涵、价值、情怀、意义和体验被充分挖掘展现，成为"有温度的行业"。

三、大市场，空间"无边界"

食品企业将加大融入全球市场的深度和广度，实现市场空间的"无边界化"。例如，主食产品工业化速度加快，家庭厨房的社会化得以实现；高端食品、保健食品、功能食品的开发加速，使供给和消费需求更加契合。食品工业领域国际产能、技术、资金、人才等方面的合作日趋广泛，越来越多的食品企业将"走出去"参与国际竞争，布局全球化产业链。

线上平台已成为食品工业发展速度最快的分销渠道，企业通过电子商务重构市场网络，培育新的市场需求。

四、大龙头，扛起领军旗

企业跨区域、跨行业、跨所有制兼并重组步伐不断加快，将涌现出更多起点高、规模大、品牌亮、效益好、带动广、市场竞争力强的大型企业集团，并扛起行业领军大旗，行业集中度进一步提升。现代食品工业园区发展壮大，大中小微企业集聚发展，实现土地集约使用、产品质量集中监管、绿色制造共同推进，形成大中小微各类企业合理分工、合作共赢的格局，大企业做强，中型企业做大，小微企业做精，"小、弱、散"格局将得到全面扭转。

五、大集群，布局更优化

京津冀协同发展战略、长江经济带战略、西部大开发战略持续推进，新一轮振兴东北战略即将出台，未来区域发展更加协调有序。从资源禀赋、区位优势、消费习惯及现有产业基础等方面来看，食品各行业空间布局将更加优化，呈现大集群发展倾向。食品企业将持续向主要原料产区、重点销区和重要交通物流节点集中。

六、大安全，监管更严密

党和政府将以更大力度推进实施食品安全战略，以"严密监管＋社会共治"确保"四个最严"落到实处，食品工业将呈现大安全发展趋势。法制建设将进一步加快，以新修订《食品安全法》为核心的食品安全法律法规体系逐渐构建完善。食品安全标准全面与国际接轨，我国日益成为国际规则和标准制定的重要力量。国家、省、市、县四级食品安全监管体系日益完善，监管大数据资源实现共享和有效利用。社会各方力量被积极调动和有效整合，形成食品安全社会共治格局。中国食品作为"放心食品"的国内外形象真正树立，消费信心显著增强。

七、大品牌，形象在提升

随着国家品牌战略的推进，各地培育、包装、推广食品工业品牌的长效机制逐步建立健全，食品行业品牌文化建设热情将空前高涨，品牌发展基础和外部环境将大幅改善，企业品牌、区域品牌、产业集群品牌交相辉映。全国各地将涌现出更多全方位、多层次、创新型、国际化的品牌运营平台。区域品牌培育、产业集群品牌培育的步伐将进一步加快，食品工业区域整体形象、产业整体形象趋优。

八、大科技，转换新动能

在科技创新驱动下，科技与食品工业将在原料生产、加工制造和消费的全产业链上实现无缝对接，科技创新成为行业发展新动能。"产、学、研、政、金"合作日益加深，行业整体研发能力不断提升，研发和成果转化更加高效，充分适应生产运营中智能、节能、高效、连续、低碳、环保、绿色、数字化的新挑战，从而开辟新的价值创造空间。

第二节　食品安全发展趋势

回顾近年来我国发生多起食品安全事件，从 2005 年"孔雀石绿"事件开始，我们经历了苏丹红鸭蛋、三鹿三聚氰胺毒奶、地沟油、瘦肉精、塑化剂、镉大米、毒豆芽和福喜问题肉等一系列主食副食、鱼肉蔬菜安全事件，涉及吃喝等方方面面。这些事件反映出我国食品安全面临的严峻形势，在这种状况下，只有结合实际发展情况，不断推动食品安全改革，才是今后的发展趋势。

一、完善食品安全检测，加强食品安全监督

加强食品药品安全监管，关系全国 13 亿人口"舌尖上的安全"，对广大人民群众身体健康和生命安全至关重要。要想保证食品安全性，全民吃出健康，必须要逐步完善食品安全检测工作，对食品安全进行有效监督控制，制定完善的食品质量标准，将健康保护作为食品安全的主要目的，推动食品检测工作的顺利进行。为了提升检测质量，应适当增加检测投入，积极引进精密检测仪器，开发快速检测方法，建立起严格的检测检验体系，以确保食品安全。食品检验检测技术需要朝着高技术化、便捷化以及信息化的方向发展。

二、完善食品安全信用体系

由于我国频繁出现食品安全问题，食品信用危机严重，因此在今后发展的过程当中一定要重建信用机制，逐步完善食品安全信用体系。食品安全不仅需要政府的监管，也需要政府在信用体系方面加大建设力度。通过市场规律的作用，加强食品企业的社会责任感。

三、食品企业要自律，推动行业的诚信建设

要实现食品的安全化发展，需要充分发挥食品企业的作用，企业要自律和有社会责任感，能够实现自身的诚信建设，对食品安全进行自我监控和维护。可以说，企业是食品安全的第一责任人，要实现食品安全的可持续发展，企业一定要严加管理，做好食品质量安全考核管理工作，严禁生产不安全食品。

四、规范食品市场，推动食品安全的发展

我国出现严重的食品安全问题，在很大程度上是由人为因素导致，市场当中一些不法分子受到利益的驱使生产假冒伪劣食品，造成食品市场局面混乱。针对这一问题，在今后的发展过程当中就需要逐步规范食品市场。就要制定相应的法律规章制度，完善法律体系，并根据实际情况不断修改现有的法律法规，细化食品安全相关的各项规定，对违法者进行严厉惩处。要逐步完善食品安全监督体系，降低人为因素对食品安全的消极影响。

五、推动食品安全技术发展，进一步保障食品安全

要借助技术的力量确保食品安全。为此，国家需要加大食品安全科技投入力度，推动食品安全技术的研发，并加快技术的应用和推广。作为企业，需要提升自身的自主创新能力，在食品采集、加工和运输等环节提升自我，更好地确保食品的质量安全。企业还需要

积极借鉴科研院所和高校的研究成果，构建起以科研院所和高校为依托、企业自身为主题的技术开发模式，实现自身的良性发展，为确保食品安全奠定坚实的基础。同时，我国需要建立起独具特色的食品安全技术体系。针对我国人口多、密度大和食品安全问题多样化的现状，完善食品安全评估和预警机制，做好食品安全的主动防御工作。加大食品安全宣传力度，借助网络平台的力量提升大众的食品安全意识，这也是食品安全今后发展的主要趋势。

第三节 食品检测发展趋势

一、我国食品检测的现状

自从"三聚氰胺""苏丹红"等食品安全问题发生以来，我国人民对食品安全一直存在怀疑心理，不仅对日常中接触的食品产生了抗拒心理，也对国家检测机构的能力产生了质疑。虽然我国一直注重对食品的检测和管理工作，但依然存在漏网之鱼，为我国的食品安全问题带来了严重的打击。具体来说，我国食品检测中存在的问题主要有以下几个方面。

1. 检测技术和设备无法满足需求

食品安全事故的背后，是我国检测技术落后的问题。当前，我国的检测方法有一部分已经与时代脱轨，无法适应当前的食品检测情况。食品检测过程中缺乏准确的方法，在检测过程中无法满足人们对食品安全的需求。同时，我国检测设备也不够齐全，缺乏大量的精密检测仪器，从而使食品检测工作无法顺利开展。

2. 缺乏对产品生产过程中的质量控制

当前，我国对食品产品的检测一般是检测成品出产环节，缺乏对食品生产过程中的质量控制。并且，我国对于出产环节的检测一般针对的是大型企业，对小型企业、家庭式工厂等中小型企业的监管不到位，再加上检测实验室在我国分布不均衡，我国东部地区检测机构比较多，中西部检测体系相对落后，从而使我国食品检测系统无法实现健康发展。

3. 检测方面的人才较为匮乏

在我国高校教育中，食品检测专业数量较少，并且缺乏足够的教学资源、师资力量，致使高校食品安全检测专业的进展较慢，难以培养出数量足够的食品检测人才。

二、我国食品检测的未来发展趋势

1. 推动检测技术的快速发展

随着经济、科技的不断发展与对食品安全重视程度的加大，虽然我国的食品安全检测工作逐渐完善，但想要更进一步地完善食品安全检测，就需要做好未来食品安全检测的发展定位，特别是在检测技术发展方面的定位，因为食品安全工作的顺利实施需要依靠快速、准确的检测技术。为了保证未来食品安全检测的顺利实施，需要更快速、准确的检测技术。目前，虽然各种先进的检测技术也得到了很好的应用，而且这些技术也解决了传统检测技术无法完成的工作，提高了工作效率，但是这些检测技术在使用过程中仍存在一些需要改进的地方。比如，这些技术缺乏统一的检测标准，在实际工作中可能会因某些未知的因素而降低检测的灵敏度。因此，要进一步研究食品安全检测技术，而且要定位在发展更快速、准确的检测技术上。

2. 扩大检测技术的应用范围

当前，随着市场竞争的日趋激烈，很多食品生产厂商为了能够获得更多的经济利润，不顾人民生命的安全，在食品制作过程中加入了很多对人体有害的化学药品，甚至将过期、腐朽的食物进行再加工，从而使食品安全问题层出不穷。面对这种情况，我们不仅应该提高检测技术，还应扩大检测技术的应用范围。在传统食品检测中，虽然检测技术也在一定的范围内发挥出了有效作用，阻拦了某些不法分子和存在安全问题的产品，但是这些检测技术的使用范围还比较狭窄。尤其是当前我国的食品市场较为混乱，在商品量巨大的情况下，我们应推广使用快速检测技术，使更多的食品都能够得到安全保障。

3. 加强对复杂食品的检测能力

随着社会物质经济的快速发展，人们对生活的要求越来越高，有更多品种的食品投入到市场中，增加了食品检测的难度。当前，食物产品已经由传统的单一样式逐步向复杂样式的方向发展，各种多元食品出现在人们的视野中，使我国食品检测技术也实现了不断发展。传统的检测技术已无法对复杂食品实现检测，我们应注重对复杂食品检测技术的开发，降低复杂食品发生安全问题的概率。

4. 加快培养食品检测方面的人才

为了能够实现食品检测技术的发展和食品检测技术的落实，我们应加快对食品检测方面人才的培养和吸收，使其能够在食品检测工作中发挥重要作用，并建立高素质的食品检测团队。在人才培养上，相关检测机构可以与高校联系，实现校企合作的办学方式，让学校能够了解食品检测需要掌握的技能，并将其与教学内容相结合，使学生能够在课堂上学习到工作之后应掌握的实践技能，缩短大学生与岗位的距离。对于一些已位于检测岗位上的人员，应经常使其深入到优秀企业、优秀高校中去学习、培训，吸收更多高新的食品检测知识，使其能够在我国食品检测工作中得到应用和发展，从而促进检测机构在工作上的进步和发展。

第四节　食品机械发展趋势

中国的食品机械制造装备的建设，在 21 世纪前后的 20 年内取得了快速的发展，在各个领域崛起了一批能够参与国际竞争的企业，然而这些公司的快速发展一方面有赖于中国经济的快速发展，另一方面则依赖低廉的劳动成本及物料成本取得的竞争优势，这些优势在中国经济发展放缓、劳动成本上升的前提下基本上已经不再存在。中国企业面对拥有更低廉成本的东南亚企业的竞争，而核心技术及工作规范化和欧美企业相比仍然差距巨大。中国的大型食品企业在规模上已经相当可观，但是大型的食品机械装备仍然只能依靠从国外进口，国内的食品机械工程公司缺乏核心技术和工匠精神，并且普遍规模不大，有一定的区域性，技术往往以集成国外设备和产品为主，在大型工厂建设及智能化水平方面，仍在全力追赶欧美先进企业。

《中国制造2025》的提出，引发大众对于传统工业生产利弊和前途的思考。人们已经普遍认识到，智能机械设备优于传统工业生产，数字化工厂在效率和成本上也会大大优于传统工厂，在未来替代现有的工业产品的趋势是不可逆转的，放眼食品行业的智能制造，有以下发展趋势和方向。

一、食品包装机械日趋自动化

智能技术特别是机器人技术在包装行业中的应用以飞快的速度发展，在过去的 5 年中从 9.5％增加到了 17.4％，几乎翻了一番。机器人几乎出现在了所有的包装功能领域。随着智能制造机械技术的不断进步，其逐渐呈现出精准自律、人机一体、感应识别、超柔性、强大的学习和自我维护能力等特点。目前，专业技术人员逐渐尝试把智能制造机械应用到现实的社会生产中去，并在焊接、码垛、分拣、码头及高危工作环境中替代人力的作用日渐显现，其精准度高、速度快、工作时间长、解放劳动力及低成本运转等特性越来越受到制造业的欢迎。

二、高端装备战略兴起智能制造成主流，食品机械将实现远程智能化

作为高端装备重要领域的智能制造装备，在"十二五"期间将保持 25％以上年增长率，智能制造技术从一定程度上催生和拉动了战略性新兴产业的发展；它将是支撑战略性新兴产业发展、提升国际竞争力的核心。食品机械行业的目标是，重点主流产品要达到智能化、信息化控制水平，特别是要实现本机和远程的智能化控制。近年来，随着市场竞争的激烈和信息化工业化的发展，食品机械智能制造成为必需品，以满足当今食品工业的需求。智能制造在机械行业发展态势良好，这也给食品机械行业带来启示：要想在竞争中立于不败之地，企业必须利用先进的技术，提升自身的实力。智能制造成为我国食品机械制造业目前转型的唯一方向，在政策的大力支持下，未来几年智能装备行业将保持高速增长，前景广阔。食品机械与物联网、互联网的深度结合，将使食品机械逐步实现远程智能化。

三、节能将成为产业发展的原则和目标

近年来，节能成为产业发展原则和目标，从节能方面来看，工厂降低能耗是大势所趋，特别是一些超大型的食品及饮料工厂，必须满足食品加工业低能耗方向发展的需求。节能减排、降低能耗既是企业履行社会责任的表现，也是自身发展的需要。节约资源就是降低成本、增加利润，食品机械的智能化将为节能减排提供数据支持。

四、成熟规范的大数据广泛应用

自动化设备中所有成熟规范的大数据都是由现场的各类传感器经过测量得到的，因此在复杂的现场测量中获得准确可靠的数据是一切高端智能技术的基础。食品饮料行业的食品生产、加工、储存、灌装和装瓶等工艺环节复杂至极，堡盟集团提供包括过程仪表、传感器、工业相机及编码器在内的数千种不同类型的产品，以其独一无二、极其广泛的产品系列，运用于生产的各个环节，凭借稳定的测量，将位置、数量、温度、压力、形状、转速及行程等精确的数据信息传送给更上层的智能设备进行检测和处理，为未来的工业物联网和工厂智能化做好了准备。

同时，经过几十年数据的原始积累，各个公司都积累了大量的食品行业大数据，而归根到底，食品企业的智能化工厂、数字化车间及物流自动化的建设就是基于大数据的分析

和智能处理，如果国家或有实力的企业在通过分析大数据的基础上进行有目的性的投资和政策倾斜及整合资源，有希望短期内取得跨越性发展。

已经积累比较成熟大数据的工程公司，也会在整合资源的基础上对工厂数据进行深度分析和挖掘，会从传统工业企业向物联网或互联网公司迈进，以后的工程公司可能会要求下游的现场仪表、传感器、泵阀等获得一线数据的产品更加智能化，以利于智能工厂的建设和管理，而标准的协议和规范也会随之愈加严格。国家和企业还可以对大数据进行整体分析和利用，以最优化的方式做到能源管理的目的，而规范的大数据管理又是减源增效成功的依据。

因此，成熟规范的大数据积累，为未来智能工厂的建造及物联网的建设打下了基础，使最难被互联网整合的传统工业也开始朝网络迈进，在解决一系列难题而且工业产品的数据也趋向于规范化后，工厂和供应商的销售模式也可能通过网络的形式进行。

参考文献

[1]孟祥萍. 食品原料学[M]. 北京：北京师范大学出版社，2010.

[2]河南省职业技术教育教学研究室. 烹饪食品原料学[M]. 北京：电子工业出版社，2014.

[3]石彦国. 食品原料学[M]. 北京：科学出版社，2016.

[4]徐幸莲. 食品原料学[M]. 北京：中国计量出版社，2006.

[5]李里特. 食品原料学[M]. 北京：中国农业出版社，2001.

[6]崔桂友. 烹饪原料学[M]. 北京：中国轻工业出版社，2001.

[7]胡爱军，郑捷. 食品原料手册[M]. 北京：化学工业出版社，2012.